西北高原地区中小河流洪水风险研究

刘　娟　刘　杨　张瑞海　张　权　姜成桢　著

黄河水利出版社
·郑　州·

内容提要

全书以2014年、2015年青海省洪水风险图编制成果为基础，选取了西北高原地区10条重要的中小河流进行了洪水风险研究，涉及黄河上游、西北内陆和长江上游等中小河流，河流类型多样，研究成果丰富。本书结合西北高原地区青海省境内洪水特点、地形地貌等影响因素，着重选择了具有西北内陆地区河流代表性的格尔木河和巴音河进行了详细研究，构建了水动力学洪水分析模型，研究了连续密集拦河建筑物概化及其对城市防洪的影响，探讨了西北高原地区洪灾损失率，并针对各区域提出了针对性的防洪减灾策略。

本书对西北高原地区中小河流制定防洪对策措施具有很强的指导意义。

图书在版编目(CIP)数据

西北高原地区中小河流洪水风险研究/刘娟等著.
—郑州：黄河水利出版社，2020.1
ISBN 978-7-5509-2592-2

Ⅰ.①西… Ⅱ.①刘… Ⅲ.①高原-洪水-水灾-风险管理-研究-西北地区 Ⅳ.①P426.616

中国版本图书馆CIP数据核字(2020)第025042号

组稿编辑：李洪良　电话：0371-66026352　E-mail：hongliang0013@163.com

出 版 社：黄河水利出版社　网址：www.yrcp.com
地址：河南省郑州市顺河路黄委会综合楼14层　邮政编码：450003
发行单位：黄河水利出版社
发行部电话：0371-66026940、66020550、66028024、66022620(传真)
E-mail：hhslcbs@126.com
承印单位：虎彩印艺股份有限公司
开本：787 mm×1 092 mm　1/16
印张：15.25
字数：352千字　印数：1—1 000
版次：2020年1月第1版　印次：2020年1月第1次印刷

定价：80.00元

前言

中国西北深居欧亚大陆复地，面积广大，地形复杂，地势高耸，地貌多样，气候、水系、植被等自然条件的地区分布与垂直分布差异巨大，其中青海省的地貌和气候的多样性尤为显著。青海省内河流分布广泛，黄河、长江、澜沧江皆发源于此，该区域地势变化剧烈，气候复杂多变，易使中小河流发生突发性暴雨与洪水，洪水影响与灾害损失严重。近年来，防洪工程建设日益加强，但是包括防洪非工程措施在内的防洪体系建设仍亟待加强与完善，以适应该地区经济社会的快速发展与高原水生态环境保护的需要。

防洪非工程措施是防洪体系的一个重要组成部分，在抗御大洪水的过程中有其不可替代的作用。历次大洪水的考验在一定程度上暴露出管理不健全、通信设施缺乏、防洪法规不完善等问题。同时，被动防御、四处守险的被动防洪态势长久以来未有改变，洪水影响同区域社会安全与经济发展的矛盾日益凸显，河流的自然属性与城镇建设的内在需求结合得愈加紧密。因此，防洪减灾工作越来越需要考虑并加强管理、洪水预报、通信预警等非工程措施的建设。

洪水风险图是一种防洪非工程措施，它与洪水概率相关联，是一种标示某一区域内可能发生洪水的影响范围和影响程度的地图，它作为一种重要的非工程减灾措施，已经过半个世纪的发展，并逐步被国际社会接受，我国早在30年前也已做过相关试点研究。洪水风险图可广泛地应用于防洪规划与应急决策、灾情评估、居民避难、土地利用开发、灾害保险、公共减灾对策以及灾害教育与宣传，对区域防洪能力现状进行有效计算与评估，指导有关部门科学制定防洪排水规划和土地利用规划，制订防洪紧急预案和指导群众转移避险等方面具有重要作用。

青海省地域广大、高差悬殊、中小河流众多、城镇分散、暴雨与洪水突发性强、汇流时间短、洪水峰量大、洪水破坏性强等特点无疑都增大了当地抗洪抢险与紧急救援的难度。因此，对该区域进行中小河流洪水风险研究对推进洪水风险管理、增强全民水患意识以及地区产业规划、防汛抗洪、损失评估等方面具有重大的研究价值和显著的现实意义。

本书是在国家防汛抗旱总指挥部主推，水利部主持，财政部支撑的全国性项目“全国山洪灾害防治项目—全国重点地区洪水风险图编制项目”中的青海省洪水风险图编制项目的研究成果基础上的浓缩提炼，主要研究了区域洪水风险、淹没范围及损失、洪水风险图应用等多个方面，研究范围涵盖青海省内涉及湟水流域、黄河上游中小河流、西北内陆中小河流、长江流域巴塘河等不同区域，为青海省防洪体系建设与区域经济社会发展安全及规划提供科技支撑和技术支持。

本书共分为三篇:第一篇总论,介绍了青海省洪水风险图编制项目中涉及的重要中小河流洪水风险研究情况;第二篇西北内陆中小河流洪水风险研究,介绍了青海省最具西北内陆河特色的格尔木河和巴音河的洪水风险研究成果;第三篇洪水风险研究结论与应用,主要介绍了青海省重点地区洪水风险图编制项目任务与成果的研究结论、应用及相关建议。

本书撰稿人如下:第一篇由刘娟、刘杨撰写,由张瑞海校核;第二篇第一章由刘娟、张权、姜成桢撰写,第二章由刘杨、张瑞海、张权撰写,由刘娟校核;第三篇由张瑞海、姜成桢撰写,由刘杨校核。全书由刘娟、刘杨、张瑞海统稿。

由于西北高原地区中小河流洪水风险研究范围广、各流域水系情况复杂,作者水平有限,加之时间仓促,对全区域洪水风险研究成果与实际应用对接不够深入,反馈分析不够完善,难免有所纰漏,敬请广大读者批评指正。

作 者

2020 年 1 月

目　录

第一篇　总　论

第一章 概 述

1.1 青海省洪水风险研究背景

1.1.1 青海省洪水风险现状

青海省位于青藏高原东北隅,地处黄土高原和青藏高原的过渡带,总面积72.12万km^2。境内山脉纵横,沟谷发育,地势高低悬殊,具有山高、沟深、流程短、坡度陡等特殊的地貌特征,加之植被稀疏、土质松散,一旦出现暴雨和强降水过程,即刻引发洪水、泥石流灾害,对农牧业乃至整个国民经济的持续稳定发展构成威胁。中华人民共和国成立以来,青海省修建了大量的防洪、供水、灌溉等水利工程设施,并已初步建成较为完善的防洪体系,防洪能力有了一定的提高。但青海省水系复杂,各种矛盾交错,防洪治理难度大;随着全球气候变化,极端性天气事件频繁发生,局部暴雨、山洪等灾害呈现多发并发的趋势,防洪减灾仍面临严峻的挑战。

1.1.1.1 防洪工程体系不完善,不能满足经济社会发展防洪保安需求

通过多年建设,青海省已初步建成了以水库、堤防为主的防洪工程体系。在山区修建水库以拦蓄洪水,用于工农业供水;在城市修筑河道堤防,以抗御洪水。至2010年,已建设水库约150座,建设堤防661.63 km,堤防工程保护人口81.55万人,耕地129.65万亩(1亩=1/15 hm^2,全书同)。

青海省已建设防洪工程标准相对较低,在中小型病险水库除险加固基本完成达标的前提下,全省仍有几十座中小型水库存在不同程度的病险问题,仍是防洪保安的薄弱环节和心腹大患。已建堤防工程达标长度为152.99 km,占总长度的23.1%。此外,城乡防洪标准普遍不达标。35个有防洪任务的县城中有防洪设施的29个,但基本都未达到设计防洪标准,还有6个县城未设防。230个乡(镇)中有防洪设施的32个,仅占全部乡(镇)的14%。防洪工程现状与保障人民安居乐业、社会稳定和当地经济健康发展有较大差距。

1.1.1.2 防洪非工程措施建设滞后,不能适应现代防汛抢险的需要

随着全国山洪灾害防治项目的开展,青海省建立了省、州(市)级监测预警信息共享平台,实现了各级防汛部门之间,以及防汛部门与水文、气象、国土部门的信息共享。全省26个县共建设水雨情监测站点974处,共享水文监测站点35处;建立县级气象监测预警服务平台、信息共享系统软件气象部分、气象预报预警子系统(暴雨强降水实时分析预警平台开发)26套。

防洪非工程措施是防洪体系的一个重要组成部分,其建设极大地提高了防汛信息监测、传输、分析处理的能力和水平,在应对近年灾害事件的过程中发挥了重要作用。但青海省防洪隐患点多面广,防汛非工程措施布设点有限,不能满足现代防汛抗旱的需要,有

时难以直观地掌握险情、灾情的动态变化,致使抢险救灾滞后、组织行动迟缓,造成灾情程度加重,在很大程度上影响了抢险救灾。

1.1.1.3 防洪风险管理水平不能适应经济社会发展的需求

青海省地势西高东低,4 000 m 以上的国土面积占全省面积的近 61%;3 400 m 以下为低山、河谷和盆地,仅面积占全国面积的 25% 左右。受自然条件的制约,河谷盆地是青海经济社会发展的主要场所。90% 以上的县城在山谷之中,80% 左右的工业企业在河流两岸,50% 的公路、输电线路、通信线路沿着河沟分布。因此,防洪风险高。社会经济快速发展的同时,水灾损失也增长迅速。

青海洪水风险区域内人口资产密度高,而整体防洪风险意识薄弱,风险管理水平较低。随着经济社会发展需要,一些沿河城镇、工厂筑堤围地,修建违章建筑物,向河中排放废物、垃圾,堆放材料等,挤占洪水通道,影响洪水畅通,严重威胁防洪安全。洪水风险中谋求生存和发展是风险管理长期存在的问题,随着经济社会发展对防洪保安的要求越来越高,现有的防洪风险管理水平不能适应经济社会发展的需求。

1.1.2 青海省洪水风险研究需求

我国社会经济的发展,从相当程度上讲,是在洪水风险中求发展。这就需要对洪水风险的区域分布进行广泛深入的调查和研究,把握其规律,顺应自然,因地制宜采取有效的减灾措施。洪水风险图是一种重要的非工程减灾措施,可广泛地应用于防洪规划与应急决策、灾情评估、居民避难、土地利用开发、灾害保险、公共减灾对策以及灾害教育与宣传等方面。

2013 年,全国重点地区洪水风险图编制项目作为"全国山洪灾害防治项目"重要的子项目在全国范围内开展。以全国洪水风险图编制为契机,针对青海省中小河流建立数学模型,根据不同风险区的特点,进行洪水风险分析,并制作不同类型的洪水风险图,对于提高青海省的洪水风险意识,促进防洪决策科学化,减轻洪涝灾害损失,保障社会安定和国民经济的持续稳定发展具有重要意义。

1.1.2.1 是青海省防洪能力、效益评价和防洪规划的重要依据

青海省已建了一定标准的防洪工程,还有部分防洪工程待建。对于已建工程,通过洪水风险图与反映人口及各类资产空间分布特征的社会经济资料结合,可以判断不同量级洪水可能造成的受灾人口与经济损失,进行防洪能力评价,同时计算各种防洪措施的经济效益,进行现状防洪工程效益分析。对于规划建设防洪工程,可根据人口、资产集中区域的风险大小,合理确定不同的工程防护标准,为防洪工程规划的制定与调整提供依据。

1.1.2.2 是科学制定经济社会发展布局的要求

青海省可利用土地资源有限,导致经济社会发展布局集中,与河争地的现象常有发生。洪水风险图可以反映区域洪水风险分布的统计规律,为防洪、城建、土地利用等各类规划的分析和制定提供依据。同时,与土地类型、利用方式等信息结合,可以帮助制定或调整土地利用规划、城市发展规划等,例如将重点投资及居民点放在风险相对较小的地方,避免在风险大的地方出现人口、资产过于集中的现象。

1.1.2.3　是制订防汛预案和指导群众转移避险的重要手段

青海省沟多面广，洪水具有突发性，防洪压力大。在依靠工程措施的同时，需要进行防洪非工程措施建设。洪水风险图提供了在当前地形与防洪工程条件下不同规模洪水的淹没范围、水深分布等与致灾能力有关的信息，从而为制定和调整防洪应急预案提供科学的依据，也为指导群众进行避险转移提供重要参考。

1.2　洪水风险图及其发展历程

1.2.1　洪水风险

洪水风险是洪水事件对人类社会及其生存环境所造成危害或不利影响的可能性及不确定性的描述。洪水风险取决于致灾因子、承灾体和防灾能力等多方面因素。

(1)致灾因子指不同来源的洪水(以洪量、淹没范围、淹没水深、淹没历时和洪水流速等表征)。

(2)承灾体主要包括人口、耕地、资产等。

(3)防灾能力包括承灾体抗灾能力、应急响应能力、防洪除涝等工程设施等。

1.2.2　洪水风险图

1.2.2.1　定义

洪水风险图是与洪水概率相关联的标示某一区域内可能发生洪水的影响范围和影响程度的地图，是一种非工程措施。此定义内涵如下：

(1)不同的洪水概率对应不同的洪水风险图，即风险图不只一个。

(2)影响范围多体现为淹没范围、避险转移涉及范围。

(3)影响程度指淹没水深、洪水到达时间、流速等指标。

(4)地图是洪水风险图的产品形式。

(5)洪水风险图是一种非工程措施，是基于工程措施的一种管理手段。

(6)因防洪工程建设、经济建设和社会发展以及洪水特性改变等导致洪水风险因素发生变化的，应及时修订或定期更新洪水风险图。

1.2.2.2　分类

(1)根据编制区域可分为防洪保护区、蓄滞洪区、洪泛区、中小河流和城市共五类。

(2)根据所反映的风险信息可分为基本洪水风险图、专题洪水风险图。

1.2.3　洪水风险图发展历程

1.2.3.1　国外

美国国家洪水保险计划(NFIP)规定由联邦紧急事务管理局(FEMA)负责洪水风险图编制。从20世纪五六十年代至21世纪初，该机构已经编制了9万多张洪水风险图(约19 000个社区，38.9万km^2的洪泛区)。随着GIS技术以及基础信息的变化，美国正在对洪水风险图进行电子化更新。据统计，美国在洪水风险图编制项目上已投入500多亿美元。

日本从20世纪70年代后期开始进行洪水风险管理理论研究。1993～1994年,日本国土建设交通部根据历史上的洪水灾害,公布了管辖范围内500条河流的“历史淹没图”。地方政府自1995年开始积极编制洪水风险图,至2002年6月,已编制完成173张洪水风险图。

第二次世界大战结束后,欧盟很多国家开展了洪水风险图编制工作,主要用于洪水保险和洪灾风险区划,但是各自为战。2002年欧洲发生了大洪水,成立了欧洲洪水风险图交流圈(EXCIMAP),促进了各国关于洪水风险图的交流。

1.2.3.2 国内

借鉴国外的经验和先进理念,我国洪水风险图编制工作经历了三十余年的发展。

1984年,中国水利科学研究院(简称中国水科院)和海河水利委员会(简称海委)共同完成了永定河洪泛区洪水风险图的编制。该成果是国内第一个采用平面二维分析计算后编制的洪水风险图。1997年,国家防汛抗旱总指挥部(简称国家防总)提出了中国洪水风险图编制计划,并在七大流域开展了洪水风险图编制试点。试点成果有北江大堤保护区风险图和荆江大堤保护区风险图,以及黄河下游堤防决溢淹没风险图(见图1-1-1)等。

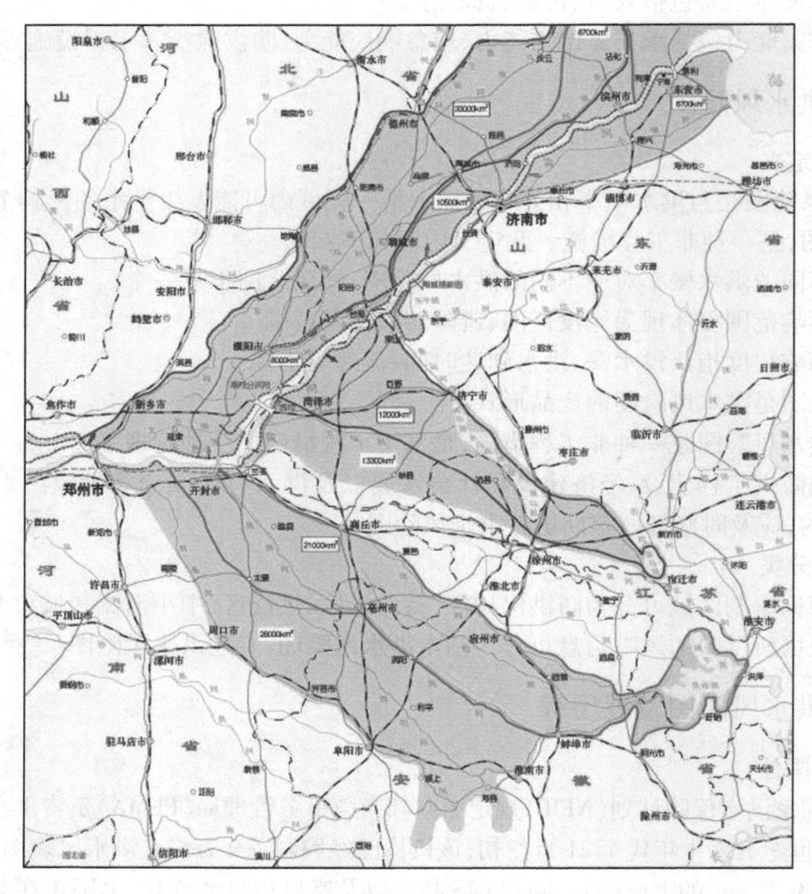

图1-1-1 黄河下游堤防决溢淹没风险示意图

黄河下游的风险图曾在国务院第一会议室供国家高层决策参考。受1998全国范围内的洪水影响,相比洪水风险图等非工程措施,我国防洪工程措施缺口较大。因此,2001年洪水风险图编制计划转变为以制定相关规程规范、积累技术和培养人才为目的。2009年,国家防总颁布实施了《洪水风险图编制导则》(SL 483—2010)。2013年,正式全面启动全国重点地区洪水风险图编制工作。

1.3 西北高原地区中小河流洪水风险研究对象

1.3.1 自然概况

1.3.1.1 地形地势

青海省地貌复杂多样,4/5以上的地区为高原。东部多山,海拔较低,西部为高原和盆地。全省平均海拔3 000 m以上,其中海拔3 000 m以下的地区约占全省总面积的26.3%;3 000~5 000 m的地区占67%;5 000 m以上的地区占5%。境内的山脉,有东西向、南北向两组,构成了青海的地貌骨架。按山脉走向,地形分为祁连山地、柴达木盆地、青南高原三区。昆仑山的余脉阿克坦齐钦山与布卡山横亘全省中部,大致呈东西走向,成为内外流域的分水岭。北边为柴达木盆地和青海湖盆地,南边为黄河、长江、澜沧江等三大江河的河源地区。

1.3.1.2 气候条件

青海省的气候属典型高原大陆气候,干燥、少雨、多风、缺氧、寒冷,地区间差异大,垂直变化明显。年平均气温-5.6~8.6 ℃,降水量15~750 mm。青海地处中纬度地带,太阳辐射强度大,光照时间长,年总辐射量可达690.8~753.6 kJ/cm^2,直接辐射量占辐射量的60%以上,年绝对值超过418.68 kJ/cm^2。

1.3.1.3 河流水系

青海省位于青藏高原东北部,是长江、黄河、澜沧江的发源地,总面积72.12万km^2。境内河流众多,水系比较发育,河流归属于黄河、长江、澜沧江和内陆河四大水系。南部和东部为外流水系,是长江、黄河、澜沧江三大江河的源头和上游段,由于降水相对较多,水系较发育,河网密集,河床切割较深,河槽形状多为“V”字形。西北部为内陆水系,因气候干旱少雨,河流短小而分散,不易形成大河。

青海省集水面积在200 km^2以上的河流共370条,其中黄河水系163条、长江水系85条、澜沧江水系21条、内陆河水系101条。集水面积在500 km^2以上的河流有278条。青海省河流水系分布详见图1-1-2。

1.3.1.4 暴雨洪水

1.黄河流域

黄河源头地区水量来源以地下水和冰雪融解补给为主,短历时暴雨强度不大,长历时降水十分有限,加上地形平坦,植被较好,再经两湖的调蓄,洪水汇流时间较长,洪水过程平稳,涨落缓慢,洪水历时较长,大洪水多出现在7~9月。

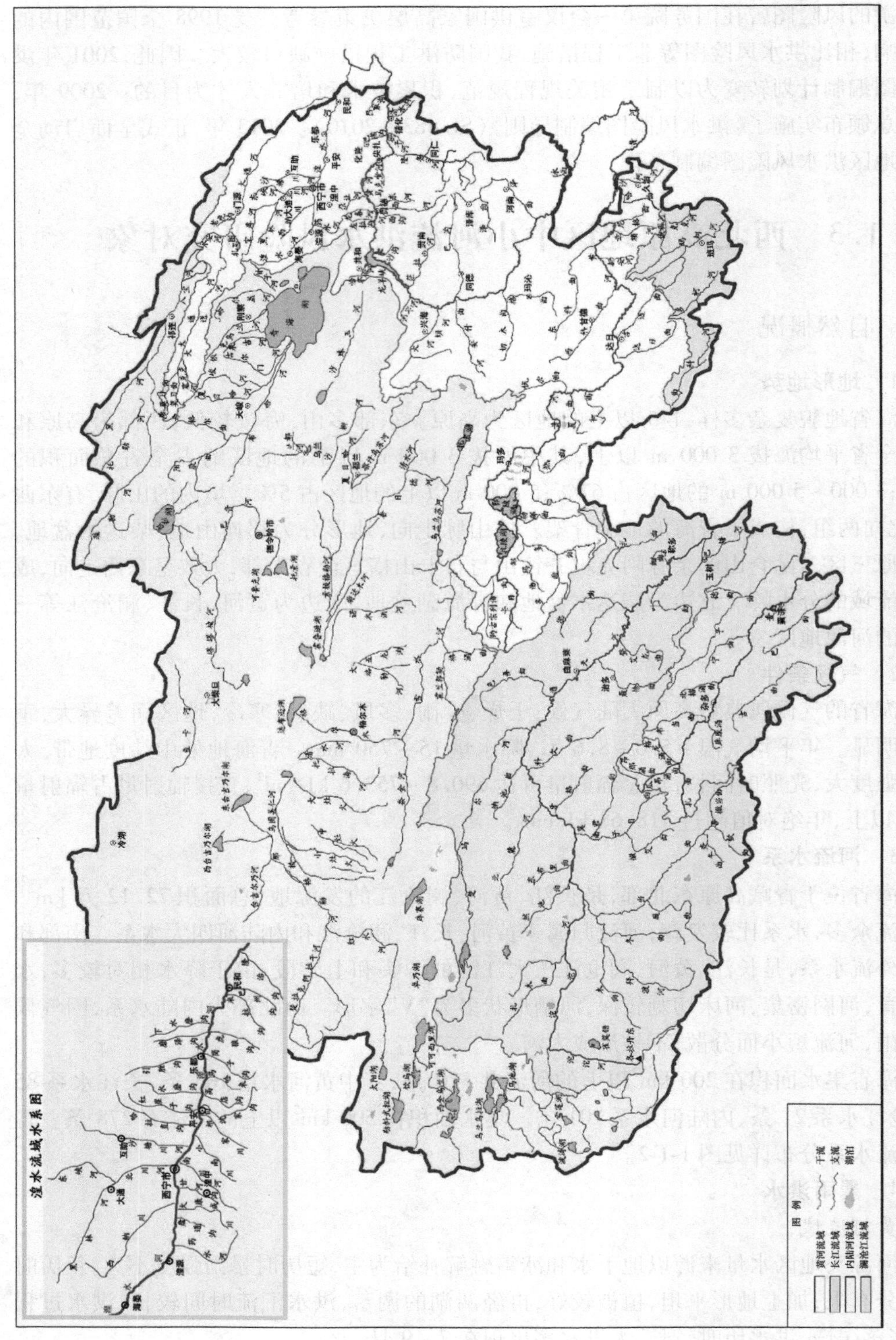

图1-1-2 青海省河流水系图

黄河上游(除黄河源地区外)洪水主要由大范围降水形成,洪水涨落缓慢,一次洪水过程约40 d。洪水大多出现在7~9月,通常7月洪水峰型尖瘦,9月洪水峰型肥胖。黄河上游流域有春汛和夏汛两个洪水期,但较大洪水都发生在夏汛,主要由暴雨形成。暴雨和洪水在时间上有良好的对应关系。洪水出现时间大多在6~9月。

2. 长江、澜沧江流域

青南地区的暴雨,虽离水汽源地较近,但因海拔高,近地层热力条件不足,位置偏南,北来冷空气往往不易翻越昆仑山和巴颜喀拉山,对暖湿气流的抬升作用不大,因此该地区虽年降水量大,但暴雨频次少、强度不大。特点是降雨历时短,有暴涨暴落现象,峰型尖瘦,峰高量小,洪水过程较短,主要发生在6~9月,尤以7~8月最多,暴雨历时和汇流历时都很短。

3. 内陆河

内陆河全区气候干燥、寒冷、降水量少,山区年降水量一般为100~200 mm,沙漠区年降水量只有几十毫米,而年蒸发量却可达2 000~3 000 mm,春汛由融冰、融雪造成,夏汛主要由降雨和融雪造成,一般年最大洪峰和较大洪峰多发生在夏汛时期。水流出山口进入沙漠区后,水流分散,河道宽浅,大部分水流潜入地下。

1.3.2　研究区域

1.3.2.1　研究区域选择原则

(1)代表性。青海省面积广袤,河流分属黄河、西北诸河、长江和西北内陆四大片区。各片区河流特性、洪水特性差别较大,因此河流的选择尽量覆盖各个片区,使研究河流能够反映不同流域的洪水特性、淹没特性等。

(2)针对性。洪水风险研究是为经济社会发展服务的,因此研究河流要选择历史洪灾严重、防洪问题突出的河流,研究河段要重点针对经济社会发展密集、洪水风险较高河段。

1.3.2.2　选择的研究区

根据以上原则,从青海省湟水、黄河、西北诸河和长江流域选择10条重点中小河流开展洪水风险研究(注:湟水是黄河的一级支流,由于涉及范围广,与黄河其他支流相比,特点明显,因此单独列为一个流域)。根据洪水影响、历史洪水及河流特点,湟水流域洪水风险图编制河流为湟水干流(包括麻匹寺河)、湟水支流大通河(浩门河)和白沈沟河;黄河上游片区为格曲河、恰卜恰河和隆务河;西北内陆片区为格尔木河和巴音河;长江流域为巴塘河。洪水风险编制河段主要集中在人口密集、受洪水危险比较严重的州(县)府所在河段。中小河流洪水风险研究河段总长428.5 km,范围1 729.11 km^2,人口177.37万,耕地16.15万 hm^2。洪水风险图研究区分布及基本情况详见表1-1-1和图1-1-3。

表 1-1-1 青海省中小河流洪水风险研究河段基本信息

流域	序号	河流名称	河段范围	河段长度(km)	多年平均径流量(m^3/s)	编制区域面积(km^2)	河段平均河宽(m)	所属水系和上级河流	涉及县(市)	耕地面积(hm^2)	人口(万人)	GDP(万元)	规划防洪标准	现状防洪标准	说明
湟水流域	1	湟水干流	西海镇至三角城镇段	17	3	60.65	10~20	黄河一级支流	海晏县西海镇、三角城镇段	1 100.56	2.18	109 098	20年一遇	21年一遇	
			东大滩水库坝下至湟中县多巴镇黑嘴桥	56.2	969(民和站,10年一遇)	40.8	30~70	黄河一级支流	湟源、湟中	69 919	45.42	1 632 447	10~50年一遇	10~50年一遇	
			西宁市小峡口宁湖大闸至民和县川口镇隆治沟口	147.3	969(民和站,10年一遇)	236.3			平安、互助、乐都、民和	42 192	35.71	628 901	10~30年一遇	10~30年一遇	
	2	浩门河	门源县青石嘴镇至东川镇	70	20.7	485.5	300~500	湟水一级支流	青石嘴镇、浩门镇、泉口镇和东川镇	21 321.6	11.38	21 322	10~30年一遇	10~30年一遇	
	3	白沈沟河	石沟沿村至平安城区	35	1.21	40.45	30~50	湟水一级支流	平安镇、沙沟回族乡、红崖子沟乡	2 538.3	8.6	354 882	20年一遇	20年一遇	

续表 1-1-1

流域	序号	河流名称	河段范围	河段长度(km)	多年平均径流量(m^3/s)	编制区域面积(km^2)	河段平均河宽(m)	所属水系和上级河流	涉及县(市)	耕地面积(hm^2)	人口(万人)	GDP(万元)	规划防洪标准	现状防洪标准	说明
黄河流域	4	格曲河	大武镇大甘公路桥—大武桥	15	131(20年一遇洪水)	37.7	25	切木曲河一级支流，黄河二级支流	大武镇	75 506.7(草场)	2.2	73 073	20年一遇	城区段20年一遇	
	5	恰卜恰河	尕巴台村至上塔买村	10	季节性河流，潜入地下	146.7	40~50	黄河一级支流	共和县恰卜恰镇	2 653.3	4.93	75 682	20年一遇	城区段20年一遇	季节性河流，潜入地下
	6	隆务河	同仁县郭麻日村以上至同仁县江龙村	14	19.6	89.88	30~60	黄河一级支流	隆务镇、曲库乎乡、年都乎乡、加吾乡	3 196	5.8	125 174	20年一遇	城区段20年一遇	

续表 1-1-1

流域	序号	河流名称	河段范围	河段长度（km）	多年平均径流量（m^3/s）	编制区域面积（km^2）	河段平均河宽（m）	所属水系和上级河流	涉及县（市）	耕地面积（hm^2）	人口（万人）	GDP（万元）	规划防洪标准	现状防洪标准	说明
西北内陆诸河流域	7	格尔木河	格尔木河农场灌区引水枢纽至新华村	24	19	439.6	300～500	内陆河东达布逊湖水系	5个街道办事处、格尔木新区及郭勒木德镇	2 101.8	36.6	2 818 055	50/20年一遇	30/20年一遇	
	8	巴音河	巴音河水源地上游500 m至黑石山水库回水末端	5	10.1	10	75～400	内陆河，巴音河水系	德令哈市	7 963.9	6.9	414 423	50/30年一遇	城区段50年一遇	
			黑石山水库溢洪道出口至茶德高速	15	10.1	100.53	75～400		德令哈市城区河西街道、河东街道、火车站街道、尕海镇、柯鲁柯镇、蓄集乡	7 964	6.91	414 423	30～50年一遇	30～50年一遇	
长江流域	9	巴塘河	玉树县结古镇民主村至东风村	20	25	41	30～100	通天河右岸一级支流	玉树市结古镇	585.5	10.735	148 678	20年、30年一遇	20年、30年一遇	

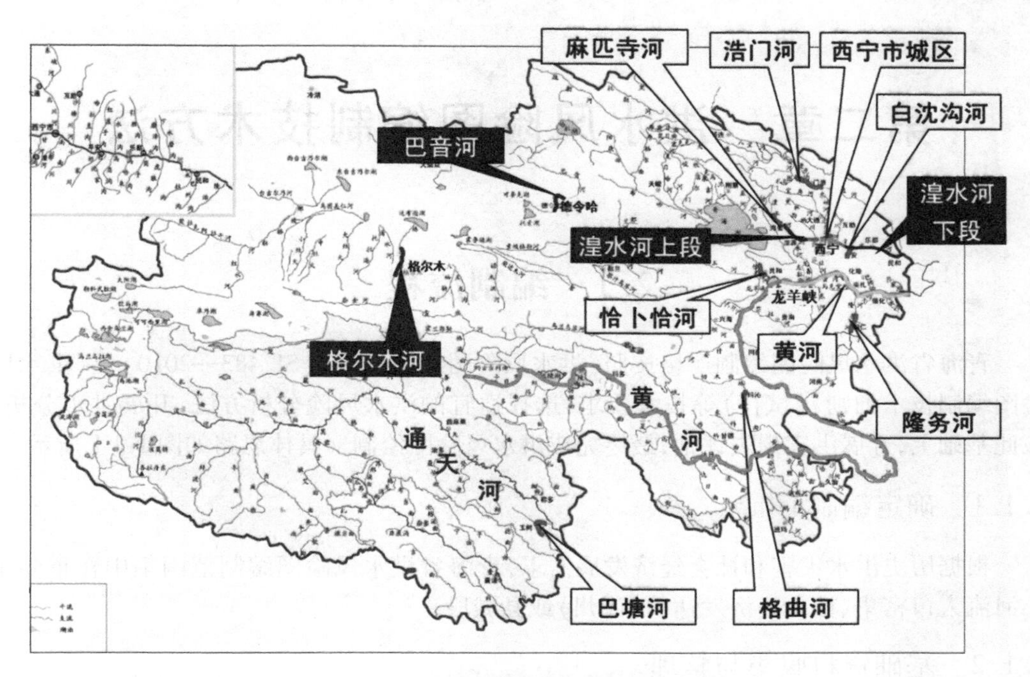

图 1-1-3　青海省洪水风险图编制区分布

第二章　洪水风险图编制技术方法

2.1　编制流程

青海省洪水风险图编制严格按照《洪水风险图编制导则》(SL 483—2010)及《洪水风险图编制技术细则》(试行)等技术要求,选择适宜的洪水风险分析方法,开展洪水分析。在此基础上,开展洪灾损失评估,最终完成洪水风险图绘制。具体思路如图1-2-1所示。

2.1.1　确定编制范围

根据历史洪水灾害和社会经济发展需求,青海省洪水风险图编制范围集中在重要中小河流人口密集、社会经济发达的市(州)或县城段。

2.1.2　基础资料收集与整理

收集与整理洪水风险图编制区域内自然地理、水文与洪水、构筑物及其调度规则、社会经济和洪水灾害资料等基础资料,进行现场调查和必要的补充测量。

青海省处于西部高原地区,整体基础资料比较薄弱,部分地区无1∶1万的地形图,部分地区1∶1万地形图年代比较久远,而现状地形地貌变化较大。因此,在收集资料时,一是注意收集近年来完成的河道整治规划设计中的河道带状图、横断面图等;二是住建局收集近期的城市规划图,以便使底图满足技术规范要求精度。对于现有资料不能满足底图精度要求的,对洪水风险图区进行必要的补充测量。补充测量范围根据洪水风险图试算结果确定。另外,青海省部分河道,如恰卜恰河没有水文站,收集资料需要收集临近水文站的资料。

2.1.3　资料整编与评估

对水文、社会经济基础资料进行三性检查、整编、评估和审核。按照技术细则要求对底图进行加工处理,社会经济信息整合进底图。

基础底图资料整编是资料整编的重点,也是洪水风险图项目的基础。根据收集的基础底图情况,青海省洪水风险图编制区基础底图整编在常规的底图处理上,增加了城建独立坐标系及高程系统的校准、纠正,以及部分纸质图的拼接及矢量化。

2.1.4　计算方案制订

分析编制区洪水来源和洪水组合方式,提出洪水组合方式,确定计算方案。青海省洪水风险图洪水组合中干支流洪水组合方式主要有两种:一是干流同频,支流(区间)相应,比如对湟水干流与支流洪水;二是干支流同频,比如巴音河德令哈河段的巴音河干流和支

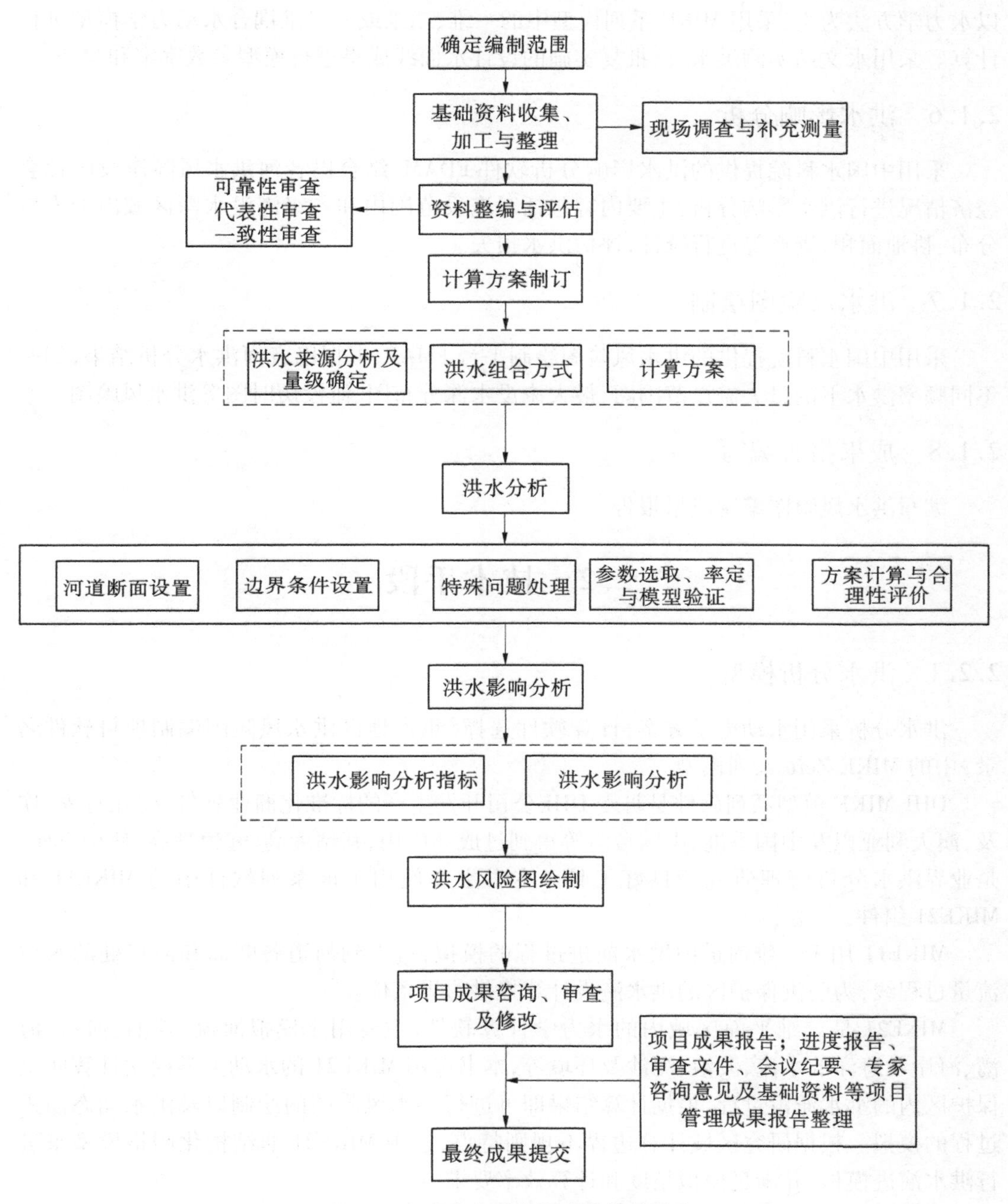

图 1-2-1 青海省洪水风险图编制思路

流白水河。

2.1.5 洪水分析

在《重点地区洪水风险图编制项目软件名录》中选择适合研究对象洪水特点的模型进行洪水分析计算，得到淹没范围、淹没水深及分布和淹没历时等信息。青海省洪水分析以水力学方法为主,采用 MIKE 系列模型中的一维、二维或一二维耦合水动力学模型进行计算。采用水文站实测洪水、已批复实施的设计水面线成果进行模型参数率定和验证。

2.1.6 洪水影响分析

采用中国水科院提供的洪水影响分析软件 FDAM,结合巴音河洪水风险淹没区社会经济情况进行洪水影响分析,主要内容包括对淹没范围内和各级淹没水深区域内的人口分布、耕地面积、资产等进行统计,评估洪水损失。

2.1.7 洪水风险图绘制

采用中国水科院提供的洪水风险图绘制平台 FMAP,根据巴音河洪水分析结果,编制不同频率洪水下的最大淹没范围图、最大淹没水深分布图、淹没历时图等洪水风险图。

2.1.8 成果报告编写

编写洪水风险图编制成果报告。

2.2 技术手段

2.2.1 洪水分析模型

洪水分析采用水动力学方案,计算软件选择《重点地区洪水风险图编制项目软件名录》中的 MIKE Zero 系列模型。

DHI MIKE 模型系列软件是丹麦 DHI 公司开发生产的标准化商业软件,曾在丹麦、埃及、澳大利亚以及中国香港、中国台湾等得到过成功应用,其精度高、守恒性高、使用方便,是业界洪水分析管理研究的良好工具。本书主要使用了该系列软件中的 MIKE11 和 MIKE21 组件。

MIKE11 用于一维河道内洪水演进过程的模拟,可得到河道各断面和溃口处的水位流量过程线,为防洪保护区的洪水淹没计算提供边界条件。

MIKE21 是二维平面区域内的水力学计算软件,主要用于模拟河流、湖泊、河口、海湾、海岸及海洋的水流、波浪、泥沙及环境等,本书选用 MIKE21 的水动力学模块计算防洪保护区内的洪水淹没过程,根据计算结果即可进行洪水风险图的绘制以及洪水动态演进过程的模拟。根据研究区域计算边界不规则特点,选用 MIKE21 非结构化网格模型来进行洪水演进模拟,并满足模拟精度和计算效率要求。

MIKE Flood 是将一维模型和二维模型连接进行动态耦合的模型系统。它既有一维模型和二维模型的优点,又避免了采用单一模型时遇到的网格精度和准确性方面的问题。MIKE Flood 提供了 MIKE 11 和 MIKE 21 之间的 4 种连接方式,即侧向连接、侧向建筑物连接、标准连接和间接构筑物连接。

2.2.1.1 一维模型

一维水动力学模型基本方程如下:

$$B\frac{\partial Z}{\partial t}+\frac{\partial Q}{\partial s}=q \tag{1-2-1}$$

$$\frac{\partial Q}{\partial t}+\frac{\partial Q}{A}\frac{\partial Q}{\partial s}+\left(gA-\frac{BQ^2}{A^2}\right)\frac{\partial Z}{\partial s}=B\frac{Q^2}{A^2}\left(i+\frac{1}{B}\frac{\partial A}{\partial s}\right)-g\frac{Q^2}{AC^2R} \tag{1-2-2}$$

式中：q 为旁侧流量；Q 为总流量；s 为距离坐标；A 为过水断面面积；i 为渠底坡降；C 为谢才系数；g 为重力加速度；Z 为水位函数；B 为蓄存宽度。

2.2.1.2　二维模型

平面二维模型基本原理如下：MIKE21 FM 水动力模块（见图 1-2-2）是基于数值解的二维浅水方程，沿水深积分的不可压缩的雷诺平均 Navier - Stokes 方程，因此该模型包括连续性、动量、温度、盐度和密度方程，可以使用直角坐标或球面坐标，可以模拟因各种作用力作用而产生的水位和水流变化及模拟任何忽略分层的二维自由表面流，在平面上采用非结构化网格。采用的数值方法是单元中心的有限体积法。控制方程离散时，结果变量 u、v 位于单元中心，跨边界通量垂直于单元边。有限体积法中法向通量通过在沿外法向建立单元水力模型并求解一维黎曼问题而得到。采用显式时间积分。

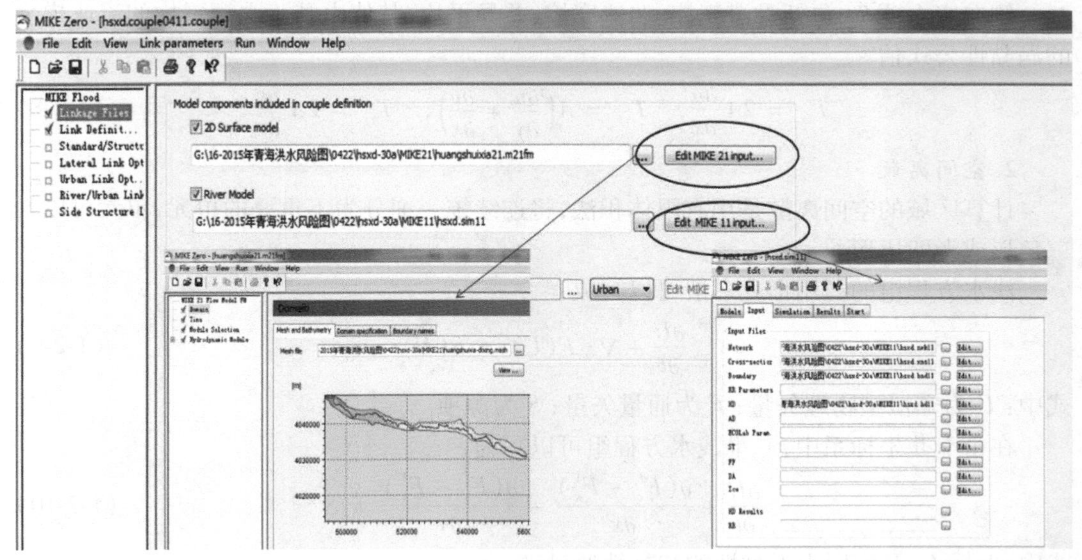

图 1-2-2　MIKE 软件界面

1. 控制方程

MIKE21 FM 二维非恒定流计算模块的原理基于二维不可压缩流体雷诺平均应力方程，服从布辛涅斯克假设和静水压力假设。

$$h=\eta+d \tag{1-2-3}$$

连续方程：

$$\frac{\partial h}{\partial t}+\frac{\partial h\bar{u}}{\partial x}+\frac{\partial h\bar{v}}{\partial y}=hs \tag{1-2-4}$$

动量方程：

$$\frac{\partial h\bar{u}}{\partial t}+\frac{\partial h\bar{u}^2}{\partial x}+\frac{\partial h\overline{uv}}{\partial y}=f\bar{v}h-gh\frac{\partial\eta}{\partial x}-\frac{h\partial P_a}{\rho_0\partial x}-\frac{gh^2}{2\rho_0}\frac{\partial\rho}{\partial x}+\frac{\tau_{sx}}{\rho_0}-\frac{\tau_{bx}}{\rho_0}-\frac{1}{\rho_0}\left(\frac{\partial s_{xx}}{\partial x}+\frac{\partial s_{xy}}{\partial y}\right)+\frac{1}{\partial x}(hT_{xx})+\frac{1}{\partial y}(hT_{xy})+hu_sS \tag{1-2-5}$$

$$\frac{\partial h\bar{v}}{\partial t}+\frac{\partial h\bar{v}^2}{\partial y}+\frac{\partial h\overline{uv}}{\partial x}=f\bar{v}h-gh\frac{\partial\eta}{\partial y}-\frac{h\partial P_a}{\rho_0\partial y}-\frac{gh^2}{2\rho_0}\frac{\partial\rho}{\partial y}+\frac{\tau_{sy}}{\rho_0}-\frac{\tau_{by}}{\rho_0}-\frac{1}{\rho_0}\left(\frac{\partial s_{yx}}{\partial x}+\frac{\partial s_{yy}}{\partial y}\right)+\frac{1}{\partial x}(hT_{xy})+\frac{1}{\partial y}(hT_{yy})+hv_sS \tag{1-2-6}$$

$$h\bar{u}=\int_{-d}^{\eta}u\mathrm{d}z\qquad h\bar{v}=\int_{-d}^{\eta}v\mathrm{d}z \tag{1-2-7}$$

式中：$\bar{u}$ 和 $\bar{v}$ 为垂向平均流速在 x 与 y 方向的分量；t 为时间；x 、y 、z 为笛卡儿坐标；η 为河底高程；d 为静水水深；$h=\eta+d$ 为总水头；u 、v 为 x 、y 方向的速度分量；g 为重力加速度；ρ 为水的密度；S_{xx} 、S_{xy} 、S_{yx} 、S_{yy} 为辐射应力的分量；P_a 为大气压强；ρ_0 为水的相对密度；S 为点源流量大小；u_s 、v_s 为源汇项水流的流速。

侧向应力项 T_{ij} 包括黏滞摩擦、湍流摩擦、差异平流，其值由基于水深平均的流速梯度的涡黏性公式估算。

$$T_{xx}=2A\frac{\partial\bar{u}}{\partial x},\quad T_{xy}=A\left(\frac{\partial\bar{u}}{\partial y}+\frac{\partial\bar{v}}{\partial x}\right),\quad T_{yy}=2A\frac{\partial\bar{v}}{\partial y} \tag{1-2-8}$$

2. 空间离散

计算区域的空间离散是用有限体积法，将连续统一细分为不重叠的单元，单元可以是三角形或者四边形。

浅水方程组的通用形式一般可以写成：

$$\frac{\partial U}{\partial t}+\nabla\cdot F(U)=S(U) \tag{1-2-9}$$

式中：U 为守恒型物理矢量；F 为通量矢量；S 为源项。

在笛卡儿坐标系中，二维浅水方程组可以写为：

$$\frac{\partial U}{\partial t}+\frac{\partial(F_x^I-F_x^V)}{\partial x}+\frac{\partial(F_y^I-F_y^V)}{\partial y}=S \tag{1-2-10}$$

式中：上标 I 、V 分别为无黏性的和黏性通量。

对式(1-2-9)第 i 个单元积分，并运用 Gauss 原理重写可得出：

$$\int_{A_i}\frac{\partial U}{\partial t}\mathrm{d}\Omega+\int_{\Gamma_i}(F\cdot n)\mathrm{d}s=\int_{A_i}S(U)\mathrm{d}\Omega \tag{1-2-11}$$

式中：A_i 为单元 Ω_i 的面积；Γ_i 为单元的边界；ds 为沿着边界的积分变量。

这里使用单点求积分来计算面积的积分，该求积分点位于单元的质点，同时使用中点求积法来计算边界积分，式(1-2-11)可以写为

$$\frac{\partial U_i}{\partial t}+\frac{1}{A_i}\sum_{j}^{NS}F\cdot n\Delta\Gamma_j=S_i \tag{1-2-12}$$

式中：U_i 和 S_i 分别为第 i 个单元的 U 和 S 的平均值，并位于单元中心；NS 为单元的边界数；$\Delta\Gamma_j$ 为第 j 个单元的长度。

一阶解法和二阶解法都可以用于空间离散求解。对于二维的情况，近似的 Riemann 解法可以用来计算单元界面的对流流动。使用 Roe 方法时，界面左边的和右边的相关变量需要估计取值。二阶方法中，空间准确度可以通过使用线性梯度重构的技术来获得。而平均梯度可以由 Jawahar 和 Kamath 于 2000 年提出的方法来估计，为了避免数值振荡，模型使用了二阶 TVD 格式。

3. 时间积分

考虑方程的一般形式：

$$\frac{\partial U}{\partial t} = G(U) \tag{1-2-13}$$

对于二维模拟，浅水方程的求解有两种方法：一种是低阶方法，另一种是高阶方法。

低阶方法即低阶显式的 Euler 方法：

$$U_{n+1} = U_n + \Delta t G(U_n) \tag{1-2-14}$$

式中：Δt 为时间步长。

高阶的方法为以如下形式的使用了二阶的 Runge Kutta 方法：

$$U_{n+1/2} = U_n + \frac{1}{2}\Delta t G(U_n),\quad U_{n+1/2} = U_n + \frac{1}{2}\Delta t G(U_{n+1/2}) \tag{1-2-15}$$

4. 边界条件

(1)闭合边界：沿着闭合边界（陆地边界），所有垂直于边界流动的变量必须为 0，对于动量方程，可以得知沿着陆地边界是完全平稳的。

(2)开边界：开边界条件可以指定为流量过程或者水位过程。

(3)干湿边界：当网格单元上的水深变浅但尚未处于露滩状态时，相应水动力计算采用特殊处理，即该网格单元上的动量通量置为 0，只考虑质量通量；当网格单元上的水深变浅至露滩状态时，计算中将忽略该网格单元直至其被重新淹没。

模型计算过程中，每一计算时间步长均进行所有网格单元水深的检测，并依照干点、半干湿点和湿点三种类型进行分类，且同时检测每个单元的邻边以找出水边线的位置。

满足下面两个条件的网格单元边界将被定义为淹没边界：首先单元的一边水深必须小于干水深而另一边水深必须大于淹没水深；其次水深小于干水深的网格单元的静水深加上另一单元表面高程水位必须大于 0。

满足下面两个条件单元会被定义为干单元：首先单元中的水深必须小于干水深，另外该单元的三个边界中没有一个是淹没边界。被定义为干的单元在计算中会被忽略不计。

单元被定义为半干：如果单元水深介于干水深和湿水深之间，或当水深小于干水深但有一个边界是淹没边界。此时动量通量被设定为 0，只有质量通量会被计算。

单元被定义为湿：如果单元水深大于湿水深，此时动量通量和质量通量都会在计算中被考虑。

2.2.2　洪水影响分析方法

洪水影响分析主要包括淹没范围和各级淹没水深区域内社会经济指标的统计分析、洪灾损失评估等。

2.2.3　洪水影响分析思路

开展洪水影响分析,主要是统计不同量级洪水各级水深淹没区域内的经济和社会指标,从而在一定程度上反映出洪水的危害程度。通过研究区洪水分析得到的最大淹没范围、最大淹没水深等要素,结合淹没区社会经济情况,综合分析评估洪水影响程度。

洪水影响分析指标主要有各级淹没水深区域范围内的人口、房屋、受淹面积、受淹耕地面积、受淹交通干线(省级以上公路、铁路)里程以及受影响 GDP 等社会经济指标。洪水影响分析以乡(镇)为统计单元进行。

2.2.4　洪水影响统计分析方案

洪水影响分析主要采用统计分析方法,模型采用中国水利水电科学研究院开发的"洪灾损失评估系统"FDAM(见图 1-2-3),并结合 ArcGIS 软件进行。首先收集防洪保护区内受影响对象的行政区界、农田、居民地、公路、铁路、重点单位设施分布等图层,收集最新社会经济资料,并对收集调查的资料进行整编、规范处理,建立保护区社会经济数据库,与空间地理信息进行关联。

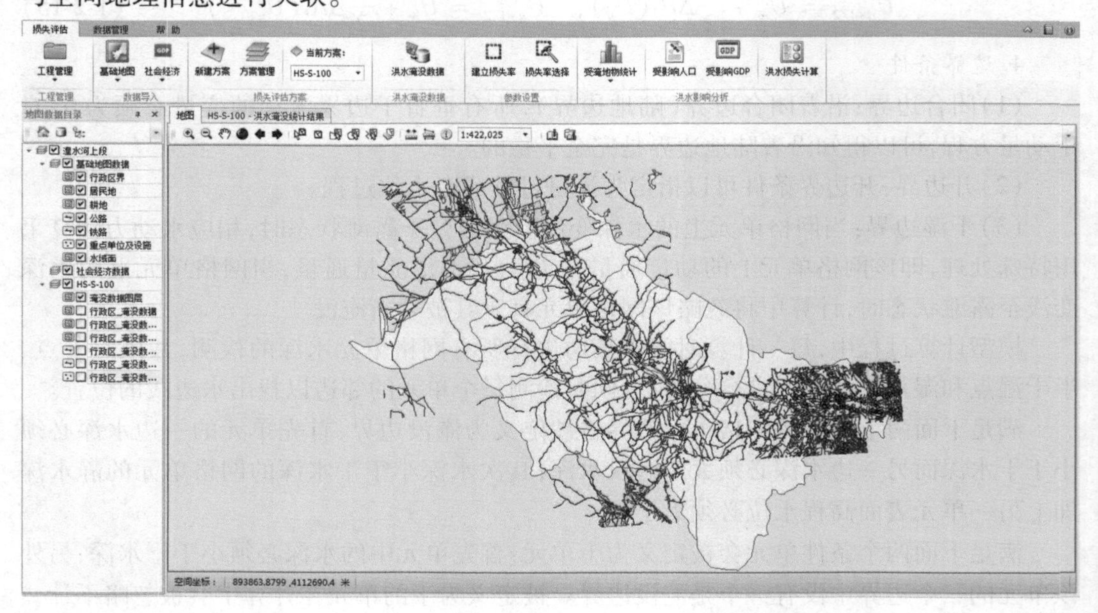

图 1-2-3　洪水损失评估模型 FDAM 界面

将洪水分析得到的淹没图层分别与行政区图层、居民地图层以及耕地面状图层相叠加,即可得到对应不同方案、不同淹没水深等级下的受淹行政区面积、受淹居民地面积、受淹耕地面积等。淹没图层与交通干线矢量图层叠加,得到受影响交通干线里程。洪水社会影响通过受影响人口的统计值反映;洪水经济影响通过受淹面积、受淹耕地面积、受淹居民地面积、受淹交通干线(省级以上公路、铁路)里程、受影响重点单位数量以及受影响 GDP 等统计值反映。

各洪水影响指标的统计方法如下:

(1)受淹行政区面积、受淹耕地面积及受淹居民地面积的统计。

基于 GIS 软件的叠加分析功能,将淹没图层分别与行政区图层、耕地图层以及居民地图层相叠加,得到对应不同洪水方案、不同淹没水深等级下的受淹行政区面积、淹没耕地面积、受淹居民地面积等。

(2)受影响交通道路里程的统计。

道路遭受冲淹破坏是洪水灾害主要类型之一。道路在 GIS 矢量图层上呈线状分布,受淹道路的统计通过道路线图层与洪水模拟面图层叠加运算实现,能够获取不同淹没方案下的受淹道路长度等数据信息。

(3)受影响行政机关、企事业单位及水利等重要设施的统计。

行政机关、企事业单位、水利设施等在 GIS 图层上通常呈点状分布。根据需要可以附给点对象如行政区名称、水利设施技术参数等相应的属性值。属性信息数据量较大,以数据库的形式存储,通过关键字段建立空间位置与其属性信息间的关联。

在得到洪水淹没特征之后,将淹没图层、行政区界图层和行政机关、企事业单位、水利等重要设施的分布图层进行空间叠加运算,即面图层与点图层的叠加运算得到位于淹没区的受灾行政机关、水利设施的数量、具体分布情况及其相关属性信息。

(4)受影响人口统计。

采用居民地法对人口统计数据进行空间分析,即认为人口是离散地分布在该行政区域的居民地范围内的,每块居民地上又是均匀分布的变量,采用人口密度 $d_{i,j}$ 来表征。如各行政单元居民地受淹面积用 $A_{i,j}$ 来表示,则受灾人口可采用下式计算。

$$P_e = \sum_i \sum_j A_{i,j} \cdot d_{i,j} \tag{1-2-16}$$

式中:P_e 为受灾人口;$A_{i,j}$ 为第 i 行政单元第 j 块居民地受淹面积;$d_{i,j}$ 为第 i 行政单元第 j 块居民地的人口密度。

某个行政单元的居民地受淹面积通过行政区界、居民地图层以及淹没范围图层叠加统计得到。结合人口密度,对各行政单元受不同淹没水深影响的受灾人口进行统计。在确定了受影响人口的空间分布之后,与其相关的其他指标如 GDP、房屋、家庭财产等指标可在此基础上进一步推求。

(5)受影响 GDP 的统计。

本书以地均 GDP 法进行受影响 GDP 的统计,即按照不同行政单元受淹面积与该行政区单位面积上的 GDP 值相乘来计算受影响 GDP。

2.3 洪水损失评估分析方案

2.3.1 损失评估分析方法

洪水损失评估采用损失率法,包括对各量级洪水导致的居民财产、农林牧渔、工商企业、交通运输等方面的直接损失估算分析。

洪灾损失率是描述洪灾直接经济损失的一个相对指标,通常指各类财产损失的价值与灾前或正常年份原有各类财产价值之比。洪灾损失率与灾区地形地貌、经济状况、淹没程度(深度、时间、流速)、上次成灾洪水到本次洪水的间隔时间、洪水过程线的变化特征、洪水在年内发生的时间、天气季节、灾区范围、预报期、抢救情况(时间、速度)、指挥组织等众多因素有关,确定起来十分困难。

分析确定损失率一般有两种方法。其一是洪灾发生后,选择一定数量、一定规模的典型区做调查,收集各类承灾体的灾前及灾后价值,运用统计学方法,采用参数统计模型建立单项的洪水淹没特征(水深、历时、流速、避洪时间)与洪灾损失率的关系。财产灾前价值根据各县(区)社会经济统计年鉴,综合分析确定。其二是按照一定的原则,选择前人总结出的具有一定可信度的损失率或者借鉴相似地区资料作为参考样本,根据目前评估流域的社会经济发展水平,预计淹没区的现实情况,以及损失率随时间空间变化的一般规律,做出相对合理的调整,最后确定出适合评估目的和要求的损失率。

本书采用第二种方法确定损失率,主要参考邻近地区甘肃黑河、葫芦河防洪保护区的相关成果(见表1-2-1和表1-2-2),并咨询相关专家,结合各洪水风险图编制区特点分析确定。

表1-2-1　洪水灾害损失评估损失率统计(黑河防洪保护区)　(%)

淹没水深(m)	家庭财产	家庭住房	农业	工业资产	商业资产	铁路	一级公路	二级公路
<0.5	10	20	8	9	8	8	10	3
0.5~1.0	20	30	23	17	23	12	15	9
1.0~1.5	35	40	32	22	38	17	20	15
1.5~2.5	45	50	43	40	43	27	29	20
2.5~5.0	60	60	80	50	60	32	34	22

表1-2-2　洪水灾害损失评估损失率统计(葫芦河、藉河)　(%)

淹没水深(m)	家庭财产	家庭住房	农业	工业资产	商业资产	铁路	一级公路	二级公路
<0.5	2	2	2	2	3	2	3	1
0.5~1.0	15	22	18	15	20	15	15	7
1.0~1.5	25	40	30	22	25	22	25	20
1.5~2.0	30	54	45	30	30	27	30	24
2.0~2.5	40	60	55	40	35	32	35	28
2.0~3.0	50	68	60	50	50	36	39	32
>3.0	60	76	70	55	55	40	43	36

2.3.2　损失评估统计分析方案

在确定了各类承灾体受淹程度、灾前价值之后，根据洪灾损失率关系，即可进行分类洪灾直接经济损失估算。主要直接经济损失类别包括以下几方面内容。

2.3.2.1　城乡居民家庭财产、住房洪涝灾害损失计算

城乡居民家庭财产直接损失值可采用下式计算：

$$R_{家直损} = \sum_{i=1}^{n} R_{家损i} = \sum_{i=1}^{n}\sum_{j=1}^{m}\sum_{k=1}^{l} W_{家产ijk}\eta_{ijk} \tag{1-2-17}$$

式中：$R_{家直损}$为城乡居民家庭财产洪涝灾直接损失值，元；$R_{家损i}$为各类家庭财产洪灾直接损失值，元；$W_{家产ijk}$为第k级淹没水深下，第i类第j种家庭财产灾前价值，元；η_{ijk}为第k级淹没水深下，第i类第j种财产洪灾损失率(%)；n为财产类别数；m为各类财产种类数；l为淹没水深等级数。

考虑到城乡居民家庭财产种类的差别，按城市(镇)与乡村分别计算居民家庭财产损失值，然后累加。

城乡居民住房损失计算方法公式与城乡居民家庭财产的方法公式相同。

2.3.2.2　工商企业洪涝灾损失估算

1. 工商企业资产损失估算

计算工商企业各类财产损失时，需分别考虑固定资产(厂房、办公、营业用房、生产设备、运输工具等)与流动资产(原材料、成品、半成品及库存物资等)，其计算公式如下：

$$R_{财} = R_1 + R_2 = \sum_{i=1}^{n} R_{1i} + \sum_{i=1}^{n} R_{2i} = \sum_{i=1}^{n}\sum_{j=1}^{m}\sum_{k=1}^{l} W_{ijk}\eta_{ijk} + \sum_{i=1}^{n}\sum_{j=1}^{m}\sum_{k=1}^{l} B_{ijk}\beta_{ijk} \tag{1-2-18}$$

式中：$R_{财}$为工商企业洪涝灾财产总损失值，元；R_1为企业洪涝灾固定资产损失值，元；R_2为企业洪涝灾流动资产损失值，元；R_{1i}为第i类企业固定资产损失值，元；R_{2i}为第i类企业流动资产损失值，元；W_{ijk}为第k级淹没水深下，第i类企业第j种固定资产值，元；η_{ijk}为第k级淹没水深下，第i类企业第j种固定资产洪灾损失率(%)；B_{ijk}为第k级淹没水深下，第i类企业第j种流动资产值，元；β_{ijk}为第k级淹没水深下，第i类企业第j种资产洪涝灾损失率(%)；n为企业类别数；m为第i类企业财产种类数；l为淹没水深等级数。

2. 工商企业停产损失估算

企业的产值和主营收入损失是指因企业停产停工引起的损失，产值损失主要根据淹没历时、受淹企业分布、企业产值或主营收入统计数据确定。首先从统计年鉴资料推算受影响企业单位时间(时、日)的产值或主营收入，再依据淹没历时确定企业停产停业时间后，进一步推求企业的产值损失。

2.3.2.3　农作物损失估算

$$R_{农直} = \sum_{i=1}^{n}\sum_{j=1}^{m} W_{ij}\eta_{ij} \tag{1-2-19}$$

式中：$R_{农直}$为农业直接经济损失，元；η_{ij}为第j级淹没水深下，第i类农作物洪涝灾损失率；W_{ij}为第j级淹没水深范围内，第i类农作物正常年产值，元；n为农作物种类数；m为淹没

水深等级数。

2.3.2.4 **道路交通等损失估算**

可根据不同等级道路的受淹长度与单位长度的修复费用进行计算。

2.3.2.5 **总经济损失计算**

各类财产损失值的计算方法如上所述,各行政区的总损失包括家庭财产、家庭住房、工商企业、农业、基础设施等,各行政区损失累加得出受影响区域的经济总损失。

$$D = \sum_{i=1}^{n} R_i = \sum_{i=1}^{n} \sum_{j=1}^{m} R_{ij} \tag{1-2-20}$$

式中:R_i为第 i 个行政分区的各类损失总值,元;R_{ij}为第 i 个行政分区内,第 j 类损失值;n 为行政分区数;m 为损失种类数。

2.3.3 洪水风险图绘制方法

按照规范要求对基础图层进行统一分类处理,叠加风险要素图层,绘制标准化电子版和纸质版洪水风险图。

选用中国水科院开发的“洪水风险图绘制系统 FMAP”软件进行防洪保护区基本风险图的绘制(见图 1-2-4)。

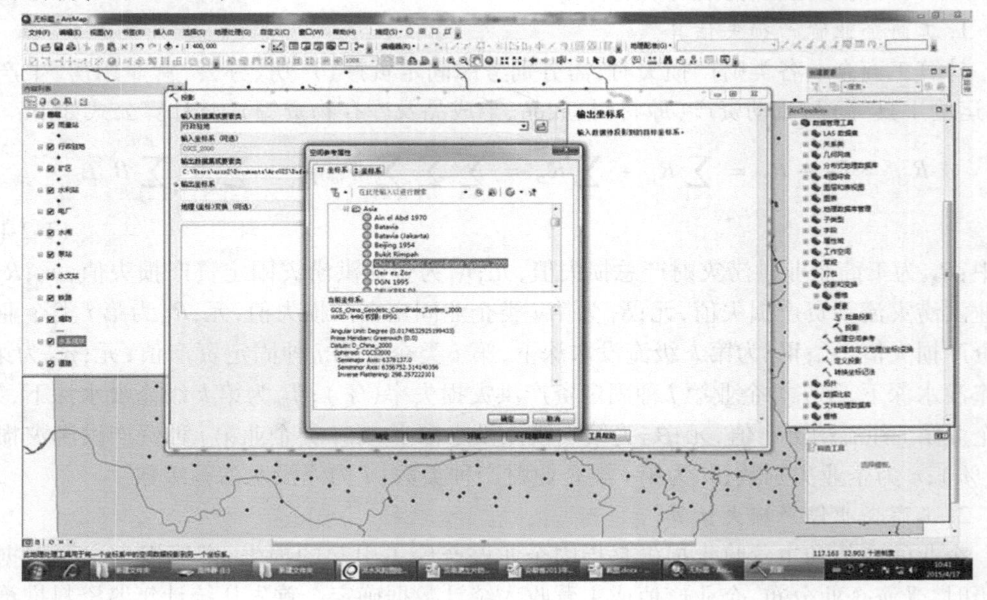

图 1-2-4 洪水损失评估模型 FMAP 界面

2.4 基础工作底图处理方法

基础工作底图的处理主要是为洪水分析计算准备地形数据,为洪水影响分析与损失评估准备空间数据,并为洪水风险图提供基础底图,具体包括四项内容:基础地理要素整理、洪水分析计算数据准备与处理、洪水影响分析空间数据准备与处理、风险图制作数据准备与处理，其中基础地理要素整理是其他工作的基础。

2.4.1　基础地理要素整理

格尔木河收集到的基础数据的格式为 mdb，洪水风险图编制要求的数据格式为. shp，因此根据洪水风险图对基础数据分层、分类代码的要求，需要对基础地理信息数据进行合并、转换、重新分层、代码赋值等处理，基础地理信息数据分层和水利专题数据分层见表 1-2-3 和表 1-2-4，数据处理具体流程见图 1-2-5。

表 1-2-3　基础地理信息数据分层

图层名	所含图形要素类
行政界	地市界、县(区)界、乡(镇)界
行政驻地	地市驻地、县驻地、乡(镇)驻地、村及其他驻地
行政区划	地级市区划、县区区划、乡(镇)区划
道路	铁路、省道、县道、乡道、其他道路
重点企事业单位	水利行业单位、公共供水企业、规模用水户、医院、煤矿企业和其他
居民地	街区、依比例尺房屋
土地利用	居民地、工矿用地、耕地

表 1-2-4　水利专题数据分层

图层名	所含图形要素类
水系面状	河流渠道、湖泊、渔场、其他
水系线状	线状干流、线状支流、河渠
堤防	Ⅰ级堤防，Ⅱ、Ⅲ级堤防，其他级别堤防
测站	水文站、水位站、雨量站
避水设施	避水楼、安全楼、避水台、村台
闸	大型水闸、中小型水闸、涵闸
泵站	泵站
跨河工程线状	桥梁、地上跨河管线、地下跨河管线
跨河工程点状	桥梁、渡槽
调水路线	地上调水路线、地下调水路线
通信预警设施	通信基站、卫星地面接收站、视频监控点、预警设施
抢险救灾	现场指挥部、防汛抗旱应急队伍、防汛抗旱物资仓库、防汛备用土石料、转移安置点、紧急救护站
避险转移路线	避险转移路线
洪涝灾害等级	易涝区、一般洪涝灾害、较大洪涝灾害、重大洪涝灾害、特别重大洪涝灾害
塌陷区	塌陷区范围
线状地物	高于地面 0.5 m 的线状地物
计算范围	计算范围
溃口	溃口

基础数据处理流程如图 1-2-5 所示。

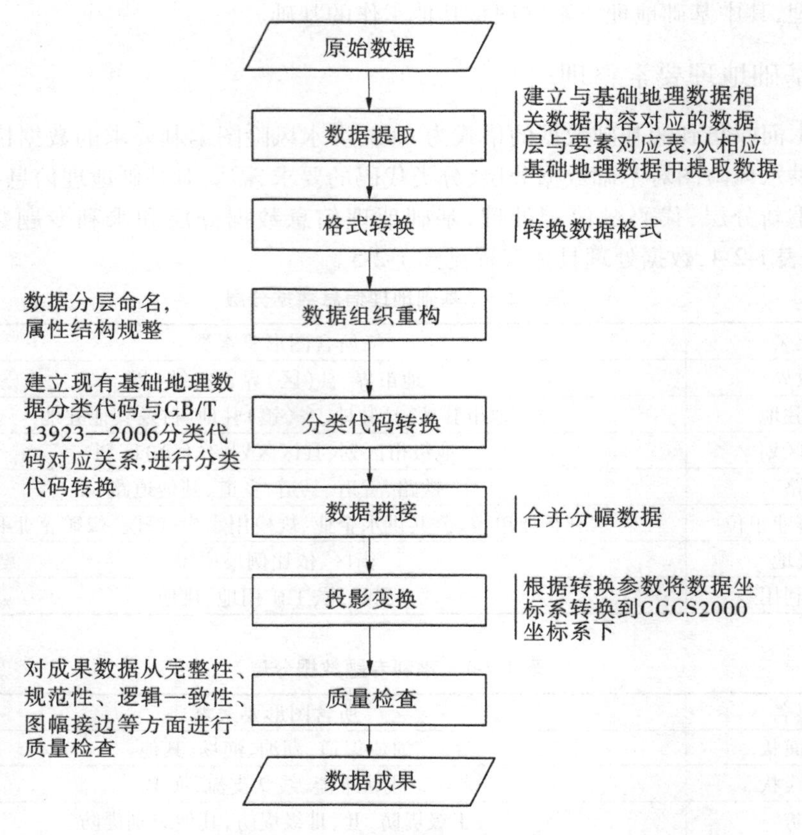

图 1-2-5　基础数据处理流程

2.4.1.1　数据提取

数据提取的目的是从收集到的格尔木河基础地理信息数据中提取洪水风险图编制所需要的图层。

2.4.1.2　格式转换

将基础地理数据转换为洪水风险图要求的 shp 格式数据,并根据数据原始坐标系为生成的. shp 格式数据赋以相应的坐标系及投影属性。

2.4.1.3　数据组织重构

根据洪水风险图绘制系统要求,将水利工程要素分层并重新编码,按照属性表结构要求,建立必要的属性字段,并对属性字段赋以相应值。专题数据属性见表 1-2-5,基础地理图层编码见表 1-2-6,水利工程图层编码见表 1-2-7。

表 1-2-5　专题数据属性

字段名称	字段类型	说明
TypeCode	长整型	要素类别编码,由 GB 码重新对照生成
ennm	字符型	工程名称
ennmcd	字符型	工程编码

表 1-2-6　基础地理图层编码

图层名	Type (所含图形要素类别)	TypeCode (类别编码)	说明
行政界	省界	100102	地图表达参考 5 万数据模型
	地市界	100103	
	县(区)界	100104	
	乡(镇)界	100105	
行政驻地	省会城市驻地	100202	
	地市驻地	100203	
	县驻地	100204	
	乡(镇)驻地	100205	
	村及其他驻地	100206	
道路	铁路	100301	
	国道	100401	
	省道	100501	
	县道	100502	
	乡道	100503	
	高速公路	100504	
	其他道路	100505	

表 1-2-7　水利工程图层编码

图层名	Type (所含图形要素类别)	TypeCode (类别编码)	说明
水系面状	河流渠道	120100	面状河流、渠道等
	建成水库	120201	依比例尺面状已建成水库
	湖泊	120301	依比例尺面状普通湖泊
	渔场	120400	渔场
	其他	120500	其他类型面状水系
水系线状	线状干流	120401	主要线状河流
	溪河渠道	120403	低等级溪河、渠道等
堤防	Ⅰ级堤防	140100	对应堤防设计规范中Ⅰ级堤防
	Ⅱ、Ⅲ级堤防	140200	对应堤防设计规范中Ⅱ、Ⅲ级堤防
	其他级别堤防	140300	其他级别堤防

续表 1-2-7

图层名	Type（所含图形要素类别）	TypeCode（类别编码）	说明
测站	水文站	130100	水文站
闸	大型水闸	210201	大型水闸
	中小型水闸	210202	中小型水闸
	涵闸	210300	涵闸
泵站	泵站	420100	包括机电排灌站、排涝泵站
治河工程	护滩、护岸	240200	护滩、护岸
跨河工程线状	桥梁	230101	半依比例尺桥梁
	渡槽	230201	半依比例尺渡槽
	地上跨河管线	230301	地上跨河管线
	地下跨河管线	230302	地下跨河管线
	倒虹吸	230400	倒虹吸
跨河工程点状	桥梁	230102	不依比例尺桥梁
	渡槽	230202	不依比例尺渡槽
坝线状	滚水坝	430101	半依比例尺滚水坝，包括橡胶坝
	拦水坝	430201	半依比例尺拦水坝
计算范围	计算范围	580000	洪水风险计算范围，用来确定成图范围
溃口	溃口	560400	指方案对应的堤防溃口处，每个方案对应一个溃口图层
居民地	居民地	100602	

2.4.1.4 分类代码转换

洪水风险图要素的代码与国标码不一致，需要建立原有国标代码与风险图要求的代码之间的对应关系，进行分类代码转换（见图 1-2-6）。

2.4.1.5 数据拼接

根据格尔木河防洪保护区计算范围及绘图范围对标准分幅基础地理数据进行拼接，使之符合计算范围要求。

2.4.1.6 投影变换

基础数据中的格尔木河大比例尺图为独立坐标系，需要进行投影变换。为了有效保证转换精度，使用高精度控制点转换参数进行相关数据的投影变换。

2.4.1.7 质量检查

数据质量检查以数据的规范性、完整性、正确性为检查原则，对数据的定义和组织、数

数据层名称	建库码	gb	分类	几何	图层名	要素内容	TYPECODE	几何类型
LRDL	4201022	420101	建筑中国道	线	道路	国道	100401	线
LRDL	4202022	420201	建筑中省道	线	道路	省道	100501	线
LRDL	4203022	420301	建筑中县道	线	道路	县道	100502	线
LFCP	4503011	450301	单层桥	点	跨河工程点状	桥梁	230101	点
LFCP	4505021	450502	人行桥	点	跨河工程点状	桥梁	230101	点
LRDL	7602012	760200	路堑	线	堤防	其他级别堤防	140300	线
LRDL	7602022	760200	路堤	线	堤防	其他级别堤防	140300	线
TERL	7506042	750604	石质无滩陡岸	线	堤防	其他级别堤防	140300	线
VEGA	8103033	810303	菜地	面	面状地类	菜地	100606	面
VEGA	8103043	810304	水生作物地	面	面状地类	水生作物地	100623	面
VEGA	8103053	810305	台田、条田	面	面状地类	台田、条田	100619	面
VEGA	8104053	810401	经济作物地	面	面状地类	经济作物地	100622	面
VEGA	8202003	820200	花圃花坛	面	面状地类	花圃花坛	100620	面

图 1-2-6　分类代码转换表(部分)

据精度、属性逻辑关系、数据拓扑关系、图幅接边等方面进行100%的全面检查。

1.检查内容

入库数据质量检查验收内容见表1-2-8。

表 1-2-8　入库数据质量检查验收内容

项目	内容
基本要求	文件名、数据格式、数据组织
数学精度	数学基础 平面精度 高程精度 接边精度
属性质量	要素分层的正确性 要素分类与代码的正确性 属性项(属性字段)的完备性 属性赋值的完整性、正确性
逻辑一致性	拓扑关系的正确性 重叠要素的检查 微小要素的检查 伪节点、悬节点的检查 有向点、线方向的正确性
附件质量	元数据文件的正确性、完整性 文档资料的正确性、完整性

2.检查方法

数据质量检查方法有两种:人工检查和程序检查。表1-2-9说明了数据质量检查方法。

表 1-2-9　数据质量检查方法

<table>
<tr><th colspan="2">检查项目</th><th>检查方法</th></tr>
<tr><td colspan="2">文件名称、数据格式及数据组织</td><td>在计算机上浏览文件,目视检查文件名、数据格式是否正确</td></tr>
<tr><td colspan="2">空间定位</td><td>在 ArcGIS 软件平台检查 DLG 的数学基础,包括平面基准、高程基准、地图投影、投影参数等</td></tr>
<tr><td colspan="2">各层的名称是否正确;
各属性表中的属性项是否正确;
各要素的分层、代码是否正确;
要素属性值是否正确或遗漏;
拓扑是否建立及拓扑的正确性;
有无重复要素</td><td>对照数据库设计,检查数据库定义及数据库的结构是否正确;
利用 ArcGIS 中的相关工具进行要素拓扑及重复检查</td></tr>
<tr><td colspan="2">接边</td><td>在 ArcGIS 打开相邻的图幅,通过量取相邻图幅接边处要素端点的距离是否等于零来检查接边精度,目视检查接边要素几何上自然连接情况,避免生硬,目视检查面域属性、线划属性的一致情况</td></tr>
<tr><td rowspan="3">图形质量检查</td><td>线划质量:分要素检查地理要素线划表示是否合理,线划是否光滑,线划相交是否合理,正交要素是否正交,有向线方向是否正确,双线表示的要素是否沿中心线数字化,水系、道路等要素数字化是否连续</td><td rowspan="3">在 ArcGIS 中打开文件,经符号化之后,在屏幕上逐屏检查图形质量,并对比原图看有无遗漏</td></tr>
<tr><td>符号质量:检查各种点状要素定位点是否正确,有向点的方向是否正确,符号运用是否恰当</td></tr>
<tr><td>图面质量:检查要素之间的关系是否协调一致,地形表示是否正确、合理,地貌表示是否逼真</td></tr>
<tr><td colspan="2">属性质量检查</td><td>在 ArcGIS 中点击要素,检查要素属性值是否正确,有无遗漏</td></tr>
<tr><td colspan="2">注记的正确性</td><td>对比原图,检查注记要素属性项中注记内容是否正确</td></tr>
</table>

2.4.2　洪水分析计算数据准备与处理

洪水分析计算用数据来源、加工过程和用途见表 1-2-10,基于 1∶10 000 DEM 数据,对 DEM 进行格式转换,生成高程点,用于构建地面模型;根据现有地形数据和大比例尺地形图数据，提取洪水分析计算需要考虑的道路、渠堤等线状阻水建筑物的路面（堤顶）高程点，以及涵洞、桥梁等过水构筑物高度、宽度、两端坐标等尺寸；提取计算区域内的土地利用现状分布图层，为洪水分析计算时的糙率确定提供数据参考。

表 1-2-10　洪水分析计算用数据来源、加工过程和用途

数据源	加工过程	用途
高程点	提取 DEM 中心点，然后与高程点一起转成 txt 格式，以 $(x\ y\ z)$ 的形式记录点坐标	用于地面模型构建
DEM		
水系	提取重要的河流、湖泊	用于地面模型构建
土地利用图层	提取地表覆盖要素层	糙率确定
道路、渠堤（从地形图上提取和现场补充测量）	提取道路和渠堤的路面和堤顶高程点，每不少于 3 km 一个点，曲率变化大的地方要适当加密	用于搭建洪水分析计算时的阻水建筑物
涵洞、桥梁（从地形图上提取和现场补充测量）	获取桥涵的高度、宽度、两端坐标等尺寸	用于洪水分析计算时的过水构筑物搭建

该部分数据统一采用 CGCS2000 投影坐标，高斯克吕格投影、3 度分带、中央经线 102 度；高程统一采用 1985 国家高程基准；图形数据采用 shp 格式。

2.4.3　洪水影响分析空间数据准备与处理

根据损失评估软件需求，分层提取损失评估所需数据，包括行政区界、居民地、耕地、公路、铁路、重点单位等，并根据损失评估软件要求，对数据进行属性及代码整理。

损失评估数据用来统计淹没行政区面积、GDP 损失、受灾人口、淹没耕地面积、淹没居民地面积、淹没道路里程、淹没重要企事业单位个数及名称等。图形数据统一采用 CGCS2000 投影坐标，高斯克吕格投影、3 度分带、中央经线 102 度；高程统一采用 1985 国家高程基准；图形数据采用 shp 格式。

损失评估数据分层、属性项及要素代码要求见表 1-2-11。

2.4.4　风险图制作数据准备与处理

风险图绘制数据准备，按照洪水风险图编制要求分层、分类、编码处理，按点、线、面和注记分别编辑、整理并录入属性。每个图层包含 TypeCode（类别编码）、ennm（工程名称）、ennmcd（工程编码）等属性字段，并按照风险图要求对每个字段赋上相应的代码、名称、编码等属性值。

图形数据统一采用 CGCS2000 地理坐标；高程统一采用 1985 国家高程基准；图形数据采用 shp 格式。

表 1-2-11 损失评估数据分层、属性项及要素代码要求

分层	字段名称	类型	长度	是否必须	说明
行政区界	行政区编码	文本	20	是	
	行政区名称	文本	100	是	
居民地	类型编码	长整型		是	类型编码用于区分居民地类型,例如:310100 表示农村居民地;310200 表示城镇居民地
耕地	类型编码	长整型		是	类型编码用于表示耕地,例如:810300 表示耕地
公路	类型编码	长整型		是	类型编码用于区分道路类型,例如:420100 表示国道,420200 表示省道,420300 表示县道,420400 表示乡道,430501 表示城市主干道,430502 表示城市次干道,420800 表示高速公路
铁路	类型编码	长整型		是	类型编码用于表示铁路,例如:410000 表示铁路
重点单位	类型编码	长整型		是	类型编码用于区分重点单位类型,例如:320100 表示工矿企业,340200 表示商贸企业,340101 表示学校,340102 表示医院,330500 表示仓库,311100 表示行政机构

风险图编制前,先把整理好的数据导入绘制系统,根据绘制比例尺及图面的负载量,对道路、水系、居民地、涵闸等要素进行适当的删减、光滑、融合等处理,格尔木河编制范围为条带状,对于图边界缺少要素的地方还需要利用其他数据资料和高分辨率影像进行数据的补充,以保持图面的完整。

第三章 青海省洪水风险研究主要成果

3.1 底图与模型

3.1.1 基础底图

3.1.1.1 基础资料情况

按照国家洪水风险图编制相关技术要求,为了满足不同洪水风险区域分析计算需要,中小河流基础数据资料比例尺应满足1:1万要求。由于青海省1:1万基础数据资料覆盖不全,部分中小河流编制区域没有1:1万基础数据,只有1:5万数据。为了满足洪水分析计算及影响分析等需要,在青海省防办和各市州、县水利局的大力支持下,收集到多条河流的大比例尺数据资料。通过与已有基础数据利用控制点进行融合,提高了河道地形精度。大比例尺数据资料缺少河段,通过外业补测,提高数据精度。经过项目实际应用检验,能够满足洪水分析要求。各编制单元收集到基础数据情况如表1-3-1所示。

表1-3-1 青海省重点中小河流洪水风险图编制单元基础资料情况

编制单元名称	基础数据资料名称	数量	数据格式
隆务河	1:5万 DLG	4幅	mdb
	1:5万 DEM	4幅	grid
	隆务河上游段防洪工程平面布置图	1.8 km^2	dwg
	隆务河同仁县段防洪工程平面布置图	3 km^2	dwg
	补测断面	36个	dwg/xls
	补测道路	25 km	shp
	补测桥涵	19处	xls
巴塘河	1:5万 DLG	4幅	mdb
	1:5万 DEM	4幅	grid
	巴塘河堤防平面布置图	1.7 km^2	图纸
	扎西科河堤防平面布置图	343 m^2	图纸
	补测断面	48个	dwg/xls
	补测道路	30 km	shp
	补测桥涵	10处	xls

续表 1-3-1

编制单元名称	基础数据资料名称	数量	数据格式
恰卜恰河	1:1万 DLG	8 幅	mdb
	1:1万 DEM	8 幅	grid
	恰卜恰河民族桥防洪工程平面布置图	0.28 km^2	图纸
	西沟防洪工程平面布置图	0.1 km^2	图纸
	东沟防洪工程平面布置图	0.2 km^2	图纸
	西台沟防洪工程平面布置图	0.11 km^2	图纸
	东山排洪渠防洪工程平面布置图	0.08 km^2	图纸
	补测断面	57 个	dwg/xls
	补测道路	68 km	shp
	补测桥涵	21 处	xls
麻匹寺河	1:1万 DLG	8 幅	e00
	1:1万 DEM	8 幅	grid
	麻匹寺河防洪工程平面布置图	7 km^2	dwg
	补测断面	34 个	dwg/xls
	补测道路	40 km	shp
	补测桥涵	10 处	xls
白沈沟河	1:1万 DLG	4 幅	mdb
	1:1万 DEM	4 幅	grid
	补测断面	40 个	dwg/xls
	补测道路	32 km	shp
	补测桥涵	27 处	xls
浩门河	1:5万 DLG	6 幅	mdb
	1:5万 DEM	6 幅	grid
	浩门河青石嘴镇至东川镇河段 1:1 000 比例尺地形图	40 km^2	dwg
	补测断面	150 个	dwg/xls
	补测道路	160 km	shp
	补测桥涵	10 处	xls
格曲河	1:5万 DLG	4 幅	mdb
	1:5万 DEM	4 幅	grid
	格曲河大武镇城区 1:2 000 防洪工程总体平面布置图	16 km^2	图纸
	补测断面	16 个	dwg/xls
	补测道路	10 km	shp
	补测桥涵	23 处	xls

续表 1-3-1

编制单元名称	基础数据资料名称	数量	数据格式
巴音河	1∶1万 DLG	35 幅	mdb
	1∶1万 DEM	35 幅	grid
	德令哈(2000)总图	76 km^2	dwg
	补测断面	13 个	dwg/xls
	补测道路	28 km	shp
	补测桥涵	16 处	xls
格尔木河	1∶1万 DLG	33 幅	mdb
	1∶1万 DEM	33 幅	grid
	1∶5万 DLG	9 幅	mdb
	1∶5万 DEM	9 幅	grid
	CQ－G－03 中心城区用地规划图	70 km^2	dwg
	格尔木河总平面图七期初步设计总平面图(彩色)	23 km^2	dwg
	格尔木地形图拼合 0320	70 km^2	dwg
	格尔木河防洪可研—格尔木河总平面图	23 km^2	dwg
	补测断面	240 个	dwg/xls
	补测道路	60.7 km	shp
	补测桥涵	6 处	xls
湟水河	湟水河上段 1∶1万 DLG	18 幅	mdb
	湟水河上段 1∶1万 DEM	18 幅	grid
	湟水河下段 1∶1万 DLG	73 幅	mdb
	湟水河下段 1∶1万 DEM	73 幅	grid
	湟水河 1∶5万 DLG	25 幅	mdb
	湟水河 1∶5万 DEM	25 幅	grid
	湟水河纵横断面图	7 km^2	dwg
	湟源县城地形图	20 km^2	dwg
	湟源治理图	10 km^2	dwg
	民和县城包括享堂	16 km^2	dwg
	民和县防洪工程平面布置图	30 km^2	dwg
	平安—乐都总图	40 km^2	dwg
	平安—乐都湟水河断面示意图	断面数 195 个	dwg
	补测断面	564 个	dwg/xls
	补测道路	30 km	shp
	补测桥涵	165 处	xls

3.1.1.2 补充测量情况

测量方法:数据采集利用 GNSS 静态测量配合电子手簿进行,地形图数据编辑使用 ArcGIS软件,数据分层、图式符号按照技术大纲的要求进行;断面数据处理使用 ArcGIS 软件。

主要技术指标如下:

坐标系统:平面坐标采用中国大地坐标系统 2000(CGCS2000),高程系统采用 1985 国家高程基准。

技术成果精度:DLG 产品数据精度按表 1-3-2 执行。

表 1-3-2 DLG 平面位置中误差 (单位:m)

地形类别	平面位置误差	高程误差
公路、铁路	≤0.05	≤0.1
大堤、生产堤	≤0.05	≤0.1
渠系	≤0.05	≤0.1
桥梁	≤0.05	≤0.1
涵洞	≤0.05	≤0.1
水闸	≤0.05	≤0.1

3.1.1.3 提取要素分类

为满足洪水分析计算、洪水影响分析及风险图绘制需要,按照洪水风险图编制技术要求,在基础地理数据库的基础上,提取的要素图层及每层要素内容见表 1-3-3、表 1-3-4。

表 1-3-3 基础数据分层

图层名	所含图形要素类
行政界	地市界、县(区)界、乡(镇)界
行政驻地	地市驻地、县驻地、乡(镇)驻地、村及其他驻地
行政区划	地级市区划、县区区划、乡(镇)区划
道路	铁路、省道、县道、乡道、其他道路
重点企事业单位	水利行业单位、公共供水企业、规模用水户、医院、煤矿企业和其他
居民地	街区、依比例尺房屋
土地利用	居民地、工矿用地、耕地、林地

3.1.2 模型构建

2014 年青海洪水风险图编制采用二维水动力学模型。洪水分析模型选择国家防办公布的《重点地区洪水风险图编制项目软件名录》中 MIKE 洪水分析软件的 MIKE21 模块。

由于部分河道较窄,为较好地模拟河道中水流演进,2014 年网格剖分较密,河道内最小面积达到 3 m^2。网格形状,河道内以三角形网格为主,部分已整治河段采用了平行四边形网格。河道外均采用不规则三角形网格。

表 1-3-4　水利专题数据分层

图层名	所含图形要素类
水系面状	河流渠道、湖泊、渔场、其他
水系线状	线状干流、线状支流、河渠
堤防	Ⅰ级堤防，Ⅱ、Ⅲ级堤防，其他级别堤防
测站	水文站、水位站、雨量站
避水设施	避水楼、安全楼、避水台、庄台
闸	大型水闸、中小型水闸、涵闸
泵站	泵站
跨河工程线状	桥梁、地上跨河管线、地下跨河管线
跨河工程点状	桥梁、渡槽
调水路线	地上调水路线、地下调水路线
通信预警设施	通信基站、卫星地面接收站、视频监控点、预警设施
抢险救灾	现场指挥部、防汛抗旱应急队伍、防汛抗旱物资仓库、防汛备用土石料、转移安置点、紧急救护站
洪涝灾害等级	易涝区、一般洪涝灾害、较大洪涝灾害、重大洪涝灾害、特别重大洪涝灾害
塌陷区	塌陷区范围
线状地物	高于地面 0.5 m 的线状地物
计算范围	计算范围
溃口	溃口

2015 年青海洪水风险图编制采用一维、二维水动力学模型。巴音河洪水风险图编制区上段采用纯一维模型，湟水部分峡谷河段采用纯一维模型，其他编制区河道采用一维水动力学模型，防洪保护区的洪水风险分析采用二维水动力学模型。洪水分析模型选择国家防办公布的《重点地区洪水风险图编制项目软件名录》中 MIKE 洪水分析软件的 MIKE11 和 MIKE21 模块。网格剖分均采用不规则三角形网格。2015 年模型构建基本情况详见表 1-3-5。

在网格剖分中，根据洪水风险，将距离河道较近范围以内、洪水风险较大的保护区网格加密，网格面积控制在 0.01 km^2；距离河道较远、洪水风险相对较小的保护区，网格面积较大。此外，对河湖边界及高出地面较高线状物沿线两侧网格适当减小，特殊需要加密处理的地方适当加密。

关于构筑物的概化，2014 年和 2015 年洪水风险图编制均采用了相同的方法。阻水线状地物概化为堤防建筑物。过水建筑物分三种情况：一是对于线状构筑物（高出地面 0.5 m 以上）上较大的桥梁、涵洞，将线状构筑物断开，形成缺口过流。二是对于间距较小、分布较密集的排水涵洞，将临近的若干涵洞进行合并后形成缺口过流。缺口断开宽度采用涵洞合并后过水宽度。三是对于跨河桥梁的阻水作用，将河道断面相应缩窄，缩窄宽度根据桥墩数量和宽度决定。

表 1-3-5　青海省中小河流洪水风险研究模型构建汇总

流域	序号	河流名称	建模面积（km^2）	网格形状	网格剖分		概化的主要构筑物
					网格数	网格平均面积（m^2）	
湟水流域	1	湟水干流	60.65	四边形＋不规则三角形	109 237	771	桥 6 座，和平路、G315、铁路
			40.8	不规则三角形	60 435	1 587	
			236.3	不规则三角形	86 148	2 743	
	2	浩门河	485.5	不规则三角形	107 102	4 533	桥 4 座，G227、岗木线和铁路
	3	白沈沟河	39.21	不规则三角形	82 396	476	桥 14 座，京藏铁路、平阿高速公路、省道 S202
黄河流域	4	格曲河	37.7	不规则三角形	48 165	780	桥 1 座
	5	恰卜恰河	146.7	四边形＋不规则三角形	74 394	1 972	桥 8 座
	6	隆务河	89.88	不规则三角形	66 180	1 470	隆物街、东山路，右岸 S203 省道、小拱桥
西北内陆诸河流域	7	格尔木河	439.6	不规则三角形	69 098	6 361	道路 7 条、桥梁 5 座
	8	巴音河	5.0 km				简易防洪堤
			100.53	不规则三角形	147 295	680	滨河路 8 条、新青藏铁路；桥梁 8 座，拦河橡胶坝 8 座，拦河闸 1 座
长江流域	9	巴塘河	41	四边形＋不规则三角形	73 119	954	桥

3.2　洪水分析方案设计

3.2.1　洪水来源及组合

青海省洪水风险图编制区洪水来源主要为各编制区干流洪水、支流洪水和区间洪水汇入。支流和区间洪水作为点源加入。干支流和区间洪水采用两种方式进行组合，一是干支流同频遭遇，如巴音河下段洪水风险图编制区，由于支流流域面积较小且与干流属于同一雨区，因此采用了黑石山水库下泄与白水河同频遭遇；二是干流同频，区间相应，如对于湟水河洪水风险图编制区，河段较长，干支流汇水条件不同，水文站比较多，如果采用干支流同频，则干流的部分水文站会出现超频现象，因此采用干流同频，区间相应。

青海省各洪水风险图编制区考虑的主要洪水来源及组合情况详见表1-3-6。

3.2.2　洪水量级和决溢方式

青海省各洪水风险图编制区洪水量级根据现状工程防洪标准及洪水风险图编制细则中要求，选取防洪工程现状标准及超标准洪水，中小河流一般最高考虑到100年一遇，西宁市城市洪水量级最高考虑到200年一遇，黄河干流最高考虑到500年一遇。确定不同量级洪水时，考虑上游水库是否建成等不同工况。如对于巴音洪水风险图编制区洪水考虑了上游蓄集峡水库建成情况。

决溢方式分为溃决和漫溢。决溢方式选择主要根据防洪工程是护岸或是堤防。青海省各洪水风险图编制区多为护岸，仅格尔木河两岸均为堤防、巴音河下段局部为堤防。因此，仅此两次考虑了溃决，其他均为漫溢。格尔木河洪水风险图编制区两岸考虑了5个溃口，巴音河下段考虑了1个溃口。

3.2.3　边界条件

青海省各洪水风险图编制区上边界采用进口断面的流量过程，一般由水文站相应频率洪水计算得到；下边界采用出流断面的水位流量关系，一般根据水文站实测资料以及水力学计算得到。

表 1-3-6　青海省中小河流洪水风险研究各片区洪水分析方案

流域	序号	河流名称	河段范围	洪水来源	洪水组合方式	洪水量级	溃决或漫溢	溃口位置	溃口宽度（m）	溃决时机	上游边界	上边界类型	下游边界	下边界类型
湟水流域	1	湟水干流	西海镇至三角城镇段	麻匹寺河、哈利涧河	麻匹寺河和支流哈利涧河发生同频洪水	20 年一遇、50 年一遇、100 年一遇洪水	漫溢				西海镇两湖拦河坝下游断面	给定流量过程线	海晏水文站断面	水位流量关系
			东大滩水库坝下至湟中县多巴镇黑嘴桥	湟水河干流、支流药水河及区间其他支流	湟水河干流发生某频率洪水，支流药水河及区间其他支流发生相应洪水	10 年一遇、50 年一遇、100 年一遇洪水	漫溢				湟水河东大滩水库溢洪道出口	给定流量过程线	黑嘴桥	水位流量关系
			西宁市小峡口宁湖大闸至民和县川口镇隆治沟口	湟水河干流、支流小南川、祁家川、引胜沟、岗子沟、巴州沟等及区间其他支流	湟水河干流发生某频率洪水，支流及区间其他支流发生相应洪水	30 年一遇、50 年一遇、100 年一遇洪水	漫溢				湟水干流小峡口宁湖大闸	给定流量过程线	民和县川口镇隆治沟口	水位流量关系
	2	浩门河	门源县青石嘴镇至东川镇	浩门河	浩门河干流发生某频率洪水，石头峡水库只采用溢流坝泄洪	10 年一遇、20 年一遇、30 年一遇、50 年一遇、100 年一遇洪水	漫溢				石头峡水电站尾水洞下游 500 m 处断面	给定流量过程线	克图沟汇入口下游 500 m 处断面	水位流量关系
					浩门河干流发生某频率洪水，石头峡水库只采用溢流坝和泄洪洞同时泄洪	100 年一遇洪水	漫溢							

续表 1-3-6

流域	序号	河流名称	河段范围	洪水来源	洪水组合方式	洪水量级	溃决或漫溢	溃口位置	溃口宽度(m)	溃决时机	上游边界	上边界类型	下游边界	下边界类型
湟水流域	3	白沈沟河	石沟沿村至平安城区	白沈沟河、湟水河	白沈沟河发生某频率一遇洪水，湟水河发生相应洪水	20年一遇、50年一遇、100年一遇洪水	漫溢				白沈沟河与其支流东沟交汇口断面、湟水河与白沈沟河交汇口湟水河上游2 km处断面	给定流量过程线	湟水河与白沈沟河交汇口以下约2 km处湟水河断面	水位流量关系
黄河流域	4	格曲河	大武镇大甘公路桥—大武桥	格曲河干流、支流低如沟	格曲河干流和支流低如沟发生同频洪水	20年一遇、50年一遇、100年一遇洪水	漫溢				西久公路桥断面	给定流量过程线	大武桥断面	水位流量关系
	5	恰卜恰河	尕巴台村至上塔买村	恰卜恰河、支流	恰卜恰河干流发生某频率洪水，支流发生同频率洪水	20年一遇、50年一遇、100年一遇洪水	漫溢				下沟后村断面	给定流量过程线	下塔买村断面	水位流量关系
	6	隆务河	同仁县郭麻日村以上至同仁县江龙村	隆务河	隆务河干流发生某频率洪水，区间相应	20年一遇、50年一遇、100年一遇洪水	漫溢				江龙村下游山谷口断面	给定流量过程线	郭麻日村输水渡槽断面	水位流量关系

续表 1-3-6

流域	序号	河流名称	河段范围	洪水来源	洪水组合方式	洪水量级	溃决或漫溢	溃口位置	溃口宽度（m）	溃决时机	上游边界	上边界类型	下游边界	下边界类型
西北内陆诸河流域	7	格尔木河	格尔木河农场灌区引水枢纽至新华村	格尔木河	受温泉水库调节后的格尔木河干流洪水	30 年一遇、50 年一遇、100 年一遇洪水	溃决	林场引水口	300	达到堤防设计洪峰流量	格尔木农场灌区引水枢纽断面	给定流量过程线	柳格高速公路 1# 桥下游断面	水位流量关系
								格尔木市自来水厂附近桥涵处	150	达到堤防设计洪峰流量				
								格尔木新区引水闸下游	200	达到堤防设计洪峰流量				
								白云桥上游 3.5 km	150	达到堤防设计洪峰流量				
								格尔木老河道汇入口下游	240	达到堤防设计洪峰流量				
	8	巴音河	巴音河水源地上游 500 m 至黑石山水库回水末端	巴音河	无蓄集峡影响的天然洪水	30 年一遇、50 年一遇、100 年一遇洪水	漫溢				水源地上游 500 m 断面	给定流量过程线	黑石山水库回水末端断面	水位流量关系
					经蓄集峡影响后洪水	50 年一遇、100 年一遇洪水	漫溢							

续表 1-3-6

流域	序号	河流名称	河段范围	洪水来源	洪水组合方式	洪水量级	溃决或漫溢	溃口位置	溃口宽度（m）	溃决时机	上游边界	上边界类型	下游边界	下边界类型
西北内陆诸河流域	8	巴音河	黑石山水库溢洪道出口至茶德高速	巴音河、白水河	蓄集峡和黑石山水库联合调控后黑石山水库下泄与白水河洪水同频遭遇	50年一遇、100年一遇洪水	溃决	巴音河左岸老铁桥下断面	100	达到50年一遇设计洪峰流量	黑石山水库溢洪道出口下游断面	给定流量过程线	茶德高速断面	水位流量关系
					黑石山水库单独调洪作用下，黑石山水库下泄与白水河洪水同频遭遇	50年一遇、100年一遇洪水	溃决	巴音河左岸老铁桥下断面	100	达到50年一遇设计洪峰流量	黑石山水库溢洪道出口下游断面	给定流量过程线	茶德高速断面	水位流量关系
长江流域	9	巴塘河	玉树县结古镇民主村至东风村	巴塘河干流、扎西科河	巴塘河干流和支流扎西科河发生同频洪水	30年一遇、50年一遇、100年一遇洪水	漫溢				巴塘河禅古桥断面，扎西科河赛马场断面	给定流量过程线	巴塘河干流东风村下游谢卧沟口断面	水位流量关系

3.3　参数率定、模型验证和成果合理性分析

3.3.1　参数率定和模型验证

3.3.1.1　河道内参数率定和模型验证

青海省洪水风险图12个编制单元河道内的糙率根据《水力计算手册》、水文站实测资料以及已有研究成果分析选取。对于河道内糙率率定，根据资料收集情况，共分为三种类型考虑：一是编制河段内有水文站，则采用水文站实测水位流量资料进行率定；二是没有水文站的，采用临近河段的水文站资料或者该河段已有河道治理工程的设计水面线进行率定；三是采用调查洪水位进行参数率定，如格尔木洪水风险编制区上游有格尔木水文站，但该水文站所在河道断面与编制河段河道形态差别较大，不适宜进行参数率定，收集到2010年大洪水后的河道内洪痕和调查洪水位，采用该成果进行河道内参数率定。参数率定精度满足《洪水风险图编制技术细则（试行）》要求，具体要求为：

（1）验证结果与实际洪水的最大水位误差（实测水位与计算水位之差绝对值的最大值）≤ 20 cm。

（2）洪峰流量相对误差（实测流量与计算流量之差的绝对值/实测流量）≤10%。

（3）将淹没面积、淹没水深等计算结果与实测资料进行综合对比。

青海省2014年和2015年洪水风险图编制区河道内参数率定和模型验证详见表1-3-7。

表1-3-7　青海省洪水风险图编制区河道内参数率定和模型验证汇总

<table>
<tr><th>流域</th><th>序号</th><th>河流</th><th>参数率定</th><th>模型验证</th></tr>
<tr><td rowspan="5">湟水流域</td><td rowspan="3">1</td><td rowspan="3">湟水干流</td><td>海晏水文站1995年9月5～9日洪水</td><td>《青海省海晏县麻匹寺河初步设计报告》（青海鸿源水务建设有限公司，2012年12月）中麻匹寺河道整治设计水面线</td></tr>
<tr><td>2010年石崖庄站（湟源站）实测的水位流量关系</td><td>《青海省湟水干流及北川河河道治理工程可行性研究报告》（2014年青海省水利水电勘测设计院）中湟水河八败沟至石板沟河段设计水面线</td></tr>
<tr><td>1970年大峡站实测的水位、流量</td><td>《青海省湟水干流及北川河河道治理工程可行性研究报告》（2014年青海省水利水电勘测设计院）《青海省湟水民和段河道治理工程可行性研究报告》（2012年11月，青海省水利水电勘测设计研究院）中湟水河设计水面线</td></tr>
<tr><td>2</td><td>浩门河</td><td colspan="2">1974年7月30日洪水过程</td></tr>
<tr><td>3</td><td>白沈沟河</td><td colspan="2">《青海省海东地区平安白沈沟防洪治理工程初步设计报告》设计水面线成果</td></tr>
</table>

续表 1-3-7

流域	序号	河流	参数率定	模型验证
黄河流域	4	格曲河	2010 年洪水	
	5	恰卜恰河	《青海省海南州共和县恰卜恰河城区段防洪工程初步设计报告》设计水面线成果	
	6	隆务河	同仁水文站 2007 年 8 月 23 ~ 27 日实测洪水过程	同仁水文站 2009 年 9 月 1 ~ 7 日实测洪水过程
西北内陆诸河流域	7	格尔木河	2010 年 7 月洪水调查洪痕及水位	《格尔木河防洪工程可行性研究》中格尔木河设计水面线
	8	巴音河	德令哈水文站 2008 年的洪水	德令哈水文站 2006 年的洪水
			德令哈水文站 2006 年实测洪水资料	巴音河河道四期、五期、六期综合治理工程以及《青海省海西州巴音河河道(德令哈市区段)治理工程可行性研究报告》中巴音河设计水面线
长江流域	9	巴塘河	新寨水文站 1963 年 9 月 2 ~ 17 日的洪水过程	实施的《青海省玉树地震灾后恢复重建结古镇两河防洪工程二期工程可行性研究报告》(代实施方案,2013 年 6 月)设计水面线

3.3.1.2 防洪保护区参数率定和模型验证

防洪保护区的糙率利用本区域土地利用图、遥感图,并结合现场调查,考虑分区内的地形、地貌、植被状况,根据《洪水风险图编制技术细则(试行)》《水力计算手册》等资料,对不同下垫面赋予不同的糙率值,见表 1-3-8。青海省防洪保护区实测淹没水深资料较少。因此,防洪保护区参数率定一般采用历史洪灾描述的淹没范围、淹没地物情况进行定性的参数率定。对格尔木洪水风险图编制区,收集到 2010 年和 2015 年大洪水淹没的洪痕,采用此洪痕进行防护保护区参数率定。参数率定精度满足《洪水风险图编制技术细则(试行)》要求,具体要求与河道内的要求相同。

3.3.2 成果合理性分析

青海省洪水风险图编制模型计算成果的合理性主要从淹没趋势、整体或局部流场分布、不同方案洪水风险信息比较、同一方案洪水风险信息比较等四个方面进行分析。对黄河干流、巴音河、格尔木河同时进行了水量平衡分析,对湟水河进行了流量过程分析。同时,在格尔木河洪水风险图编制区收集到已有风险图成果,利用本次成果与以往成果进行对比分析。青海省洪水风险图编制成果合理性分析统计详见表 1-3-9。

表 1-3-8　编制区糙率取值

地类名称	内容	糙率范围	地类名称	内容	糙率范围
居民地	街区	0.06	河湖	河渠	0.02～0.025
	普通房屋	0.07		水库	0.02
	广场、空地	0.06		沼泽	0.035～0.06
	在建居民地	0.06		干沟	0.025～0.03
	依比例尺棚房	0.07～0.08		水中滩(砂砾滩)	0.03～0.035
居民地设施	露天矿、采掘场	0.07	有植被覆盖的土地	草地	0.025～0.04
	打谷场、贮草场、饲养场	0.06～0.07		林地	0.06～0.08
	菜窖、温室、花房	0.07		幼林	0.07
	乱掘地	0.07		灌木林	0.07～0.08
	预制场	0.07		人工绿地	0.035
	坟地、公墓	0.07		稻田	0.035
	城镇建设用地	0.07		灌丛沙堆	0.05
	停车场、服务区	0.07		长有草类的砂砾地、沙泥地、盐碱地	0.04～0.06
	街道、省道、高速	0.06	无植被覆盖的土地	沙地、沙洲	0.04～0.05
	露天体育场	0.08		沙丘	0.05
	花圃、花坛	0.07		岸滩	0.035
	粮仓(库)	0.07		戈壁滩	0.04
	垃圾场	0.07		盐碱地	0.04

表 1-3-9　青海省洪水风险图编制成果合理性分析统计

流域	序号	河流名称	编制区/河流	成果合理性分析				
				淹没趋势	流场分布	不同方案洪水风险信息比较	同一方案洪水风险信息比较	与以往规划研究成果对比
湟水流域	1	麻匹寺河	麻匹寺河	√	√	√	√	
	2	湟水干流	湟水河上段	√	√	√	√	
			湟水河下段	√	√	√	√	
	3	浩门河	浩门河	√	√	√	√	
	4	白沈沟河	白沈沟河	√	√	√	√	

续表 1-3-9

流域	序号	河流名称	编制区/河流	成果合理性分析				
				淹没趋势	流场分布	不同方案洪水风险信息比较	同一方案洪水风险信息比较	与以往规划研究成果对比
黄河流域	5	格曲河	格曲河	√	√	√	√	
	6	恰卜恰河	恰卜恰河	√	√	√	√	
	7	隆务河	隆务河	√	√	√	√	
西北内陆诸河流域	8	格尔木河	格尔木河	√	√	√	√	√
	9	巴音河	巴音河上段	√	√	√	√	
			巴音河下段	√	√	√	√	
长江流域	10	巴塘河	巴塘河	√	√	√	√	

3.4　洪水影响和损失分析

3.4.1　洪水影响指标

洪水影响分析指标详见表 1-3-10。具体各洪水风险图编制区的指标，根据洪水风险图编制区的地物情况进行取舍。编制区的人口、经济和耕地等指标根据各编制区的统计年鉴，按人口比例或者面积比例进行计算得到。

表 1-3-10　洪水影响分析指标

项目	洪水影响分析指标
统计指标	1. 淹没铁路长度；2. 淹没高速、国道、省道及省道以下公路长度；3. 淹没耕地面积；4. 淹没行政区面积；5. 淹没房屋面积；6. 淹没重点企事业单位；7. 影响人口；8. 影响 GDP
损失指标	1. 铁路、公路损失；2. 工业、商业固定资产损失；3. 工业、商业流动资产损失；4. 工业、商业停产损失；5. 房屋损失；6. 家庭财产损失；7. 农业损失；8. 影响 GDP；9. 影响人口
主要参数	1. 单位长度铁路、公路价值；2. 单位面积耕地产值；3. 人均 GDP；4. 单位面积工业、商业资产及产值；5. 单位面积人口；6. 洪水影响时间；7. 单位面积房屋价值

3.4.2　损失率

洪灾损失率是进行洪水损失评估的关键参数，青海省洪水风险图编制洪灾损失率确定以相似地区资料作为参考样本，根据目前评估流域的社会经济发展水平，预计淹没区的现实情况，以及损失率随时间、空间变化的一般规律，结合当地专家意见，进行相对合理的调整,最后确定出适合评估目的和要求的损失率。

相似地区资料依据为《甘肃省 2013 年度洪水风险图(黑河防洪保护区)编制报告》洪水灾害评估损失率成果和《甘肃省 2014 年度洪水风险图项目成果报告(葫芦河、藉河)》洪水灾害评估损失率成果。

青海省洪水风险图编制区在地形、地貌、成灾季节以及农作物种植结构、房屋结构类型、工商企业性质等方面具有以下特点,在洪灾损失率确定的时候予以考虑。

(1)在农业方面,编制区河段多为山区性河段,河道比降大,洪水流速较大,破坏力较强。由于项目区分布主要为砂砾石土,土壤层较薄,黏粒含量少,抗冲性较差,加之编制区比降较大,遭遇洪水后损失会较严重,即使淹没水深小于 0.5 m,损失也可能达到 50%,据此特性,需要将农业损失率适当提高。

(2)在工业方面,部分地区如德令哈市与格尔木市是海西州重要工业基地,碱业公司聚集,洪水淹没会对防洪防护区内碱业公司厂区造成较大损失,工业资产损失率需要适当提高。

(3)在房屋道路,考虑当地多为游牧民族,房屋质量较差。另外,道路、桥梁的洪水损失率要考虑其走向和布局,例如湟水河洪水风险图编制区,很多道路在河流中间布局,格尔木河洪水风险图编制区高速公路临河修建等,应适当调整相关损失率。

3.4.3 损失计算方法及计算结果

青海省各编制单元的洪水损失采用中国水利水电科学研究院开发的“洪灾损失评估模型”并结合 ArcGIS 平台进行分析计算。根据历史洪灾损失对损失计算结果进行合理性分析。

从损失财产种类来说,青海省洪水风险图编制区中大部分编制区位于城镇相对集中段,洪水淹没后造成的居民房屋损失和家庭财产损失较大,比如西宁城区、隆务河等。另外,从第一产业、第二产业、第三产业损失严重程度来说,除了 2015 年风险图编制区的格尔木河、巴音河编制区工业资产损失较大,其他编制区第一产业损失绝对值较小,但所占比例较大。各编制区的 100 年一遇洪水损失详见表 1-3-11。

3.5 成果汇总

青海省洪水风险研究共选择 10 条中小河流,研究区域面积 1 717.87 km^2,模型数量 12 个,计算方案共 56 例,成果图 141 幅。研究成果见表 1-3-12。

表 1-3-11 青海省洪水风险图编制区 100 年一遇洪水损失汇总

(单位:万元)

序号	编制区/河流	损失分类										说明
		居民房屋损失	家庭财产损失	农业损失	工业资产损失	工业产值损失	商贸业资产损失	商贸业主营收入损失	道路损失	铁路损失	合计	
1	隆务河	1 041.1	769.1	35.0	4.1	1.9	0.3	1.0	16.3		1 868.8	
2	巴塘河	980.8	798.2	34.7	0.3	0.1	0.1	0.3	16.4		1 831.0	
3	恰卜恰河	551.7	359.7	1.3	2.7	0.4	0.6	1.2	16.4		934.0	
4	麻匹寺河	0	3.6	89.6	2.8	5.9	0	0.1	24.8	6.4	133.2	
5	白沈沟河	205.0	109.0	3.2	61.2	8.4	0.9	1.1	10.4	1.0	400.1	
6	浩门河	524.8	213.1	58.4	4.5	2.6	1.1	4.2	79.3		888.0	
7	格曲河	3 183.0	1 361.7	0.1	2.7	0.8	0	0	27.4		4 575.8	
8	巴音河上段	53.7	24.8	1.6	465.0	267.1	1.7	2.2	12.8		828.9	无蓄集峡
	巴音河下段	6 707.9	3 726.2	80.9	5 738.9	2 354.6	83.9	439.7	282.1	29.3	19 443.6	
9	格尔木河	5 842.8	3 997.8	147.0	3 303.8	1 682.6	65.6	148.8	3 088.7		18 276.9	Y1 溃口
		3 552.0	1 616.1	281.0	13.9	21.2	0.2	1.9	2 985.5		8 471.7	Z1 溃口
10	湟水河上段	227.1	58.8	53.3	647.3	254.8	2.3	8.0	221.7	117.6	1 590.8	
	湟水河下段	695.7	199.2	450.7	661.4	482.1	11.8	66.6	121.2	30.0	2 718.7	

表 1-3-12 青海省洪水风险图编制项目成果

序号	类型		单位	隆务河	巴塘河	恰卜恰河	麻匹寺河	白沈沟河	浩门河	格曲河	巴音河	格尔木河	湟水	总计
1	模型	模型数量	个	1	1	1	1	1	1	1	2	1	2	12
		总建模面积	km^2	89.88	41	146.7	60.65	39.21	485.5	37.7	100.53	439.6	277.1	1 717.87
2	图件成果	淹没水深图	幅	3	3	3	4	3	6	3	9	15	7	56
		淹没图	幅	3	3	3	4	3	6	3	4	3	2	34
		淹没历时图	幅	3	3	3	4	3	6	3	4	15	7	51
3	洪水分析成果	洪水分析方案数	个	3	3	3	4	3	6	3	9	15	7	56

第二篇　西北内陆中小河流洪水风险研究

青海省是我国内陆河分布最为广泛的地区之一,具有显著的内陆高原地域特色,该区内陆中小河流洪水风险研究极具代表性。昆仑山及其支脉布尔汗布达山横亘青海省中部,大致呈东西走向,成为内外流域的分水岭。西北内陆诸河流域位于该分水岭以北,总流域面积37.41万km^2,占青海全省面积的51.8%。西北内陆诸河流域又由哈拉湖、可可西里、柴达木盆地、茶卡—沙珠玉、青海湖和祁连山地6个独立的水系构成。祁连山地雨水较多,且由冰川融水补给,河流一般比其他内陆水系大。其他内陆河流因气候干旱少雨,短小而分散,且大部分小河为季节性河流。西北内陆区人烟稀少,哈拉湖、可可西里基本为无人区,洪水风险总体较低。本次选择人口密集,洪水风险相对较高的格尔木河及巴音河进行洪水风险研究。

第一章　格尔木河

格尔木河为柴达木盆地第二大河,发源于昆仑山北麓,上游为雪水河和奈金河两大支流,两支流汇合后自南向北流经格尔木市城区,最终汇入下游的东达布逊湖、新湖、大小别勒湖、团结湖等湖泊。格尔木河流域面积 19 421 km^2[格尔木(四)站以上]。格尔木河洪水风险研究河段为格尔木河农场灌区引水枢纽至新华村河段,长约 24 km,洪水影响分析范围 439.6 km^2。格尔木市为青藏高原第三大城市、青海省第二大城市,是连接西藏、新疆、甘肃的战略要塞和我国西部的重要交通枢纽,战略地位十分重要。同时,格尔木市资源丰富,是青海省乃至我国西部的一座新兴工业城市。开展格尔木河格尔木城区段洪水风险,对促进社会稳定和巩固西部边防,维持格尔木市经济社会可持续发展具有重要意义。

1.1　研究概况

1.1.1　研究任务

格尔木河洪水风险研究任务包括以下 4 个方面:

(1)收集和整理研究区域的基础底图及土地利用图、水文资料、构筑物及工程调度资料、社会经济资料、历史洪水及洪水灾害资料。

(2)结合防洪工程现状及历史洪水,分析提出格尔木河两岸防护保护区内洪水来源、洪水量级和设计洪水计算方案组合。

(3)根据格尔木河洪水演进特点,选择合适的洪水分析计算方法和模型,结合土地利用现状、构筑物分布等构建格尔木河洪水分析模型,分析提出不同洪水计算方案的淹没范围、淹没水深、淹没历时等洪水风险。

(4)根据洪水分析结果、社会经济分布和历史洪灾损失情况,分析提出不同洪水计算方案的淹没水深及影响人口、耕地、资产等洪水损失,并绘制格尔木河洪水风险研究区最大淹没范围图、最大淹没水深图和淹没历时图等基本洪水风险图。

1.1.2　区域概况

1.1.2.1　区域自然地理条件

1.地形地貌

格尔木河为柴达木盆地第二大河,位于柴达木盆地南部,发源于昆仑山北麓,河源海拔 5 700 m。上游为雪水河和奈金河两大支流,两支流汇合后自南向北流经格尔木市城区,最终汇入下游的东达布逊湖、新湖、大小别勒湖、团结湖等湖泊。格尔木河流域面积 19 421 km^2[格尔木(四)站以上],流域内海拔大部分在 3 000 m 以上,是典型的青藏高原地貌，山丘叠嶂、岩石裸露，山顶终年积雪，人烟稀少，生态环境脆弱。格尔木河流域冰川面积约 230 km^2，年均融水量 1.85 亿 m^3。

格尔木河洪水风险研究区为格尔木河农场灌区引水枢纽至新华村长约 24 km 河道两岸 79 km^2范围，主要涉及格尔木市城区。该区域位于柴达木盆地南部边缘的山前倾斜平原上，为格尔木河出山口形成的冲洪积扇地带，地形开阔，海拔 2 800 m 左右，由西南向东北倾斜，自然坡降接近 10‰。格尔木河由南向北从格尔木市城区西侧流过，形成宽约 3.4 km 的河漫滩。城区位于格尔木河右岸冲积平原上，地形平坦，地势南高北低，市区平均海拔 2 780 m。格茫公路以南为戈壁砾石带，而公路以北为细土绿洲带。格尔木河洪水风险研究区地形地貌详见图 2-1-1。

图 2-1-1　格尔木河洪水风险研究区地形地貌示意图

2. 河流概况

1）河流水系

格尔木河属于内陆河东达布逊湖水系，位于柴达木盆地南部，发源于昆仑山北麓，是柴达木盆地的第二大河。格尔木（四）水文站以上流域面积 19 421 km^2，多年平均径流量约 6 亿 m^3。

格尔木河上游主要由两大支流组成。东支雪水河（又名舒尔干河），发源于昆仑山脉卡雷克塔格山的刚欠查鲁马，源头为冰川，河源海拔 5 692 m，自西向东流经卡巴纽尔多湖并继续向东穿行，在汇集多条支流后转折向北、向西流淌汇入格尔木河干流。雪水河河长 316.6 km，河道平均比降 5.66‰，流域面积 10 723 km^2。该支流上建有温泉水库，出口设有舒尔干水文站，距雪水河河口 400 m，河道比降很大，达 43.6‰。西支奈金河（又名昆仑河），发源于昆仑山脉的狼牙山，河源海拔 5 400 m，是格尔木河的主源。河长 248.5 km，河道平均比降 6.42‰，流域面积 7 527 km^2。奈金河上设有纳赤台水文站，距奈金河河口 28.2 km。

两大支流在青藏公路 53 道班处汇合后称格尔木河，河水折向北流，深切昆仑山北坡的堆积物，出山口后经洪积平原穿过格尔木市西侧，分支注入东达布逊湖。格尔木河干流全长 215 km，落差 1 440 m，建有多座水电站，并设有格尔木水文站。

格尔木河流域水系分布详见图 2-1-2。

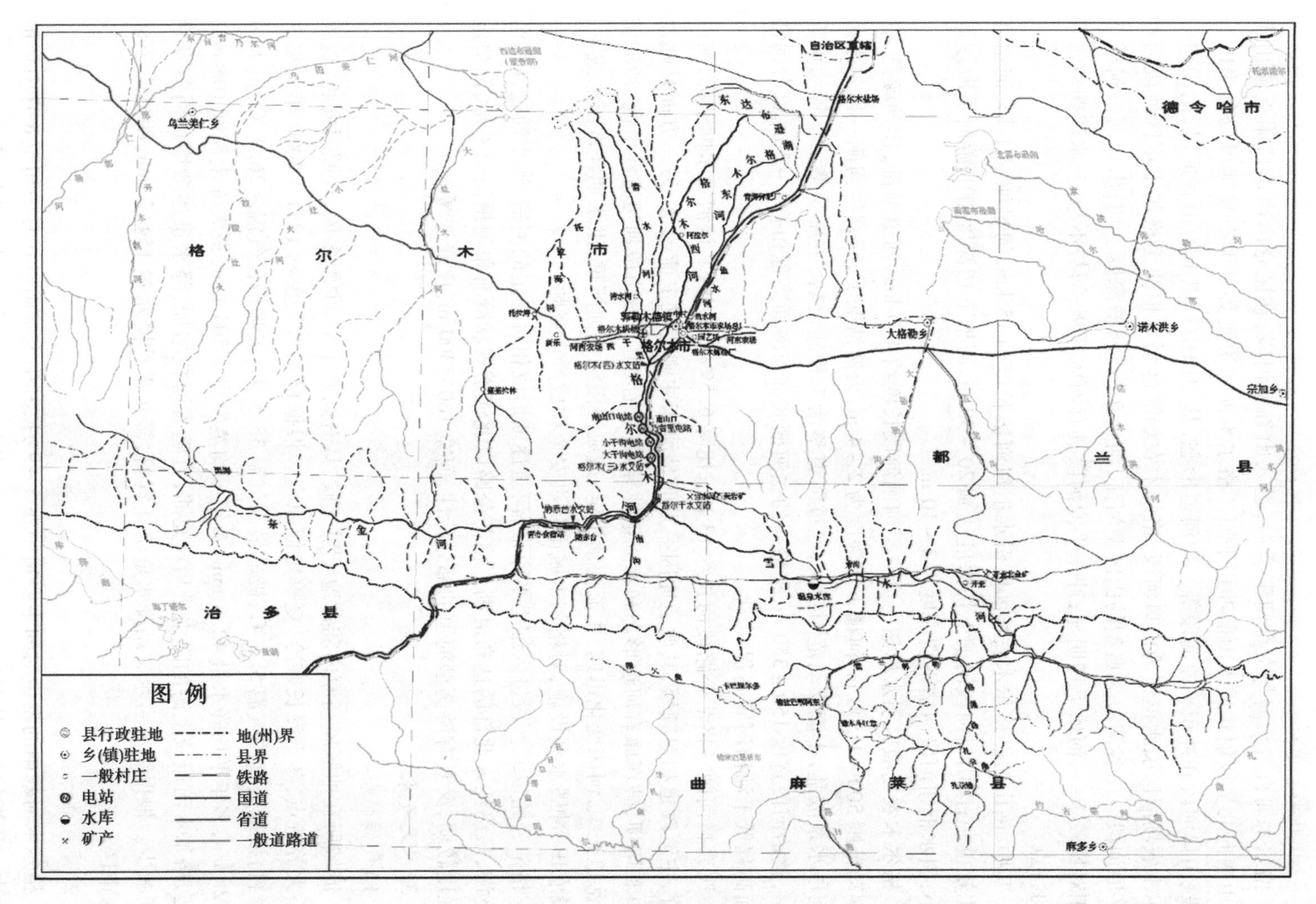

图 2-1-2　格尔木河流域水系分布

2) 河道基本情况

格尔木河自雪水河与奈金河汇合后，进入山谷型河段，在昆仑山南山口附近流出山口，由南向北呈放射状进入山前冲积平原。格尔木河河道走势及形态总地可以分为山谷河段、山口河段和冲积平原河段等三种河道形态，其中南山口以上为山谷河段，南山口—格尔木农场灌区引水枢纽为山口河段，格尔木农场灌区引水枢纽至格尔木市区河段为冲积平原河段。山谷河段为典型的山区型河流，河道单一，河槽深度下切；山口河段河道形态相对比较单一，河槽下切明显；冲积平原河段具有河床开阔、河势不稳定、水流摆动较频繁的特点。

其中，南山口—格尔木农场灌区引水枢纽河段长度约 15 km，河槽明显下切，河道相对比较单一；南山口河段河槽下切深度达到 20～30 m，河槽下切深度自上游向下游逐渐减小；引水枢纽河段河槽下切深度为 4～10 m。

格尔木农场灌区引水枢纽—废弃拦河闸河段长度约 4.0 km，河道散乱，摆动频繁，河势摆动范围 500～1 500 m，河槽下切深度为 2～4 m；天然情况下，废弃拦河闸—格尔木市区河段水系散乱，主流摆动范围较大，经过河道整治工程建设后，主流受整治工程约束靠左岸，整治河段宽度 150～350 m，整治后的主河槽底部与滩面高程相差 1～2 m，部分河段滩面高程低于河槽河底高程。

废弃拦河闸—格茫公路段河长约 13 km，比降 6.5‰～8.9‰。该河道水网紊乱，河曲发育，主流改道相对频繁，其改道原因一方面是河床冲刷造成主流改道；另一方面是随意扒口和堵坝，破坏原有河道形态和水流条件导致主流改道。城市段河道宽浅散乱，沙洲密集，岔道交织，河床变化迅速，主流摆动不定，造成河漫滩侧蚀严重，洪水期经常泛滥成灾，淹没农田，冲毁水利设施，对格尔木城市防洪安全构成严重威胁。

格茫公路以北河段进入细土平原带，河道逐渐形成相对稳定的河槽，河水通过河槽流向下游，最终注入北部的达布逊湖。格茫公路以北河道现状既有单河槽河道外形，河势演变强度较弱，又具有游荡型河道的部分特性，河宽 160～300 m，比降变缓。

3. 水文气象

1) 气候特征

流域所在地区属高原内陆盆地干旱气候，具有高寒干旱、少雨多风、日照时间长、昼夜温差大等特点，冬季漫长寒冷，夏季短促凉爽。根据格尔木气象站 1971～2000 年气象统计资料，该地区年均气温 5.3 ℃，极端最高气温 35.5 ℃，极端最低气温 −26.9 ℃，最大风速 22 m/s，多年平均降水量 42.8 mm，多年平均蒸发量 2 504 mm，最大冻土深度 105 cm。但是，格尔木河流域上游的降水量相对充沛，且随着海拔增加，降水量逐渐增加而蒸发量逐渐减少。根据纳赤台水文站降水量统计资料，多年平均降水量 154.7 mm，明显高于格尔木市区。

2) 暴雨洪水

格尔木河暴雨的发生时间主要集中在 5～9 月，其中大暴雨以 6 月中旬至 8 月中旬最为集中。流域的暴雨历时较短，一般仅为 1 d，长历时暴雨一般可以持续 1～3 d。

据格尔木站1956～2010年实测资料统计，格尔木河的年最大洪水，在4～10月均有出现，4～5月为春汛，6～10月为夏汛。春汛主要由冰雪融水组成，峰量不大。夏汛多由暴雨及冰雪融水共同组成，洪水相对春汛要大些。年最大洪水主要发生在6～9月，而大于200 m^3/s的洪水主要集中在6月中旬至9月中旬，时间更为集中。

格尔木河的洪水过程表现为平缓单峰型、锯齿单峰型及多峰型等多种形式。平缓单峰型洪水过程一般由暴雨洪水形成，如1977年7月30日至8月3日的洪水过程；锯齿单峰型及多峰型洪水过程由暴雨及冰雪融水共同组成，一次单峰型洪水过程历时短则3 d，如1977年7月底至8月初洪水，长的可达9 d，如1989年7月下旬洪水。格尔木河流域往往出现长历时连阴雨，历时长达半个月，但降水量不大，在连阴雨期间如果发生较大降雨，一般均会引起流域内发生大洪水。格尔木河流域1989年、2010年大洪水均属于这种情况。1989年6月下旬洪水，连续三个洪水过程，历时达12 d之久；1989年7月洪水，100 m^3/s以上洪水流量连续15 d，两次洪水过程持续时间达1个月；2010年7月上旬洪水，连续多次洪水过程长达10 d以上，100 m^3/s以上洪水流量连续8 d。

1.1.2.2　社会经济发展状况

格尔木河洪水风险图编制范围为南山口枢纽大闸至柳格高速（G3011）与格尔木河交叉桥，总长约24 km，分析计算工作范围约79 km^2。该防洪保护区主要涉及格尔木市，其中左岸分布有格尔木国家生态建设工程造林区、自来水厂水源地、格尔木机场和郭勒木德镇，右岸主要分布有格尔木市新老城区（见图2-1-3）。

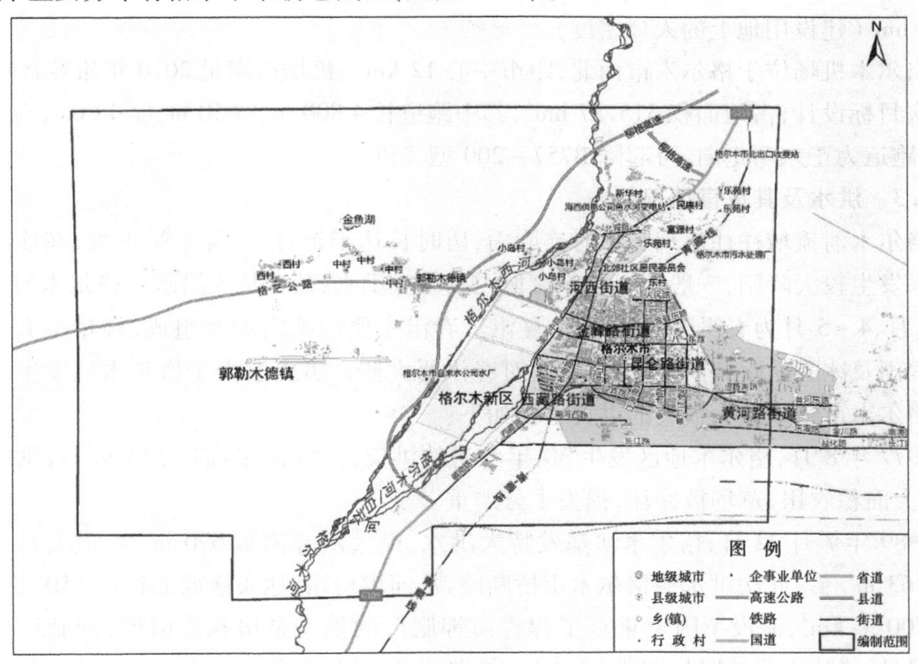

图2-1-3　格尔木河洪水风险研究区行政区划图

格尔木市现设3个工行委、4个乡（镇）、5个街道办事处和1个经济开发区，辖26个社区居委会、41 个行政村(牧)委会,由两省(青海、西藏)、三方(青海、西藏、部队)、六大系统(市属、西格办、部队、盐湖集团、铁路系统、石油系统)组成。

经过各族人民的共同努力,格尔木市经济社会发展取得了巨大成就。根据有关统计资料,全市总人口约 27 万,城市人口占 90% 以上,现有汉、藏、蒙、土、回等 35 个民族。2014 年市区建成面积 30.5 km^2,规划到 2020 年达到 52.88 km^2。2014 年全市生产总值达到 318.88 亿元,其中工业增加值为 224.087 亿元,占 2014 年 GDP 总量的 70.3%。全市经济形势较好,综合实力逐步增强。根据《格尔木市城市总体规划》,2020 年格尔木市中心城区人口规模达到 36 万,市域总人口 42 万。中心城区建设用地规模 52.88 km^2,人均城市建设用地 146.89 m^2。

格尔木市新区位于格尔木城区西部,东至滨河路,西至格尔木河,北至北海路,南至天山路,为一片南北长度约 10 km、东西宽度约 2.4 km 的狭长地带,规划用地总面积 22.6 km^2。整体地势由西南向东北倾斜,高差约 75 m,坡度变化平稳。格茫公路以南,现状用地以具有西部地区特色的自然湿地与河流漫滩地为主,均为未利用地;格茫公路以北,主要为自然湿地、滨河绿地、村庄、保障房住宅用地、中学和人工湖水域。该区域拥有我国西部地区特色的自然湿地,大部分地区为格尔木河的漫流区,曾作为砂砾石采石场,地面挖掘痕迹较多。根据《格尔木新区控制性详细规划与城市设计》,新区是城市未来发展的中心区。根据每户平均人口 3.5 人计,并通过规划住宅总建筑面积及人均住宅建筑面积 50 m^2 的标准估算,规划居住总人口控制在 18.5 万左右,人均建设用地 115 m^2,人口密度为 87 人/hm^2(建设用地上的人口密度)。

格尔木机场位于格尔木市西北,距市中心 12 km。机场按满足 2010 年旅客吞吐量 12 万人次目标设计,占地面积 315.87 hm^2,其中跑道长 4 800 m、宽 50 m、厚 48 cm,为混凝土道面,跑道为正东西走向,可起降 B757 - 200 型飞机。

1.1.2.3 洪水及其灾害情况

格尔木河流域往往出现长历时连阴雨,历时长达半个月,但降水量不大,在连阴雨期间如果发生较大降雨,一般均会引起流域内发生大洪水,甚至特大洪水。格尔木河汛期为 4 ~ 10 月,4 ~ 5 月为春汛,6 ~ 10 月为夏汛。春汛主要由冰雪融水组成,峰量不大。夏汛多由暴雨及冰雪融水共同组成,洪水相对春汛要大些。历史上由于格尔木河发生大洪水而对格尔木市造成较大损失的洪灾主要如下:

1977 年 8 月,格尔木地区发生 30 年一遇的洪灾,洪峰流量高达 515 m^3/s,洪水冲毁房屋,大面积农田、草场被冲坏,损失十分严重。

1989 年 7 月 22 日,格尔木河暴发特大洪水,最大洪峰流量 690 m^3/s,最大月平均流量为 163 m^3/s。此次洪水使格尔木市桥断路毁,河堤垮塌,达布逊湖面积由 150 多 km^2 猛增到 700 多 km^2,淹没了国家重点工程青海钾肥厂的抽卤泵房和集卤渠,钾肥厂生产受损。同时,威胁青藏铁路盐湖段 32.4 km 铁路路基,敦格公路一度中断。全市直接经济损失 2 528 万元。

1996 年 7 月 26 日,格尔木河发生洪水,洪峰流量高达 318 m^3/s,造成了较大的洪涝灾害，对各类水利设施破坏严重，特别是格尔木河人工河道损毁惨重。该次洪水造成8 km护底、6 km护坡、4 km土方被冲毁，尾水工程全部被毁，市属各企事业单位也遭受了巨大损失，各乡农作物、蔬菜受灾减产，此次洪灾总的经济损失高达6 500.79万元。

2010年7～9月，格尔木河城区段发生了严重的洪灾，全市因灾损失达到48 686.52万元。干线公路受洪水冲击10处，累计冲毁28.11 km，受淹工矿企业15家，直接经济损失40 655万元；水利及防汛设施冲毁10处，损失2 628万元；农作物受灾面积13 776.5亩，淹没草场36.8万亩，农牧业遭受损失2 734.63万元；全市城乡居民住房受淹倒塌房屋74间，水毁损失1 133.41万元。

2015年6月，受格尔木地区尤其是南部昆仑山区持续出现较强降雨过程，以及昆仑山积雪大面积融化的双重作用导致奈金河、南沟河、格尔木河、那棱格勒河、小灶火河、五龙沟河、大格勒河等流域发生不同程度洪水。格尔木(四)站洪峰流量383 m^3/s，冲毁右岸部分老堤，淹没格尔木新区，造成严重损失。据初步估算，冲毁路基及垫层约25万 m^2，淹没给水排水管线1.2万m，影响新区供热管线15 km，此外还影响通信管道及设施、倒虹吸、涵洞、桥梁等多处，造成直接经济损失约3.2亿元。

1.1.2.4　区域防洪建设情况

1. 河道治理工程

1993年开始，格尔木市陆续对格尔木河引水大闸—白云桥段(工程桩号0+000～15+086.47)实施河道整治工程，在河道两岸建设堤防及防护工程。2010年7月，格尔木河发生大洪水，格尔木(四)站实测洪峰流量496 m^3/s，洪水对两岸岸坡淘刷严重，导致右岸部分段堤防被冲毁，左岸全线堤防基本被冲毁。格尔木市政府自行出资陆续修建、拆除重建了部分段落堤防。根据2010年汛后测绘的河道1:1万地形图估算，格尔木河防洪堤防全长17.5 km，其中左岸5.3 km、右岸12.2 km。左岸白云桥以上1.3 km堤防采用浆砌石挡墙形式，其余为砂砾石简易堤防。右岸浆砌石挡墙堤防4.8 km，其余为砂砾石简易堤防。

为了提高格尔木市的防洪能力，保护沿河人民的生命财产安全，自2011年格尔木河城区段河道开始进行统一的规划整治。规划左右两岸建设护岸及堤防总长为47.34 km(含支沟口防护0.42 km)，其中堤防40.12 km、护岸7.22 km。现状已建(含已实施和已招标的)38.76 km，待建8.58 km。工程总体布局详见表2-1-1和图2-1-4。

整治后，格尔木农场灌区引水枢纽至新华村段河道23.15 km，白云桥以上现状防洪标准为30年一遇(规划为50年一遇)，白云桥以下右岸现状防洪标准为30年一遇(规划为50年一遇)，左岸规划防洪标准为20年一遇。

整治后，0+000～0+400(中心线，下同)河道范围内两岸工程间距从引水枢纽泄洪闸出口宽度约80 m，逐渐过渡到500 m左右；废弃拦河闸至白云桥段(4+000～15+086)堤线顺直，两岸工程间距150～300 m；白云桥至新华村河段(15+086～23+145)堤岸工程间距约为400 m。具体详见表2-1-2。

表 2-1-1　格尔木河防洪工程总体布局

岸别	桩号	长度(m)	形式	说明
左岸	X0 + 000 ~ X0 + 884	884	堤防	(国家投资部分)未实施
	X0 + 884 ~ X2 + 197	1 563	堤防(六期)	(国家投资部分)已实施
	X2 + 197 ~ X5 + 399	3 202	堤防(四期)	(国家投资部分)已实施
	X5 + 399 ~ X7 + 521	2 122	堤防(五期)	(国家投资部分)已实施
	X7 + 521 ~ X11 + 263	3 742	堤防	(地方投资部分)未实施
	X11 + 263 ~ X12 + 413	1 150	堤防	(国家投资部分)未实施
	X12 + 413 ~ X15 + 400	2 987	堤防	(地方投资部分)已实施
	X15 + 400 ~ X16 + 795	1 395	堤防(三期)	(国家投资部分)已实施
	X16 + 795 ~ X20 + 715	3 920	护岸	(国家投资部分)七期工程招标
	X20 + 715 ~ X23 + 481	2 766	堤防	(地方投资部分)未实施
	X0 + 900	退水涵洞 1 座(六期)		(国家投资部分)已实施
	X2 + 906	引水闸 1 座		(国家投资部分)已实施
右岸	D0 + 000 ~ D0 + 757	757	护岸	(国家投资部分)未实施
	D0 + 757 ~ D3 + 099	2 342	护岸(七期)	(国家投资部分)招标
	D3 + 099 ~ D3 + 335	236	堤防(七期)	(国家投资部分)招标
	D3 + 335 ~ D6 + 829	3 494	堤防(六期)	(国家投资部分)已实施
	D6 + 829 ~ D8 + 781	1 816	堤防(一期)	(国家投资部分)已实施
	D8 + 781 ~ D10 + 821	2 040	堤防(二期)	(国家投资部分)已实施
	D10 + 821 ~ D19 + 154	8 333	堤防	(地方投资部分)已实施
	D19 + 173 ~ D23 + 343	4 170	堤防	(地方投资部分)未实施
	支沟口左岸 D3 + 099 ~ D3 + 299	200	护岸(七期)	(国家投资部分)招标
	支沟口右岸 D2 + 879 ~ D3 + 099	220	堤防(七期)	(国家投资部分)招标
	D3 + 880	引水闸 1 座(六期)		(国家投资部分)已实施

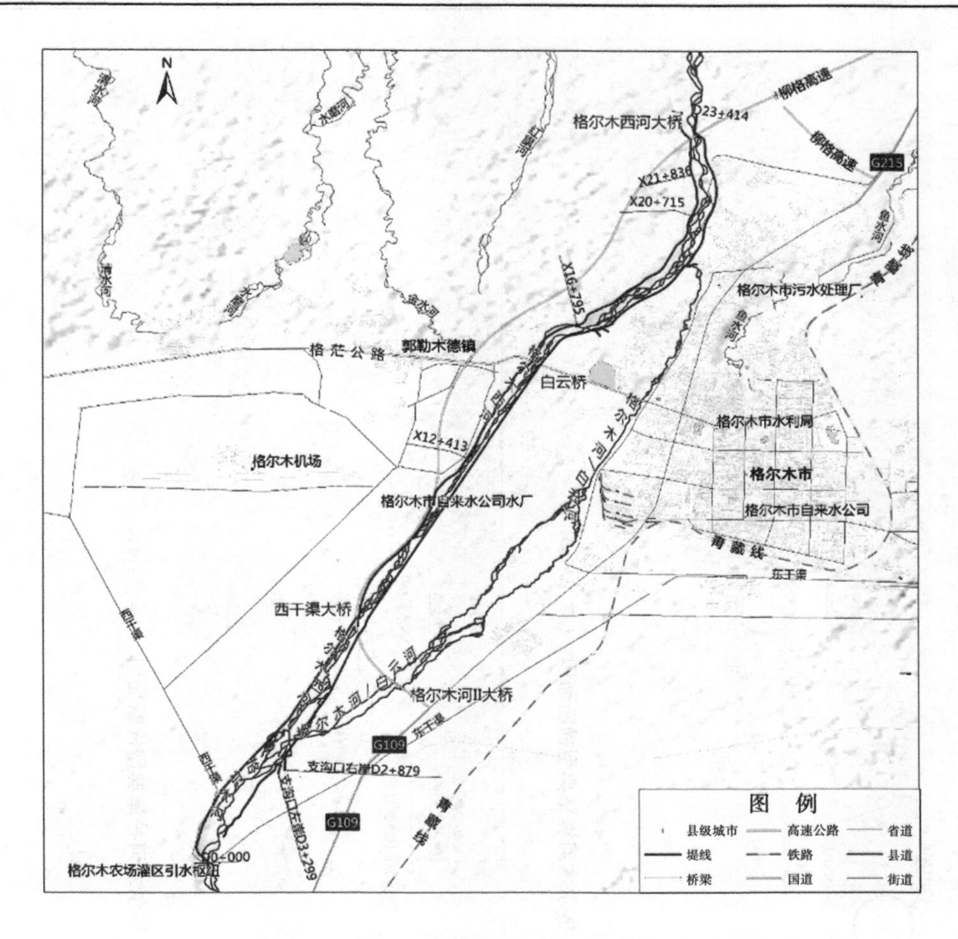

图 2-1-4　格尔木河洪水风险研究区防洪工程平面布置图

表 2-1-2　格尔木河堤防防洪标准、堤距统计

分段	现状防洪标准	设防流量(m^3/s)	堤距(m)
0+000—废弃拦河闸	30 年一遇	614	80~500
废弃拦河闸至白云桥	30 年一遇	614	150~300
白云桥至新华村河段	左岸规划 20 年一遇，右岸 30 年一遇	左岸 459，右岸 614	400

堤防在规划城区段(右岸 D10+500~D15+047)采用复式断面(其中 D10+801~D15+047 在其他工程中实施)，以增加规划城区段的景观及亲水功能，其他段落则采用坡式堤防。临背河边坡都为 1∶3。护坡采用水工连锁块护坡方案，即设防水位下浆砌石护坡，设防水位上连锁块护坡，并采用铅丝石笼护脚。堤顶道路宽 8 m，由于资金原因，未安排硬化。格尔木河堤防、护岸典型横断面详见图 2-1-5 和图 2-1-6。

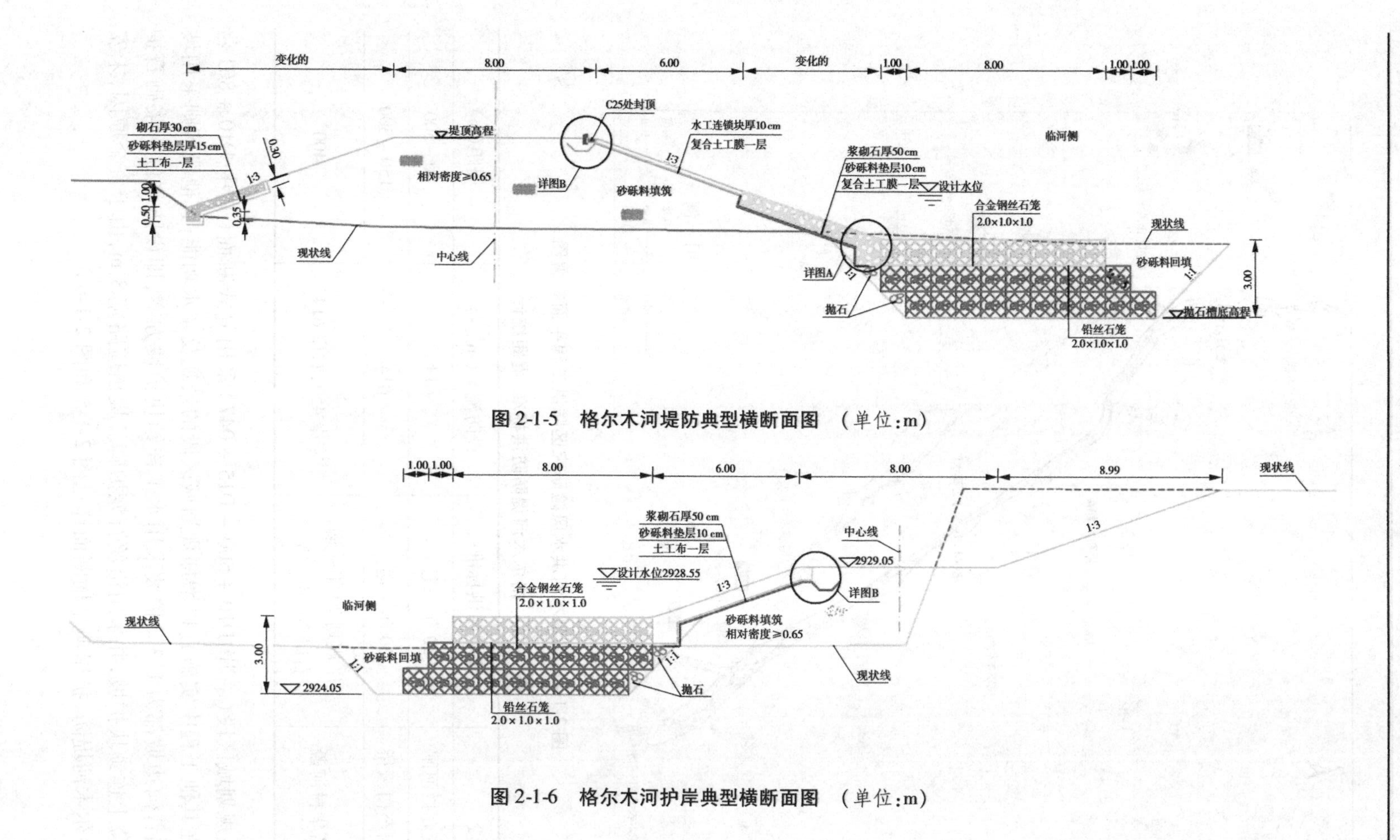

图 2-1-5　格尔木河堤防典型横断面图　（单位:m）

图 2-1-6　格尔木河护岸典型横断面图　（单位:m）

2. 水库工程及工程调度

为了更好地利用格尔木河水资源,合理开发利用水能,干支流上已建成温泉水库和乃吉里、大干沟、小干沟、一线天、南山口等水电站。这些水库、电站为格尔木市经济建设提供了大量的电力资源,同时拦蓄了上游来水,存贮了水能,起到了蓄滞洪水的作用,从一定程度上降低了洪水威胁。

温泉水库位于格尔木河东支雪水河上,坝址以上控制流域面积9 374 km^2,占舒尔干站流域面积的87.4%。该水库于1990年开工,1993年下闸需蓄水,1994年5月建成。水库坝型为土石坝,为多年调节水库,开发任务是为防洪、发电,提高下游电站保证出力。水库设计的校核洪水位为3 958.1 m,坝顶高程3 960.0 m,总库容2.55亿m^3,防洪库容0.9亿m^3;原设计的设计洪水位为3 957.32 m,相应库容为2.15亿m^3;原设计的正常高水位为3 956.4 m,相应库容为1.80亿m^3;原设计的死水位为3 951.7 m,相应库容为0.3亿m^3。根据《青海省格尔木市温泉水库初步设计报告》,温泉水库防洪运用时,采用敞泄泄洪方式。2010年除险加固设计时,增设非常溢洪道,并设闸门控制,温泉水库的运用方式调整为:当上游发生洪水时利用正常溢洪道泄洪,当水库水位达到50年一遇水位时,开启非常溢洪道泄洪,直至水库水位回落至正常蓄水位。

格尔木河干流目前自上而下修建有一线天一级、一线天二级、大干沟、小干沟、乃吉里、南山口一级和南山口二级共7座水电站。这些小型水电站以发电为主,库容较小,但在拦蓄洪水、拦减泥沙方面仍具有一定的作用,在一定时期内有利于下游河道的防洪减灾。干流已建水电站工程基本情况见表2-1-3,已建水库和水电站工程分布见图2-1-7。

表2-1-3 格尔木河干流已建水电站工程基本情况

电站名称	建成或蓄水年份	设计库容(万m^3)	装机容量(kW)
一线天一级	2005年	150	3×2 500
一线天二级	2007年	620	2×4 000
大干沟	2000年	978	2×10 000
小干沟	1991年	1 040	4×9 000
乃吉里	1979年	2 500	2×4 000+8 000
南山口一级	2008年	468	3×4 000
南山口二级			3×7 000

1.1.3 研究成果概要

1.1.3.1 基础资料整编成果

基础资料整编成果的主要内容见表2-1-4。

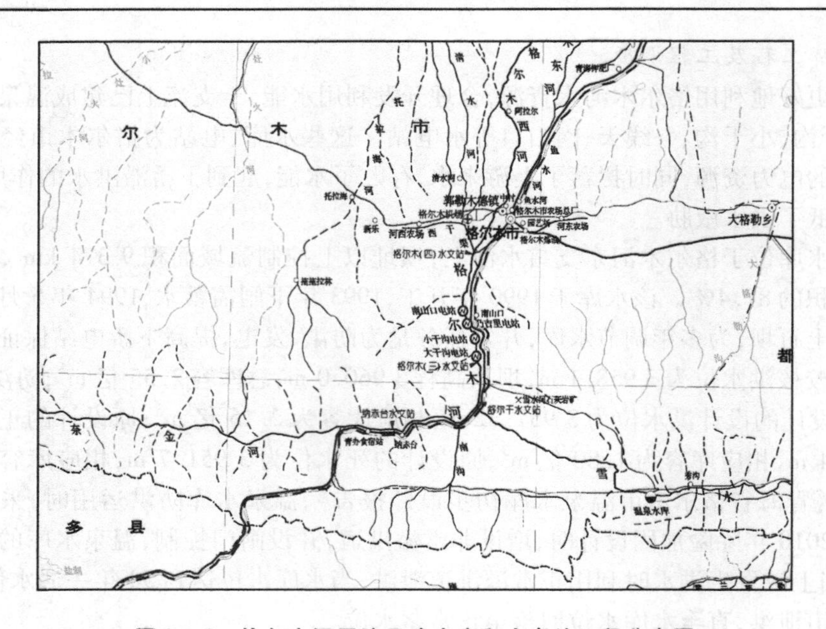

图 2-1-7　格尔木河干流已建水库和水电站工程分布图

表 2-1-4　格尔木河防洪保护区洪水风险图编制基础资料整编成果

分类	项目	数量	格式	说明	来源/审批
基础地理信息数据	1∶1万 DLG	33 幅	mdb	CGCS2000 坐标，1985 国家高程基准	青海省测绘地理信息局
	1∶1万 DEM	33 幅	grid		
	1∶5万 DLG	9 幅	mdb		
	1∶5万 DEM	9 幅	grid		
	格尔木中心城区用地规划图	700 km^2	dwg	独立坐标系，1985 国家高程基准	格尔木新区管理委员会
	格尔木河道路图	20.7 km^2	dwg		
	格尔木初步设计总平面图	23 km^2	dwg		格尔木市水利局
	格尔木河防洪可研	23 km^2	dwg		
	格尔木河地形图	70 km^2	dwg		格尔木市城市规划局
水文资料	测站资料	1 个站	电子表格	格尔木水文站类型、级别、编码、位置等	水利部水文局水文年鉴
	实测数据	1977 年、1989 年、2010 年洪水过程	电子表格	格尔木水文站水位、流量、洪水过程资料	

续表 2-1-4

分类	项目	数量	格式	说明	来源/审批
洪水资料	设计洪水资料	1	电子表格	格尔木防洪工程可行性研究	格尔木市水利局/青海省水利厅
	历史洪水及洪涝灾害资料	1	word	编制区域内历史洪水淹没情况、洪涝灾害情况	格尔木市水利局
构筑物及工程调度资料	构筑物资料	1	电子表格	编制区域内水库、堤防、涵闸、公路、铁路、桥梁等	格尔木市水利局
	工程调度资料	1	word	温泉水库调度资料	格尔木市水利局/青海省水利厅
	河道断面	240	纸质	堤防工程设计资料	格尔木市水利局/青海省水利厅
水力特性资料	糙率	1	电子表格	河道及保护区糙率	水文年鉴、水力手册
社会经济资料	统计资料	1	电子表格	格尔木市2014年统计年鉴	格尔木市统计局统计年鉴

1.1.3.2 洪水分析成果

洪水分析计算各方案的主要风险要素信息见表2-1-5。根据洪水分析计算成果，格尔木河洪水风险图共需绘制33幅图。

表 2-1-5 格尔木河洪水风险要素信息成果

溃口		洪水分析方案	溃口宽度(m)	堤外地面高程(m)	淹没面积(km^2)	流速(m/s)		水深(m)		历时(h)	
序号	地点					最大流速	平均流速	最大水深	平均水深	最大历时	平均历时
Z1	左岸林场溃口	30年一遇	300	2 911.5	52.49	3.60	0.665	2.53	0.230	262.0	248.1
		50年一遇			54.90	3.90	0.667	2.66	0.239	262.0	249.3
		100年一遇			58.24	3.97	0.669	2.72	0.242	262.0	249.3
Z2	格尔木市自来水厂取水口	30年一遇	150	2 844.5	19.44	3.95	0.444	3.41	0.307	262.0	242.3
		50年一遇			19.81	3.97	0.459	3.46	0.316	262.0	244.1
		100年一遇			20.14	3.98	0.473	3.48	0.327	262.0	244.5

续表 2-1-5

溃口		洪水分析方案	溃口宽度(m)	堤外地面高程(m)	淹没面积(km^2)	流速(m/s)		水深(m)		历时(h)	
序号	地点					最大流速	平均流速	最大水深	平均水深	最大历时	平均历时
Y1	格尔木新区引水闸下游 1 km	30 年一遇	200	2 894.3	18.92	4.17	0.668	2.14	0.307	262.0	243.0
		50 年一遇			19.51	4.18	0.695	2.20	0.334	262.0	248.8
		100 年一遇			20.61	4.80	0.747	2.67	0.393	262.0	251.3
Y2	格茫公路桥上游 3.5 km	30 年一遇	150	2 832.0	5.54	3.88	0.764	2.22	0.616	262.0	250.8
		50 年一遇			5.83	3.90	0.776	2.25	0.627	262.0	252.0
		100 年一遇			7.03	3.88	0.755	2.52	0.636	262.0	253.9
Y3	格尔木老河道汇入口下游 200 m	30 年一遇	240	2 779.6	3.01	2.87	0.514	2.03	0.554	262.0	246.5
		50 年一遇			3.05	2.85	0.568	2.15	0.576	262.0	248.0
		100 年一遇			3.09	2.86	0.585	2.27	0.609	262.0	249.6

1.1.3.3 洪水影响评价和损失评估成果

洪水影响灾情统计情况见表 2-1-6,损失评估的主要内容见表 2-1-7。

表 2-1-6　不同方案淹没地物统计

溃口	计算方案	行政区名称	淹没面积(km^2)	淹没农田面积(hm^2)	淹没房屋面积(万 m^2)	受影响公路长度(km)	受影响企业(个)	受影响人口总数(万)	受影响 GDP(万元)
Z1 溃口(2 + 663)	30 年一遇	郭勒木德镇	52.49	21.09	27.62	80.2	11	2 316.2	2 316.2
	50 年一遇	郭勒木德镇	54.9	21.67	27.85	82.73	11	2 422.6	2 442.6
	100 年一遇	郭勒木德镇	58.24	21.67	33.56	91.53	11	2 570	2 570
Z2 溃口(10 + 389)	30 年一遇	郭勒木德镇	19.44	11.85	37.64	48.94	2	857.8	857.8
	50 年一遇	郭勒木德镇	19.81	11.85	40.1	50.25	3	874.2	874.2
	100 年一遇	郭勒木德镇	20.14	11.85	41.08	51.36	3	888.7	888.7
Y1 溃口(4 + 755)	30 年一遇	河西街道	0.09	0.3	0	0.25	0	0.04	4 710.78
		格尔木新区	13.79	1.33	1 090.61	60.98	0	12.39	400 467.9
		郭勒木德镇	5.04	0.15	0.22	7.82	1		22.24
		合计	18.92	1.78	1 090.83	69.05	1	12.43	405 200.9
	50 年一遇	河西街道	0.12	0.62	0	0.45	0	0.05	6 281.04
		格尔木新区	14.25	1.68	1 130.69	61.87	0	12.81	413 826.5
		郭勒木德镇	5.14	0.15	0.22	7.96	1		22.67
		合计	19.51	2.45	1 130.91	70.28	1	12.86	420 130.2
	100 年一遇	河西街道	0.16	0.9	0	0.86	0	0.07	8 374.72
		格尔木新区	15.08	2.57	1 207.85	65.47	0	13.57	437 930.1
		郭勒木德镇	5.37	0.15	0.22	9.05	1		23.69
		合计	20.61	3.62	1 208.07	75.38	1	13.64	446 328.5

续表 2-1-6

溃口	计算方案	行政区名称	淹没面积（km^2）	淹没农田面积（hm^2）	淹没房屋面积（万 m^2）	受影响公路长度（km）	受影响企业（个）	受影响人口总数（万）	受影响GDP（万元）
Y2溃口（11 + 789）	30 年一遇	河西街道	0.08	0.3	0	0.15		0.04	4 187.36
		格尔木新区	4.64	1.16	397.49	17.24		4.14	134 747.7
		郭勒木德镇	0.82	0.15	0.22	1.32	0		3.62
		合计	5.54	1.61	397.71	18.71	0	4.18	138 938.7
	50 年一遇	河西街道	0.11	0.33	0	0.29	0	0.05	5 757.62
		格尔木新区	4.87	1.77	417.04	18.73	0	4.37	141 427
		郭勒木德镇	0.85	0.15	0.22	1.6	0		3.73
		合计	5.83	2.25	417.26	20.62	0	4.42	147 188.4
	100 年一遇	河西街道	0.14	0.62	0	0.45	0	0.05	7 327.88
		格尔木新区	5.98	2.44	506.23	24.22	0	5.40	173 661.9
		郭勒木德镇	0.91	0.15	0.22	2.31	0		4.02
		合计	7.03	3.21	506.45	26.98	0	5.45	180 993.8
Y3溃口（19 + 594）	30 年一遇	郭勒木德镇	3.01	11.64	6.35	9.27	1		13.29
	50 年一遇	郭勒木德镇	3.05	12.02	6.55	9.46	1		13.44
	100 年一遇	郭勒木德镇	3.09	12.88	6.85	10.09	1		13.63

表 2-1-7　不同方案洪灾损失评估情况　（单位：万元）

溃口	计算方案	居民房屋损失	家庭财产损失	农业损失	工业资产损失	工业产值损失	商贸业资产损失	商贸业主营收入损失	道路损失	合计
Z1 溃口（2 + 663）	30 年一遇	2 883.39	1 293.20	264.00	12.32	18.93	0.22	1.67	2 608.98	7 082.71
	50 年一遇	3 019.79	1 406.49	281.00	13.04	20.03	0.22	1.78	2 811.12	7 553.47
	100 年一遇	3 551.96	1 616.12	281.00	13.88	21.18	0.23	1.88	2 985.48	8 471.73
Z2 溃口（10 + 389）	30 年一遇	3 594.43	1 461.58	340.00	4.94	6.95	0.08	0.61	471.36	5 879.95
	50 年一遇	3 837.21	1 567.65	361.00	5.09	7.10	0.08	0.63	499.89	6 278.65
	100 年一遇	3 950.98	1 620.53	365.00	5.23	7.24	0.08	0.63	888.80	6 838.49
Y1 溃口（4 + 755）	30 年一遇	1 656.12	1 132.41	22.00	1 145.88	702.36	22.91	62.08	1 254.70	5 998.46
	50 年一遇	2 380.47	1 628.02	95.00	1 626.61	1 007.20	32.21	89.04	1 714.50	8 573.05
	100 年一遇	5 842.77	3 997.77	147.00	3 303.81	1 682.57	65.57	148.75	3 088.70	18 276.94
Y2 溃口（11 + 889）	30 年一遇	3 275.69	2 240.56	22.00	1 796.22	955.96	34.98	84.51	1 802.90	10 212.82
	50 年一遇	3 636.33	2 488.07	24.00	1 968.35	1 109.53	38.06	98.09	1 906.00	11 268.43
	100 年一遇	4 790.96	3 278.10	123.00	2 608.09	1 370.83	51.72	121.18	2 573.30	14 917.18
Y3 溃口（19 + 594）	30 年一遇	648.36	280.96	233.00	1.02	1.09	0.02	0.09	249.00	1 413.54
	50 年一遇	666.01	287.68	238.00	1.03	1.10	0.02	0.09	249.00	1 442.93
	100 年一遇	697.61	301.18	262.00	1.10	1.13	0.02	0.10	346.00	1 609.14

1.2 洪水模型计算

1.2.1 模型构建思路及建模范围

1.2.1.1 模型构建思路

格尔木河河道采用一维水动力学模型,防洪保护区的洪水风险分析采用二维水动力模型。洪水分析模型选择国家防办公布的《重点地区洪水风险图编制项目软件名录》中MIKE洪水分析软件。

模型构建流程如图2-1-8所示。

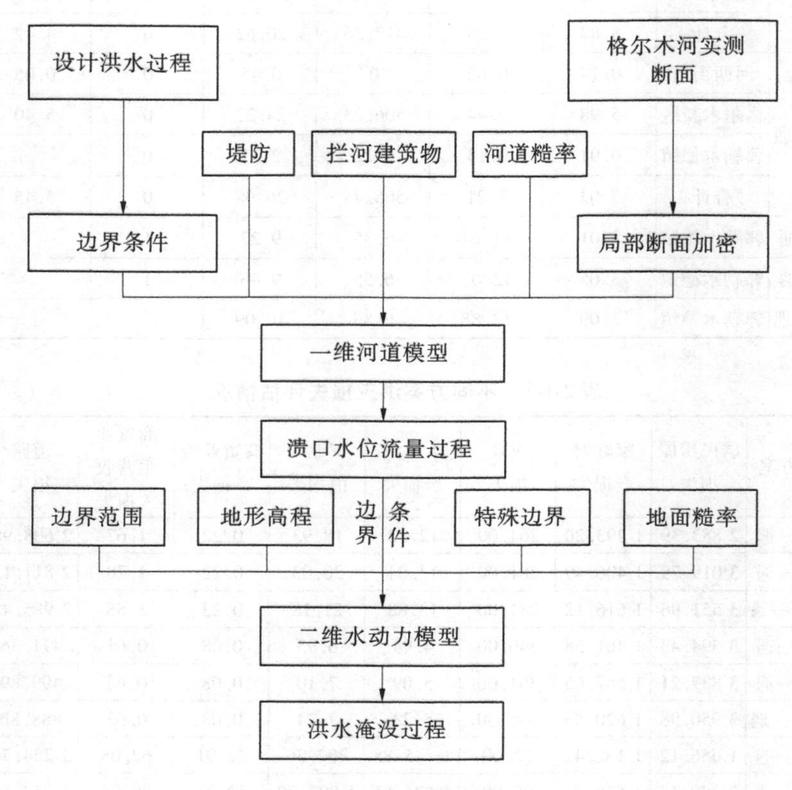

图2-1-8 模型构建流程

1.2.1.2 建模范围

根据《青海省洪水风险图编制项目2015年度实施方案》和2015年青海风险图技术大纲,格尔木河洪水风险研究区为格尔木河农场灌区引水枢纽至新华村长约24 km河道两岸洪水风险区域,洪水影响面积79 km^2。

为了能全面反映洪水风险,模型构建范围应能包括洪水风险图编制河段可能的淹没影响区域。根据历史洪水淹没范围及试算结果,确定格尔木河洪水风险图二维水动力学模型建模范围为439.6 km^2,详见图2-1-9。

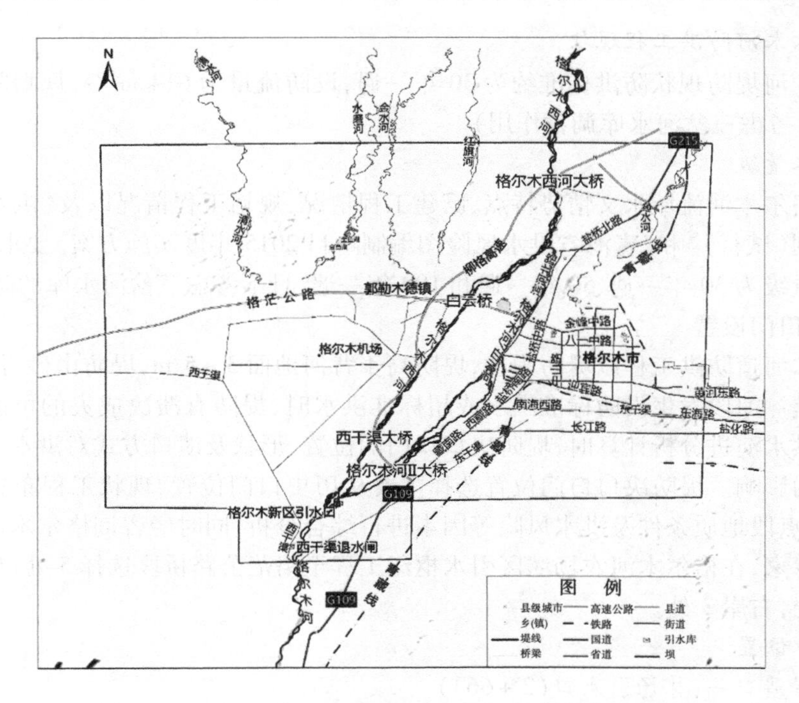

图 2-1-9 格尔木河防洪保护区二维水动力学模型建模范围示意图

1.2.2 洪源分析和量级确定

1.2.2.1 洪水来源

格尔木河洪水包括融雪洪水和暴雨洪水。4～5月为春汛,春汛主要由冰雪融水组成,峰量不大。6～10月为夏汛,多由暴雨及冰雪融水共同组成,洪水相对春汛要大些。格尔木河流域暴雨的发生时间主要集中在5～9月,大暴雨主要集中在6月中旬至8月中旬。暴雨历时较短,一般仅为1 d,长历时暴雨一般可以持续1～3 d。格尔木河年最大洪水主要发生在6～9月。洪水过程表现为平缓单峰型、锯齿单峰型及多峰型等多种形式。平缓单峰型洪水过程一般由暴雨洪水形成。

格尔木河农场灌区引水枢纽至柳格高速公路1#桥下游防洪保护区可能的洪水来源有格尔木河河道洪水和当地暴雨。据调查,格尔木市降水较少,不会形成暴雨内涝,因此该防洪保护区洪水来源主要为格尔木河河道洪水。

1.2.2.2 洪水量级

1.规程规范和实施方案要求

根据《洪水风险图编制技术细则(试行)》,不同来源洪水量级或量级区间选取应根据风险图编制范围内工程设防标准及保护对象特点综合分析确定。洪水量级选择设计标准洪水与超标准洪水2种情景,其中超标准洪水采用高于设计标准一个等级的洪水。

根据《青海省洪水风险图编制项目2015年度实施方案》要求,格尔木河洪水量级为50年一遇和100年一遇。

2. 格尔木河防洪工程现状

格尔木河堤防现状防洪标准约为 30 年一遇，设防流量为 614 m^3/s，规划防洪标准为 50 年一遇（考虑三岔河水库调蓄作用）。

3. 洪水量级

结合格尔木河流域水文情势特点、已建工程情况、规划工程情况以及《洪水风险图编制技术细则（试行）》和《青海省洪水风险图编制项目 2015 年度实施方案》要求，确定格尔木河洪水量级为 30 年一遇、50 年一遇和 100 年一遇，且不考虑三岔河水库的防洪作用。

1.2.2.3 口门设置

格尔木河道防洪工程以堤防为主，堤防高于背河地面 3 ~ 5 m，堤防由砂砾石填筑，抗冲刷能力差。河段发生设防标准洪水或超标准洪水时，堤防有溃决成灾的可能。在进行格尔木河洪水演进分析计算时，堤防决口口门的位置、形状及溃口方式对洪水淹没范围计算有直接的影响。堤防决口口门位置选择主要从历史口门位置、现状工程布置及河势变化、堤防重点段地质条件及洪水风险等因素进行综合分析，同时经咨询格尔木水利局防办有关领导专家，在格尔木河农场灌区引水枢纽工程至格茫公路桥段选择 5 处口门，其中河道左岸 2 处，右岸 3 处。

1. 溃口位置

1）左岸溃口一：林场引水口（2 +663）

格尔木河左岸堤防 X2 +906（对应河道中心线桩号 2 +663）处现设置有林场引水涵闸 1 处，引水流量为 4.5 m^3/s，此涵闸引水主要供给格尔木河左岸 2 000 hm^2 防护林，供水期为 4 ~10 月（见图 2-1-10）。从历史溃口方面，在引水涵闸和防洪堤修建之前，林场引水直接从简易防洪堤扒口引水，2010 年，林场扒口引水导致洪水沿林场引水渠而下，淹没郭勒木德镇。从河势方面，林场为方便取水，在分水闸前 200 m 处河道内堆砌砂砾石对河流进行分流，且经过多年的引水，河道冲刷，主流靠左岸行进。从临背河地势方面，堤防背河侧林场引水渠冲刷较深，地势低平，也易于成灾（详见图 2-1-11）。从堤防地质条件方面，格尔木河堤防均为砂砾石，抗冲性差，若主流顶冲，易被冲决。而该处为土石结合部位，洪水风险较大。

(a)

(b)

图 2-1-10 林场分水闸

该口门位于洪水风险研究区上段，若溃口，淹没范围较大，将对格尔木河左岸的格尔木机场、郭勒木德镇构成较大威胁。

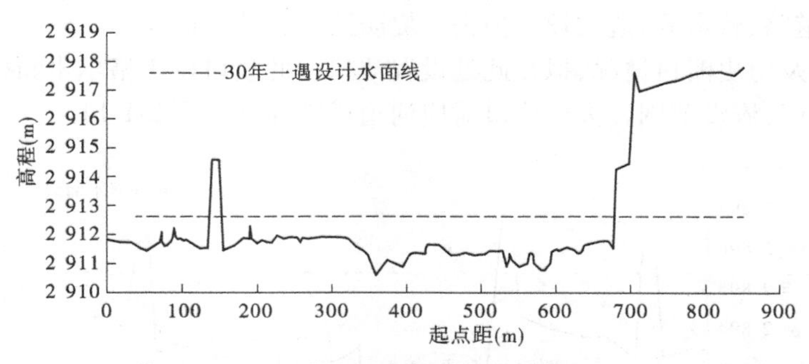

图 2-1-11　Z1 溃口对应河道横断面图(2+663)

2)左岸溃口二:格尔木市自来水厂附近桥涵处(对应河道中心线 10+389)

格尔木市自来水厂上游有柳格高速公路桥桥涵 1 处,宽 60 m,有溃决的可能(见图 2-1-12和图 2-1-13)。此处溃口位于自来水厂上游,距离机场和郭勒木德镇较近,淹没影响较大,因此从洪水风险考虑,在此处设置溃口。此处溃口距离左岸第一溃口直线距离约 7 km。

(a)　(b)

图 2-1-12　格尔木市自来水厂附近桥涵

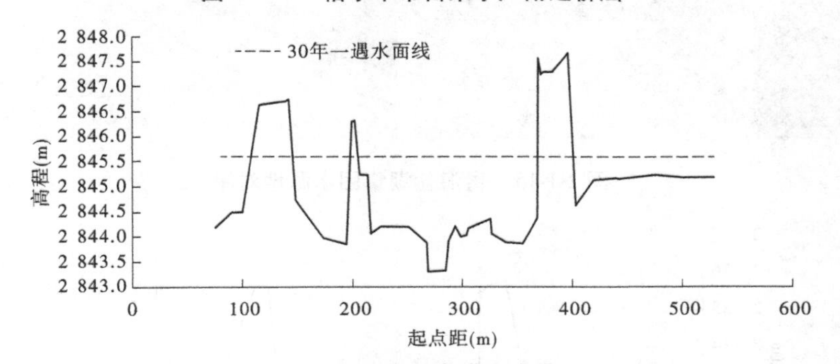

图 2-1-13　Z2 溃口对应河道横断面图(10+389)

3)右岸溃口一:格尔木新区引水闸下游约 1 km(2015 年溃口处,4+755)

此段河道主流游荡,现状主流靠河道右岸。2015 年 6 月,受格尔木地区尤其是南部昆仑山区持续出现较强降雨过程和融雪的双重作用,导致格尔木河发生洪水,流量约 383 m^3/s。洪水造成格尔木新区引水闸下游 1 000 m 处老堤防决口,约 2/3 洪水流量进入格尔木新区,冲毁道路、管道等,造成较大损失。堤防溃口长约 2 km。

根据河势及历史溃口情况,拟在此处设置溃口。此溃口位于格尔木新区上段,主要淹没格尔木新城区,淹没范围较大。溃口对应河道横断面详见图 2-1-14。

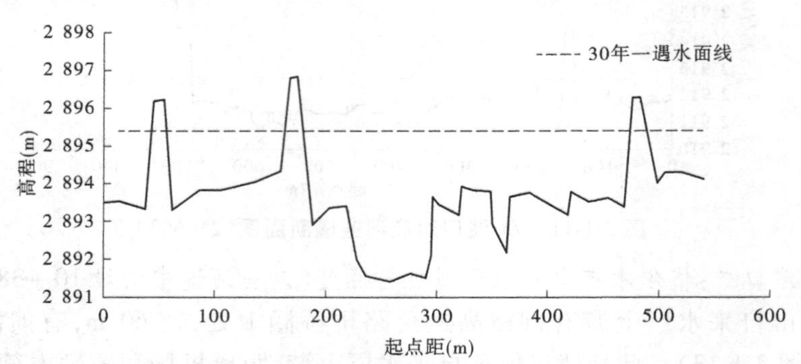

图 2-1-14　Y1 溃口对应河道横断面图(4 +755)

4)右岸溃口二:格茫公路桥(白云桥)上游 3.5 km

此处溃口距离右岸第一溃口直线距离 7.5 km,对应河道中心线桩号 11 +788.5。河道左岸为青海盐湖集团水源地,右岸堤防外为格尔木老河道,地势较低。此处河道由宽变窄,河宽约 200 m,溃口可能性较大。在此处溃口后,洪水将通过格茫公路上的两处涵洞淹没格茫公路以北的格尔木新区,并通过新区湖的退水渠和格尔木老河道退水入格尔木河,淹没影响较大。从洪水风险角度,在此处设置溃口。溃口位置和横断面详见图 2-1-15 和图 2-1-16。

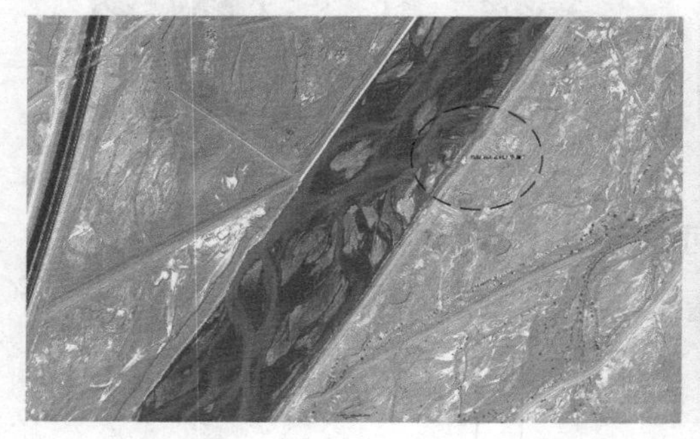

图 2-1-15　青海盐湖集团水源地对岸

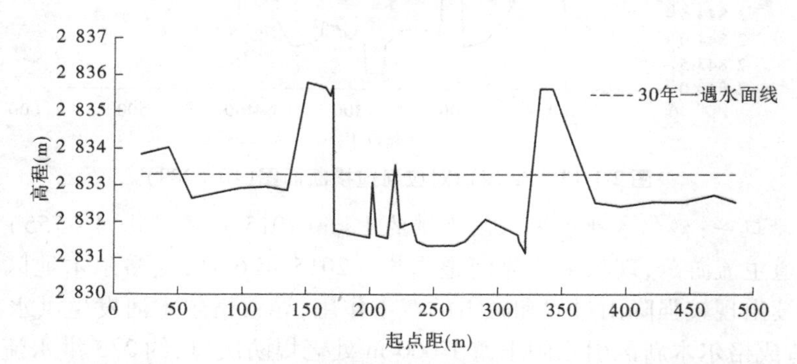

图 2-1-16　Y2 溃口对应河道横断面图(11 +788.5)

5)左岸溃口三:格尔木老河道汇入口下游200 m(19 +594.8)

此处拟建堤防高于地面3 ~5 m,此处溃口后将影响河道右岸新华村,此处人口密集,耕地较多,淹没影响较大。从洪水风险考虑,在此处设置溃口。溃口处对应河道横断面详见图2-1-17。

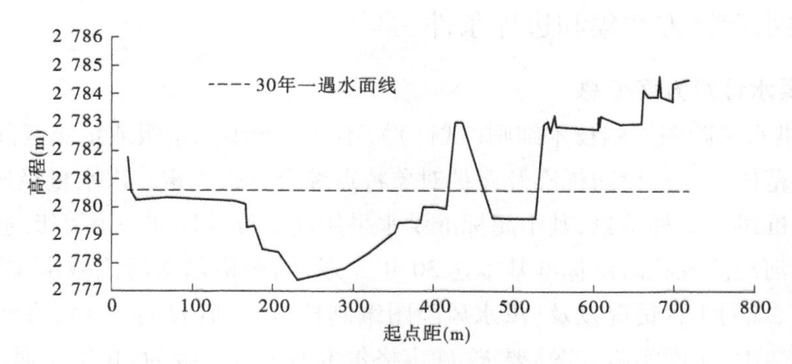

图2-1-17　Y3溃口对应河道横断面图(19 +594.8)

2.溃口宽度

溃口宽度根据历史溃口资料、实地调查及专家建议综合确定。格尔木河堤防均为砂砾石填筑,若遇到大洪水极易发生溃口,且溃口宽度较宽,2015年格尔木河发生洪水堤防溃口约2 km。

根据溃口河段平均河宽,按《洪水风险图编制技术细则(试行)》中溃口宽度的经验公式 $B_b = 1.9(\lg B)^{4.8} + 20$($B_b$为溃口宽,m;$B$为河宽,m),计算各溃口宽度为124 ~243 m,从堤防布置、当地专家意见等方面综合考虑,确定溃口宽度130 ~300 m(见表2-1-8)。此外,考虑堤防填筑土质条件,30年一遇、50年一遇洪水溃口宽度也取100 m。

表2-1-8　格尔木河溃口宽度分析

岸别	序号	位置	河宽(m)	计算溃口宽度(m)	100年一遇洪水溃口宽度取值(m)
左岸	Z1	林场引水口(2 +663)	500	243	300
	Z2	格尔木市自来水厂附近桥涵处(10 +389)	200	124	150
右岸	Y1	格尔木新区引水闸下游(4 +755)	350	188	200
	Y2	格茫公路桥(白云桥)上游3.5 km(11 +788.5)	200	124	150
	Y3	格尔木老河道汇入口下游(19 +594.8)	400	207	240

3.溃决方式及时机

溃决时机按洪水达到堤防设计标准相应的洪峰流量时溃决,对于设计标准以下洪水量级,按达到洪峰流量最大时溃决。

根据地形及堤防建设情况，结合当地专家意见，基于风险分析时分洪量应尽可能大的角度考虑，本次溃决方式按瞬时全溃考虑，溃口底高程为背河侧地面高程。

溃口进洪过程采用堰流过程进行模拟。

1.2.3 洪水计算方案集和边界条件

1.2.3.1 洪水计算方案汇总

根据《洪水风险图编制技术细则(试行)》，不同来源洪水量级或量级区间选取应根据风险图编制范围内工程设防标准及保护对象特点综合分析确定。洪水量级选择设计标准洪水与超标准洪水2种情景，其中超标准洪水采用高于设计标准一个等级的洪水。

格尔木河堤防现状防洪标准基本达30年一遇，结合格尔木河流域水文情势特点、已建工程情况、规划工程情况以及《洪水风险图编制技术细则(试行)》和《青海省洪水风险图编制项目2015年度实施方案》要求，确定格尔木河洪水量级为30年一遇、50年一遇和100年一遇，且不考虑三岔河水库的防洪作用。

格尔木河洪水编制范围内无支流汇入，因此不考虑洪水组合。

根据格尔木河洪水风险编制区域洪水来源和洪水量级，制订以下计算方案：

(1)格尔木河发生30年一遇洪水，5处口门分别溃口。

(2)格尔木河发生50年一遇洪水，5处口门分别溃口。

(3)格尔木河发生100年一遇洪水，5处口门分别溃口。

格尔木河洪水风险图确定的计算方案见表2-1-9。

1.2.3.2 边界条件

1. 一维模型边界

MIKE11一维水动力学模型边界条件包括6种不同的自然边界条件，分别为开边界、点源、分布源、全域、建筑物和闭边界。结合格尔木河洪水风险研究区特点，需设置开边界和建筑物边界两种边界条件。

1)开边界

开边界可设置在模型的上游或者下游自由端点处。根据水力学模型定解条件，开边界类型包括给定流量过程线、给定水位过程线或水位流量关系。

格尔木河洪水风险图编制范围上游起始断面为河段治理起始断面，即格尔木农场灌区引水枢纽断面(桩号0+000)；下游终止断面为柳格高速公路1#桥下游断面(桩号23+145)。上游边界类型为定流量过程线，采用格尔木站受温泉水库影响的设计洪水过程线，详见图2-1-18。在MIKE11软件中，洪水过程是以时间序列文件形式加入到模型中的，根据格尔木水文站设计洪水过程，生成等时间距时间序列文件，见图2-1-19。

表 2-1-9　格尔木河洪水风险图确定的计算方案

序号	计算区域	洪水来源	洪水量级	洪峰流量(m^3/s)	溃口设置		
					口门位置	口门宽度(m)	溃决时机
1	格尔木河农场灌区引水枢纽至新华村左岸防洪保护区	受温泉水库调节后的格尔木河干流洪水	30 年一遇	620	林场引水口(2+663)	300	达到堤防设计洪峰流量
2					格尔木市自来水厂附近桥涵处(10+389)	150	达到堤防设计洪峰流量
3			50 年一遇	722	林场引水口(2+663)	300	达到堤防设计洪峰流量
4					格尔木市自来水厂附近桥涵处(10+389)	150	达到堤防设计洪峰流量
5			100 年一遇	866	林场引水口(2+663)	300	达到堤防设计洪峰流量
6					格尔木市自来水厂附近桥涵处(10+389)	150	达到堤防设计洪峰流量
7	格尔木河农场灌区引水枢纽至新华村右岸防洪保护区		30 年一遇	620	格尔木新区引水闸下游(4+755)	200	达到堤防设计洪峰流量
8					白云桥上游 3.5 km(11+788.5)	150	达到堤防设计洪峰流量
9					格尔木老河道汇入口下游(19+594.8)	240	达到堤防设计洪峰流量
10			50 年一遇	722	格尔木新区引水闸下游(4+755)	200	达到堤防设计洪峰流量
11					白云桥上游 1 km(11+788.5)	150	达到堤防设计洪峰流量
12					格尔木老河道汇入口下游(19+416)	240	达到堤防设计洪峰流量
13			100 年一遇	866	格尔木新区引水闸下游(4+755)	200	达到堤防设计洪峰流量
14					白云桥上游 3.5 km(11+788.5)	150	达到堤防设计洪峰流量
15					格尔木老河道汇入口下游(19+594.8)	240	达到堤防设计洪峰流量

格尔木河下游断面(23+145)与二维模型采用标准链接耦合，此处链接即为一维模型的下边界。

2)建筑物边界

建筑物边界包括四种类型：坝、溃坝、可控建筑物和管涵。格尔木河洪水风险图编制溃口设置为可控建筑物。根据溃口设置，需要在格尔木干流设置 5 处可控建筑物，各建筑物设计指标详见表 2-1-10。

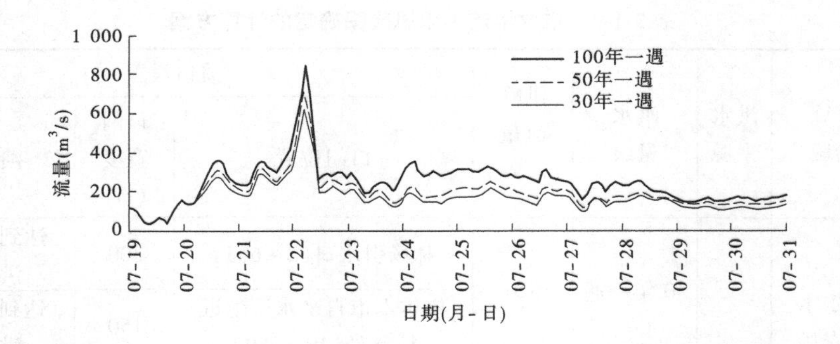

图 2-1-18　格尔木站受温泉水库影响的设计洪水过程线

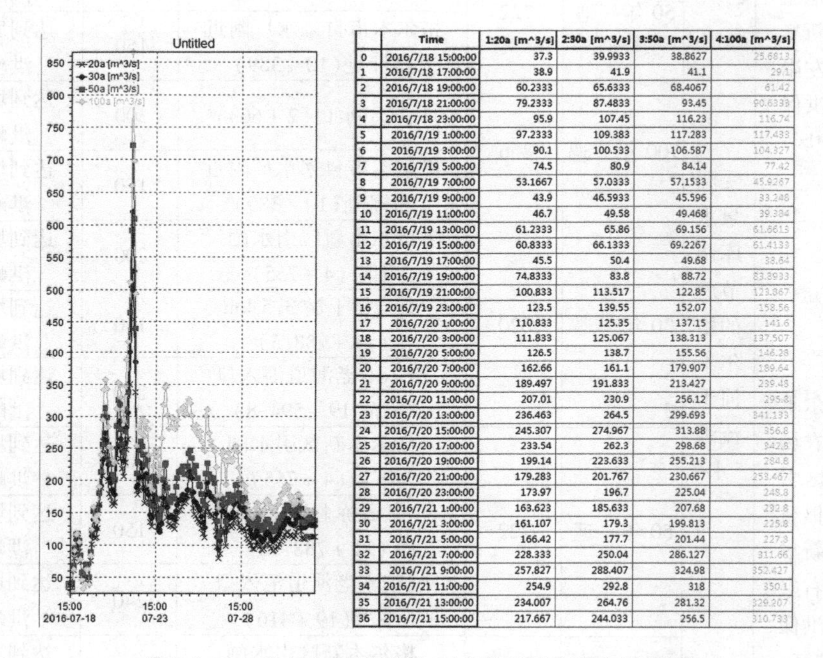

	Time	1:20a [m^3/s]	2:30a [m^3/s]	3:50a [m^3/s]	4:100a [m^3/s]
0	2016/7/18 15:00:00	37.3	39.9933	38.8627	25.6813
1	2016/7/18 17:00:00	38.9	41.9	41.1	29.1
2	2016/7/18 19:00:00	60.2333	65.6333	68.4067	61.42
3	2016/7/18 21:00:00	79.2333	87.4833	93.45	90.6333
4	2016/7/18 23:00:00	95.9	107.45	116.23	116.74
5	2016/7/19 1:00:00	97.2333	109.383	117.283	117.433
6	2016/7/19 3:00:00	90.1	100.533	106.587	104.327
7	2016/7/19 5:00:00	74.5	80.9	84.14	77.42
8	2016/7/19 7:00:00	53.1667	57.0333	57.1533	45.9267
9	2016/7/19 9:00:00	43.9	46.5933	45.596	33.246
10	2016/7/19 11:00:00	46.7	49.58	49.468	39.384
11	2016/7/19 13:00:00	61.2333	65.86	69.156	61.6613
12	2016/7/19 15:00:00	60.8333	66.1333	69.2267	61.4133
13	2016/7/19 17:00:00	45.5	50.4	49.68	38.64
14	2016/7/19 19:00:00	74.8333	83.8	88.72	83.8933
15	2016/7/19 21:00:00	100.833	113.517	122.85	123.867
16	2016/7/19 23:00:00	123.5	139.55	152.07	158.56
17	2016/7/20 1:00:00	110.833	125.35	137.15	141.6
18	2016/7/20 3:00:00	111.833	125.067	138.313	137.507
19	2016/7/20 5:00:00	126.5	138.7	155.56	146.28
20	2016/7/20 7:00:00	162.66	161.1	179.907	189.64
21	2016/7/20 9:00:00	189.497	191.833	213.427	239.48
22	2016/7/20 11:00:00	207.01	230.9	256.12	295.8
23	2016/7/20 13:00:00	236.463	264.5	299.693	341.133
24	2016/7/20 15:00:00	245.307	274.967	313.88	356.8
25	2016/7/20 17:00:00	233.54	262.3	298.68	342.8
26	2016/7/20 19:00:00	199.14	223.633	255.213	284.8
27	2016/7/20 21:00:00	179.283	201.767	230.667	253.467
28	2016/7/20 23:00:00	173.97	196.7	225.04	248.8
29	2016/7/21 1:00:00	163.623	185.633	207.68	232.8
30	2016/7/21 3:00:00	161.107	179.3	199.813	225.8
31	2016/7/21 5:00:00	166.42	177.7	201.44	227.8
32	2016/7/21 7:00:00	228.333	250.04	286.127	311.66
33	2016/7/21 9:00:00	257.827	288.407	324.98	352.427
34	2016/7/21 11:00:00	254.9	292.8	318	350.1
35	2016/7/21 13:00:00	234.007	264.76	281.32	329.207
36	2016/7/21 15:00:00	217.667	244.033	256.5	310.733

图 2-1-19　格尔木站设计洪水过程时间序列文件视图

2. 二维模型边界

二维水动力模型涉及的控制边界主要有开边界、固定边界和内边界三种。开边界通常指计算区的出流和入流边界。固定边界是指计算区与外界无水流交换的边界。内边界是指模型内对于道路、涵洞、沟道、灌区渠堤等各类点状或线状地物的概化边界。在 MIKE21 二维水动力模型里，对于开边界和固定边界提供了 6 种形态的边界条件设置，分别为：①陆地边界，即零垂向流速，但可以滑动的陆地边界；②陆地(零流速)；③速度边界和通量边界；④水位边界；⑤流量边界；⑥弗拉瑟条件。内边界在 MIKE21 二维水动力学模型“建筑物”中进行设置。此外，支流的汇入作为模型构建的边界条件在“源项”中进行设置。

表 2-1-10　一维模型边界设置

分类	序号	位置(河道中心线桩号)	边界类型	参数设定
开边界	1	一维模型起点(0 +000)	流量过程	无三岔河水库 30 年一遇、50 年一遇和 100 年一遇洪水过程
	2	一维模型终点(23 +145)	一、二维耦合边界,定水位	初始水位 2 963 m
建筑物边界	左岸 1	林场引水口(2 +663)	可控建筑物	闸,底板高程 2 911.5 m
	左岸 2	水厂上游(10 +389)	可控建筑物	闸,底板高程 2 844.5 m
	右岸 1	格尔木新区引水闸下游(4 +755)	可控建筑物	闸,底板高程 2 894.3 m
	右岸 2	白云桥上游 3.5 km (11 +788.5)	可控建筑物	闸,底板高程 2 832.0 m
	右岸 3	格尔木老河道汇入口下游(19 +594.8)	可控建筑物	闸,底板高程 2 779.6 m

1)开边界

开边界通常指计算区的出流边界和入流边界。格尔木河各溃口处入流过程采用一维模型口门分流过程。此外,一维模型最末端 23 +145 与二维模型标准链接,则 23 +145 断面的出流也为二维模型的入流。

格尔木河下游出流边界范围较大,长达 20 km。为准确反映不同地段的过流能力,对格尔木河下边界分段进行设置。根据模型试算结果中洪水演进流路,主要设置了 6 处下边界,其中左岸 2 处、格尔木河干流 1 处、右岸 3 处,每处均采用水位流量关系。各出流边界的水位流量关系由实测断面根据地类率定糙率后,按照曼宁公式计算得出。二维模型出流边界设置详见图 2-1-20,各边界水位流量关系详见图 2-1-21 ~图 2-1-26。

2)固定边界

固定边界是指计算区与外界无水流交换的边界。对于二维模型各计算方案,除流量边界外,计算分区外围其他地方均为固定边界,洪水演进过程中将无法穿越闭边界。

3)内边界

内边界则是指模型内对于道路、涵洞、沟道、灌区渠堤等各类点状或线状地物的概化边界。在平面上,建筑物的尺度通常较模型计算用的网格尺度要小很多,因此建筑物的影响通常使用亚网格技术来模拟。亚网格技术下,通过建筑物的水流考虑上下游水位来模拟。MIKE21 水动力模型中包含了堰、涵洞、闸、低坝、桥墩和涡轮机等六种不同的建筑物,还可以将以上几种建筑物进行组合形成组合建筑物。

格尔木河洪水风险研究区内的线状构筑物主要有格茫公路、柳格高速、滨河道路等,过水建筑物主要有西干渠大桥,其在模型中的概化详见第 2.3.2 部分。

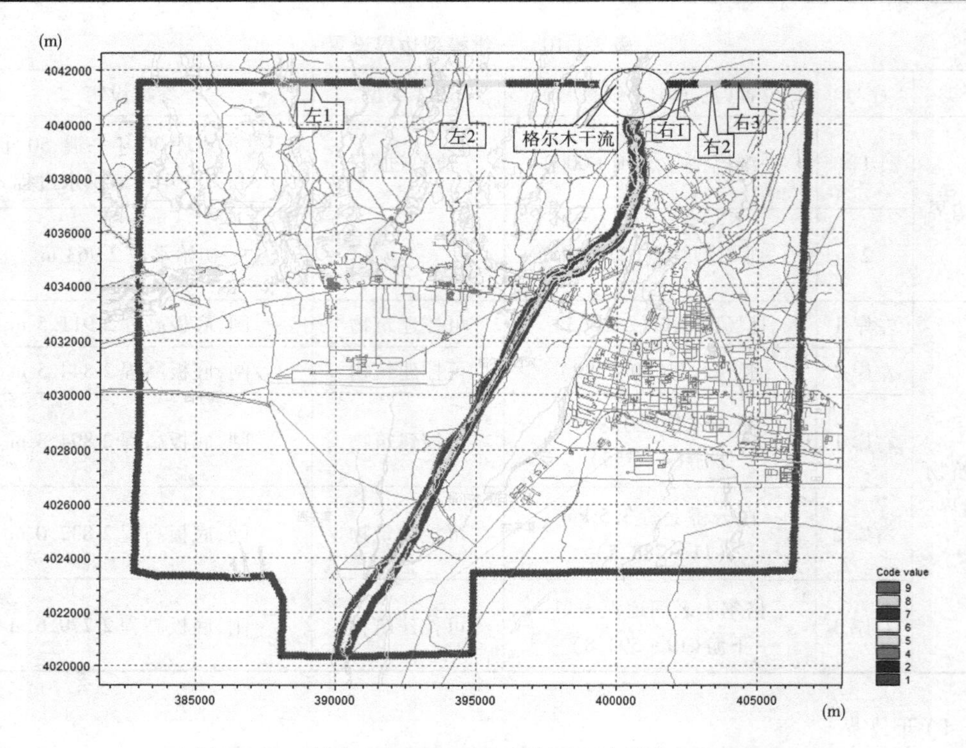

图 2-1-20　格尔木河洪水风险研究区下边界分布示意图

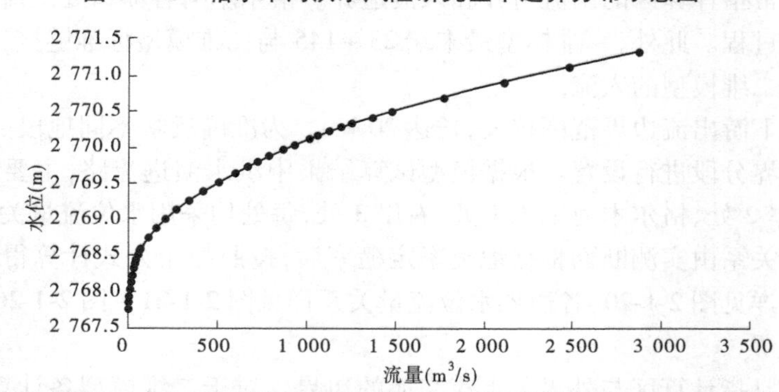

图 2-1-21　格尔木河洪水风险研究区下边界水位流量关系(左 1)

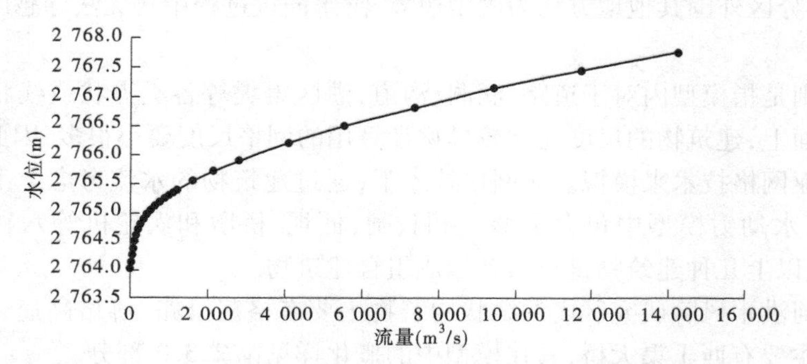

图 2-1-22　格尔木河洪水风险研究区下边界水位流量关系(左 2)

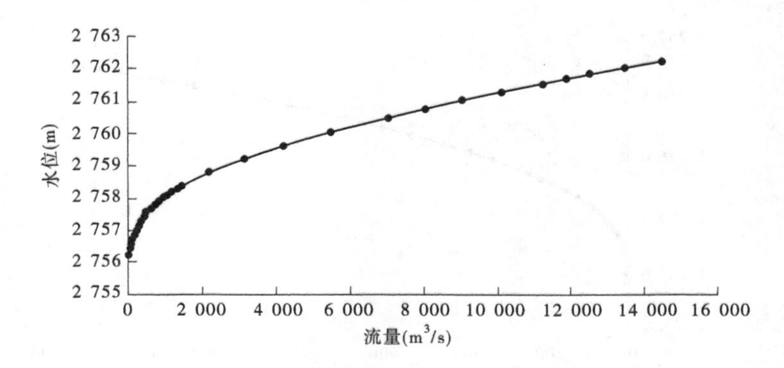

图 2-1-23　格尔木河洪水风险研究区格尔木河干流水位流量关系

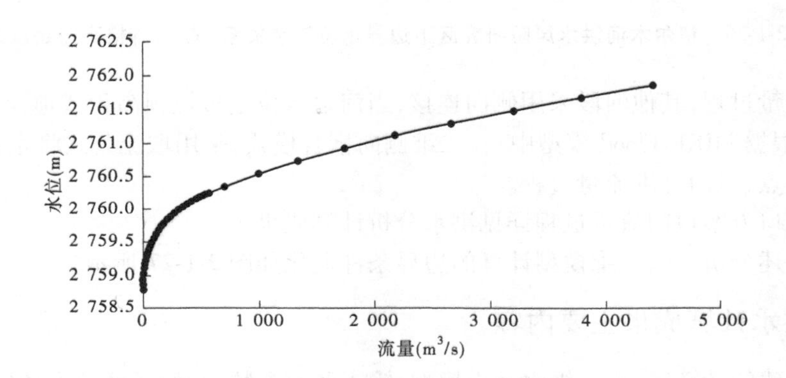

图 2-1-24　格尔木河洪水风险研究区下边界水位流量关系(右 1)

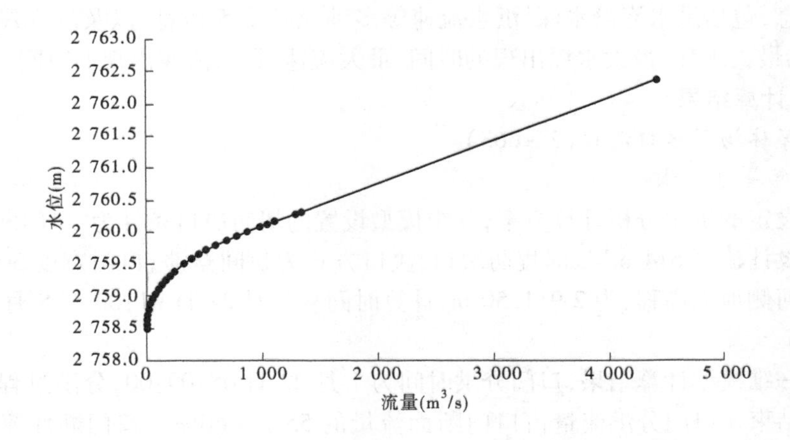

图 2-1-25　格尔木河洪水风险研究区下边界水位流量关系(右 2,柳格高速路以西)

3. 模型耦合条件

MIKE Flood 可以建立从 MIKE21 网格单元与 MIKE11 链接。MIKE Flood 中共有 4 种连接,即侧向连接、标准连接、侧向建筑物连接和间接构筑物连接。

格尔木河洪水分析在 5 处溃口位置设置侧向建筑物连接进行一、二维模型耦合,计算

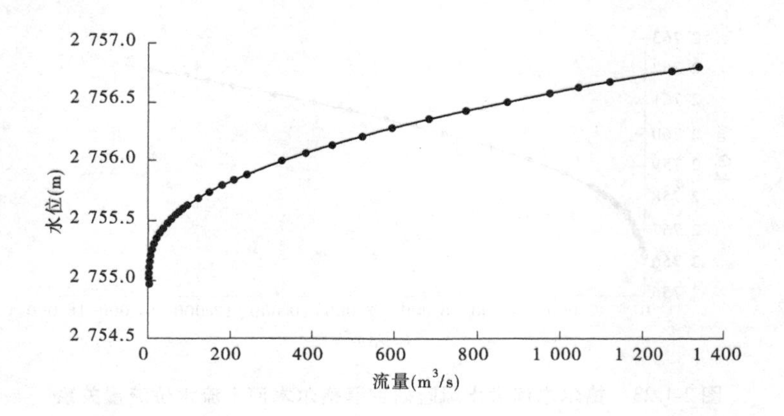

图 2-1-26 格尔木河洪水风险研究区下边界水位流量关系(右 3,柳格高速路以东)

口门分洪流量过程,其他河段采用侧向连接,当河道水位超过堤顶高程或地面水位超过堤顶高程时,根据 MIKE Flood 模型中一、二维侧向耦合模式,采用堰流公式将水位变化过程换算成漫溢点、口门分洪流量过程。

堤防决口方案口门流量过程详见洪水分析计算成果。

根据上述分析,一、二维模型计算的边界条件概化如图 2-1-27 所示。

1.2.4 洪水计算成果主要内容

根据所建的计算区一、二维水动力模型,输入各类参数、初始条件及多种控制边界,构建完整洪水计算模型,经模型参数率定及验证后,运行模型获得各方案不同时刻对应的洪水淹没信息,包括洪水淹没水深、洪水流速等多种风险要素信息,以及洪水风险相关统计信息(包括最大水深、最大水深出现的时间、最大流速、最大流速出现的时间、淹没历时)。

1.2.4.1 计算结果

1. 左岸林场引水口溃口(2 +663)

1)30 年一遇洪水

根据设定的洪水分析计算方案,一维模型设置的堤防决口条件为:口门断面河道流量达到堤防设计流量 614 m³/s 时堤防决口,决口方式为瞬间全溃,口门宽度 300 m,口门底高程取背河侧地面高程,为 2 911.50 m,计算时间从 7 月 22 日 01:00 至 8 月 1 日 23:00,历时 262 h。

根据一维模型计算结果,口门分洪时间为 7 月 22 日 05:09:00,分洪过程一直持续到洪水过程结束。口门分洪流量占口门断面流量的 55% ~60%。口门断面流量和口门分洪流量过程见图 2-1-28。

堤防决口后,洪水从林场引水口溃口进入格尔木河左岸防洪保护区,洪水根据地形演进,5 h 后洪水演进至格尔木机场防洪堤。受机场防洪堤阻挡,部分洪水沿防洪堤向东演进,然后向北淹没撒拉村;部分洪水沿机场防洪堤向西演进,然后向北淹没林场。溃堤约 7 h 后,洪水前锋抵达格茫高速公路,受格茫公路阻挡,洪水沿公路演进。溃堤 7.5 h 后,部分洪水从郭勒木德镇天骄民族风情园附近低洼地漫过格茫公

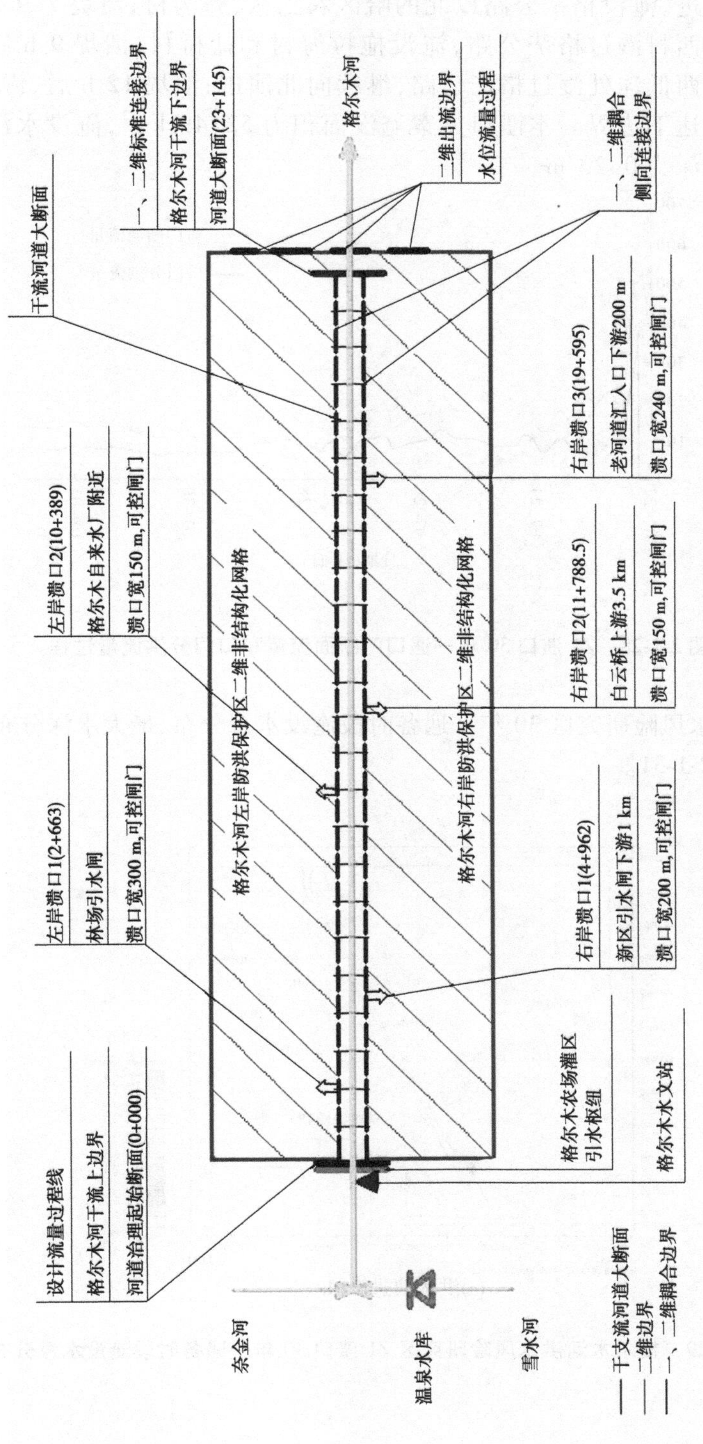

图2-1-27　格尔木河洪水分析边界条件设置概化图

路及涵洞向北演进，淹没格茫公路以北的哈区农三队、秀沟村；溃堤 7.9 h 后，部分洪水从郭勒木德镇西村漫过格茫公路，淹没拖拉海村和盐桥村；溃堤 9 h 后，洪水从格茫公路收费站以西低洼处漫过格茫公路，继续向北演进；溃堤 12 h 后，漫过格茫公路的三股洪水均抵达下边界。本溃口方案淹没面积为 52.49 km^2，淹没水深普遍较浅，平均最大淹没水深为 0.23 m。

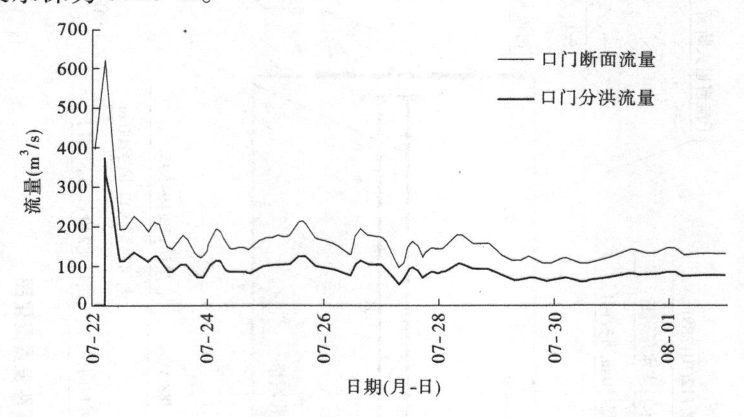

图 2-1-28　Z1 溃口 30 年一遇口门断面流量和口门分洪流量过程

格尔木河洪水风险研究区 30 年一遇各时段淹没水深分布、最大水深分布和淹没历时见图 2-1-29 ~ 图 2-1-31。

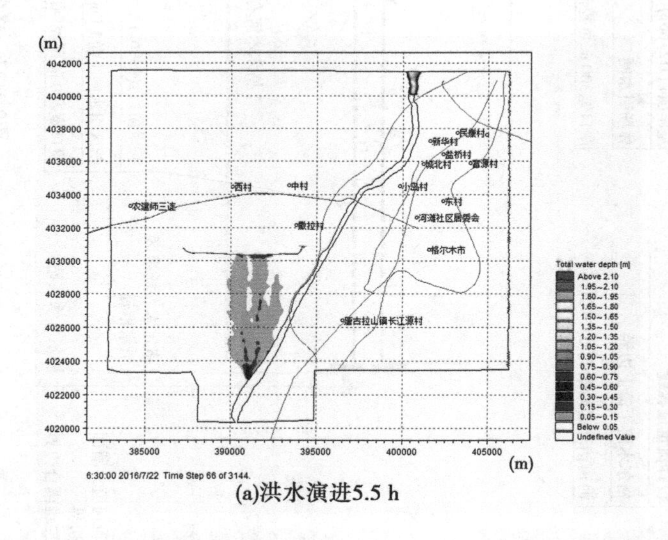

(a)洪水演进5.5 h

图 2-1-29　格尔木河洪水风险研究区 Z1 溃口 30 年一遇各时段淹没水深分布

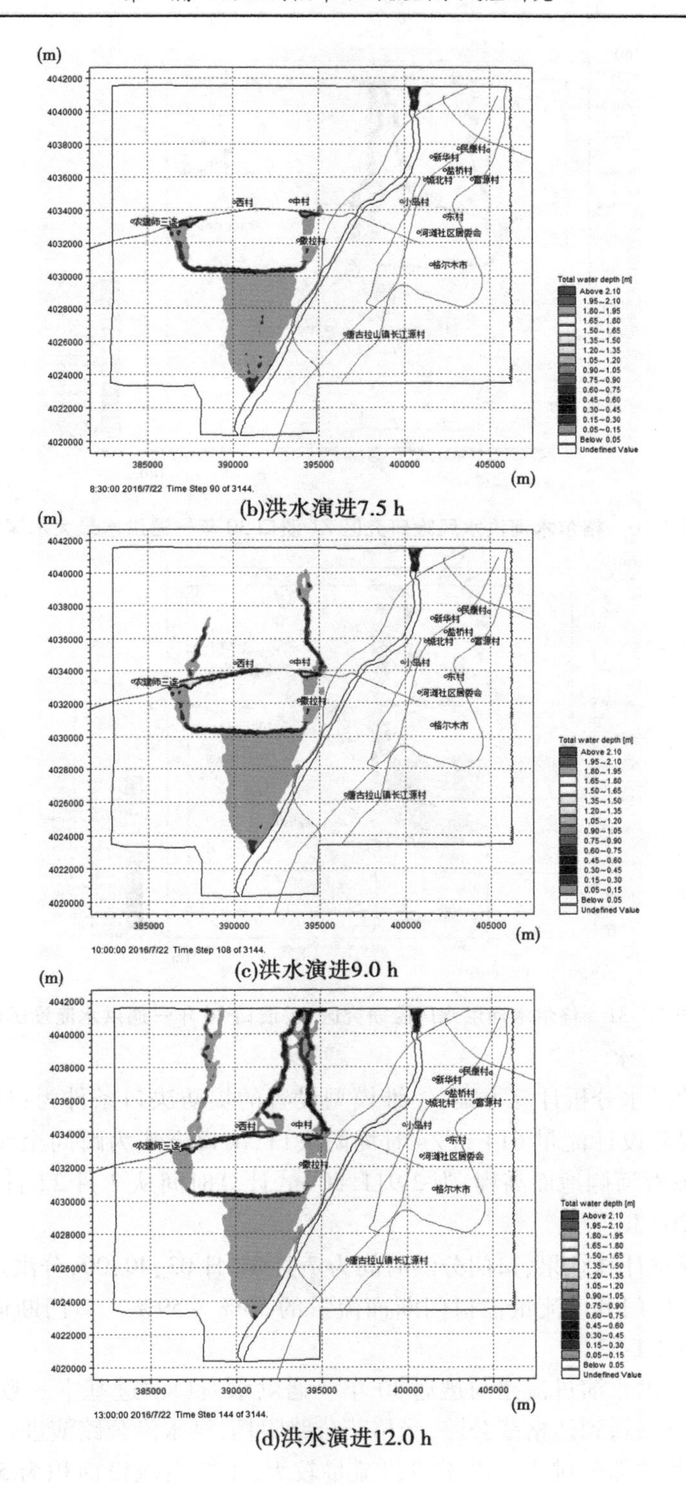

(b)洪水演进7.5 h

(c)洪水演进9.0 h

(d)洪水演进12.0 h

续图 2-1-29

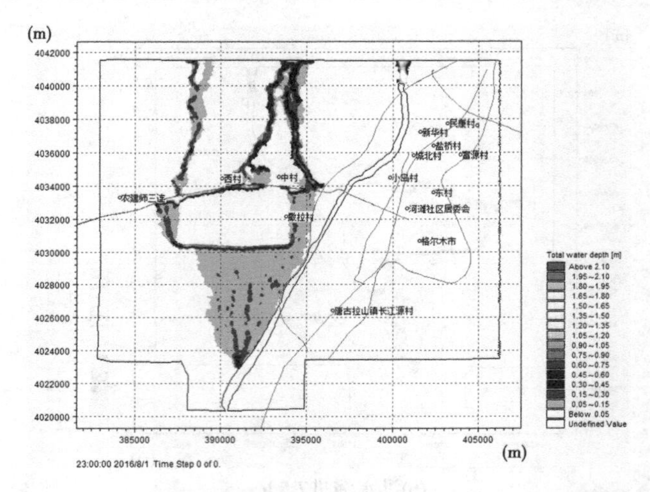

图 2-1-30　格尔木河洪水风险研究区 Z1 溃口 30 年一遇洪水最大水深分布

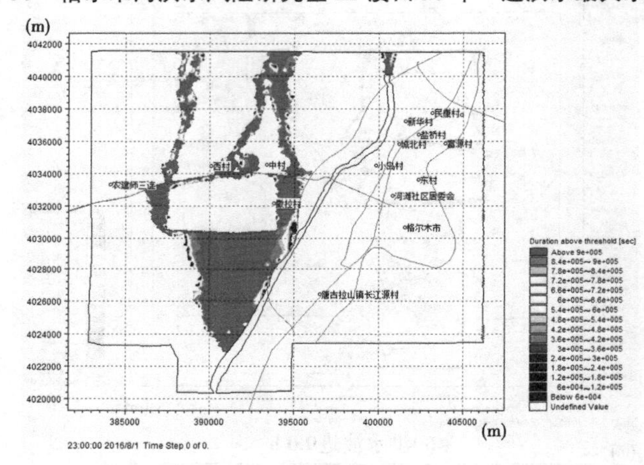

图 2-1-31　格尔木河洪水风险研究区 Z1 溃口 30 年一遇洪水淹没历时

2)50 年一遇洪水

根据设定的洪水分析计算方案，一维模型设置的堤防决口条件为：口门断面 2 + 663 河道流量达到堤防设计流量 614 m^3/s 时堤防决口，决口方式为瞬间全溃，口门宽度 300 m，口门底高程取背河侧地面高程，为 2 911.50 m，计算时间从 7 月 22 日 01:00 至 8 月 1 日 23:00，历时 262 h。

根据一维模型计算结果，口门分洪时间为 7 月 22 日 03:40:00，分洪过程一直持续到洪水过程结束。口门分洪流量占口门断面流量的 53% ~59%。口门断面流量和口门分洪流量过程见图 2-1-32。

在此方案下，洪水演进流路与遭遇 30 年一遇洪水溃口演进基本一致，洪水经机场防洪堤后淹没撒拉村后，到达格茫公路，受格茫公路阻挡，洪水沿公路演进，并从公路低洼地漫过，并淹没路北的部分村庄。由于溃口流量较大，本方案淹没面积为 54.90 km^2，淹没水深普遍较浅，平均最大淹没水深为 0.239 m。

格尔木河洪水风险研究区 50 年一遇各时段淹没水深分布、最大水深分布和淹没历时

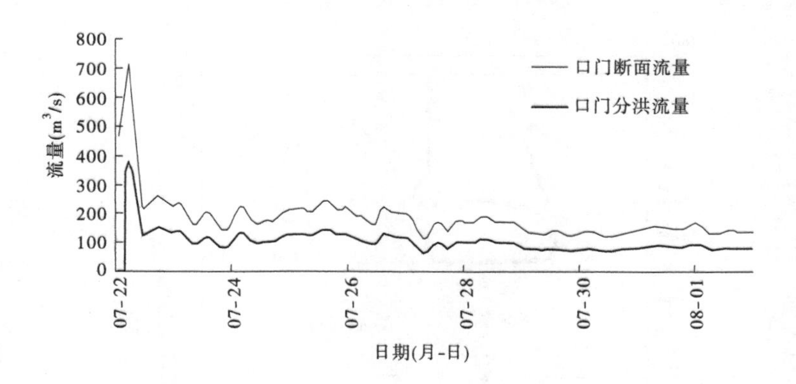

图 2-1-32　Z1 溃口 50 年一遇口门断面流量和口门分洪流量过程

见图 2-1-33～图 2-1-35。

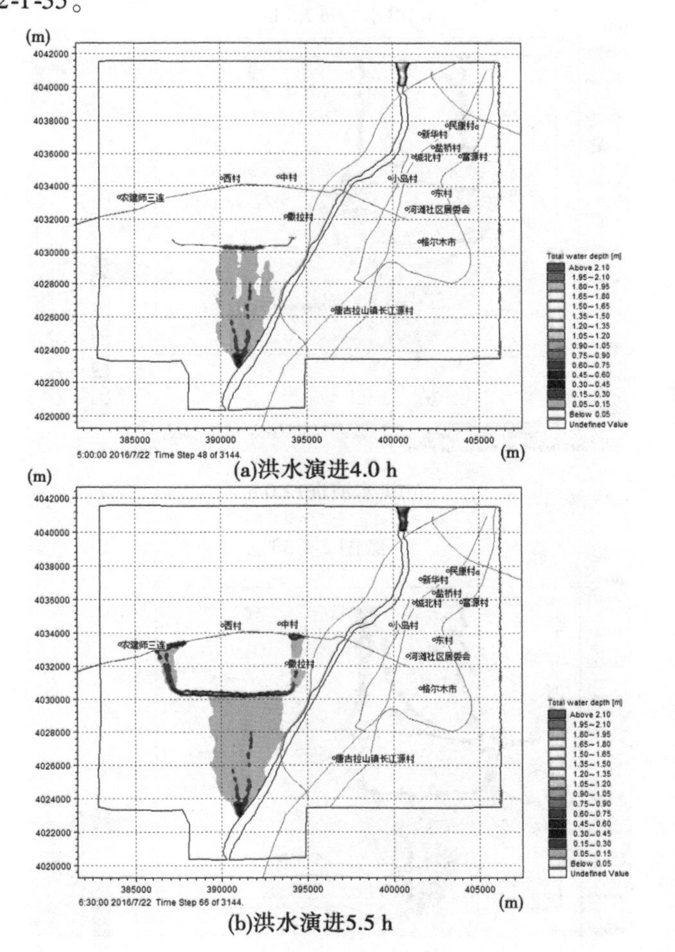

(a)洪水演进4.0 h

(b)洪水演进5.5 h

图 2-1-33　格尔木河洪水风险研究区 Z1 溃口 50 年一遇各时段淹没水深分布

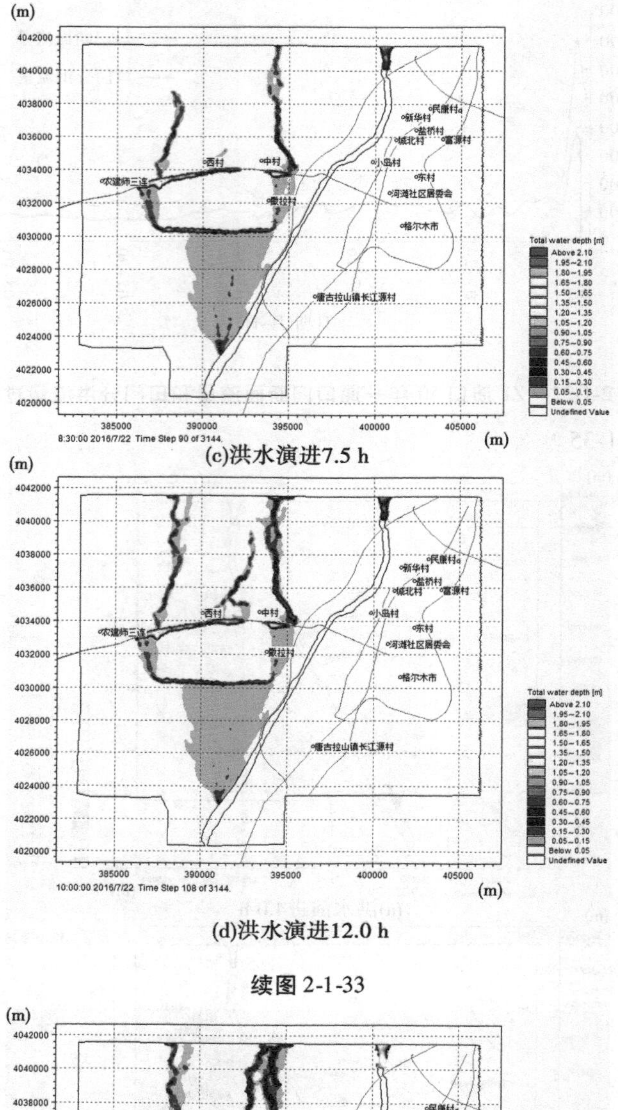

(c)洪水演进7.5 h

(d)洪水演进12.0 h

续图 2-1-33

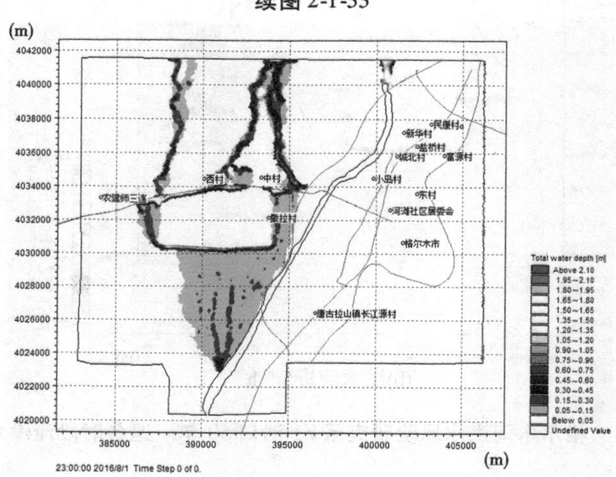

图 2-1-34　格尔木河洪水风险研究区 Z1 溃口 50 年一遇最大水深分布

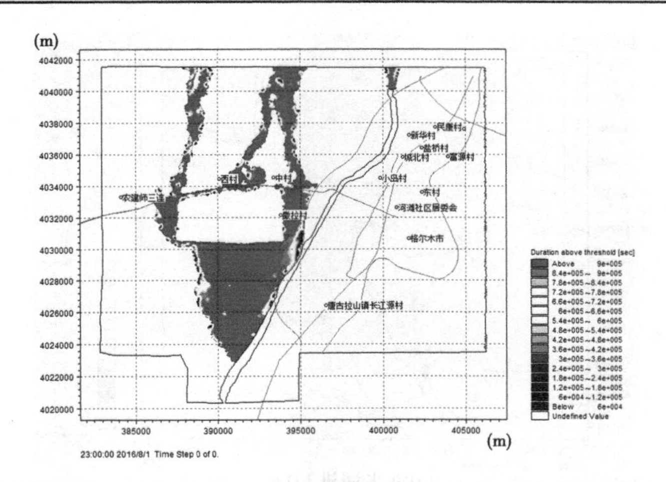

图 2-1-35　格尔木河洪水风险研究区 Z1 溃口 50 年一遇淹没历时

3)100 年一遇洪水

根据设定的洪水分析计算方案，一维模型设置的堤防决口条件为：口门断面 2 + 663 河道流量达到堤防设计流量 614 m^3/s 时在左岸堤防决口，决口方式为瞬间全溃，口门宽度 300 m，口门底高程取背河侧地面高程，为 2 911.50 m，计算时间从 7 月 22 日 01:00 至 8 月 1 日 23:00，历时 262 h。

根据一维模型计算结果，口门分洪时间为 7 月 22 日 02:40:00，分洪过程一直持续到洪水过程结束。口门分洪流量占口门断面流量的 50% ~59%。口门断面流量和口门分洪流量过程见图 2-1-36。

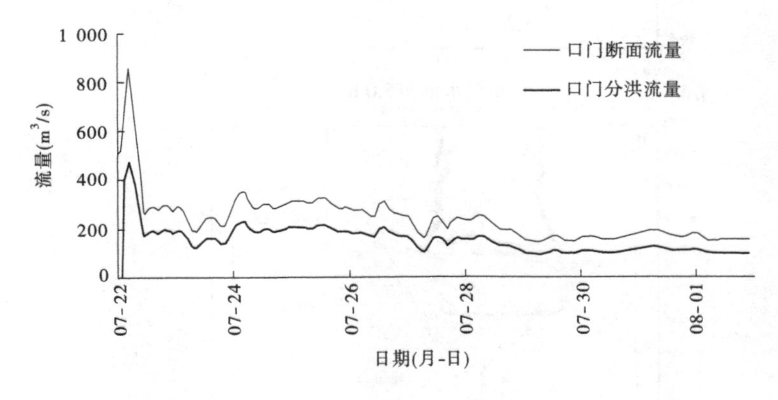

图 2-1-36　Z1 溃口 100 年一遇口门断面流量和口门分洪流量过程

此方案下，洪水演进流路与遭遇 30 年一遇、50 年一遇洪水溃口后演进基本一致。洪水淹没万亩林场后，沿机场防洪堤，首先在天骄风情园一带漫过格茫公路，淹没郭勒木德镇；随后，分别在郭勒木德镇西村及农建师三连较低路段漫过格茫公路，淹没路北的部分村庄。此方案溃口流量大，淹没面积大，淹没面积为 58.24 km^2，淹没水深普遍较浅，平均最大淹没水深为 0.242 m。格尔木河洪水风险研究区 100 年一遇各时段淹没水深分布、最大水深分布和淹没历时见图 2-1-37 ~ 图 2-1-39。

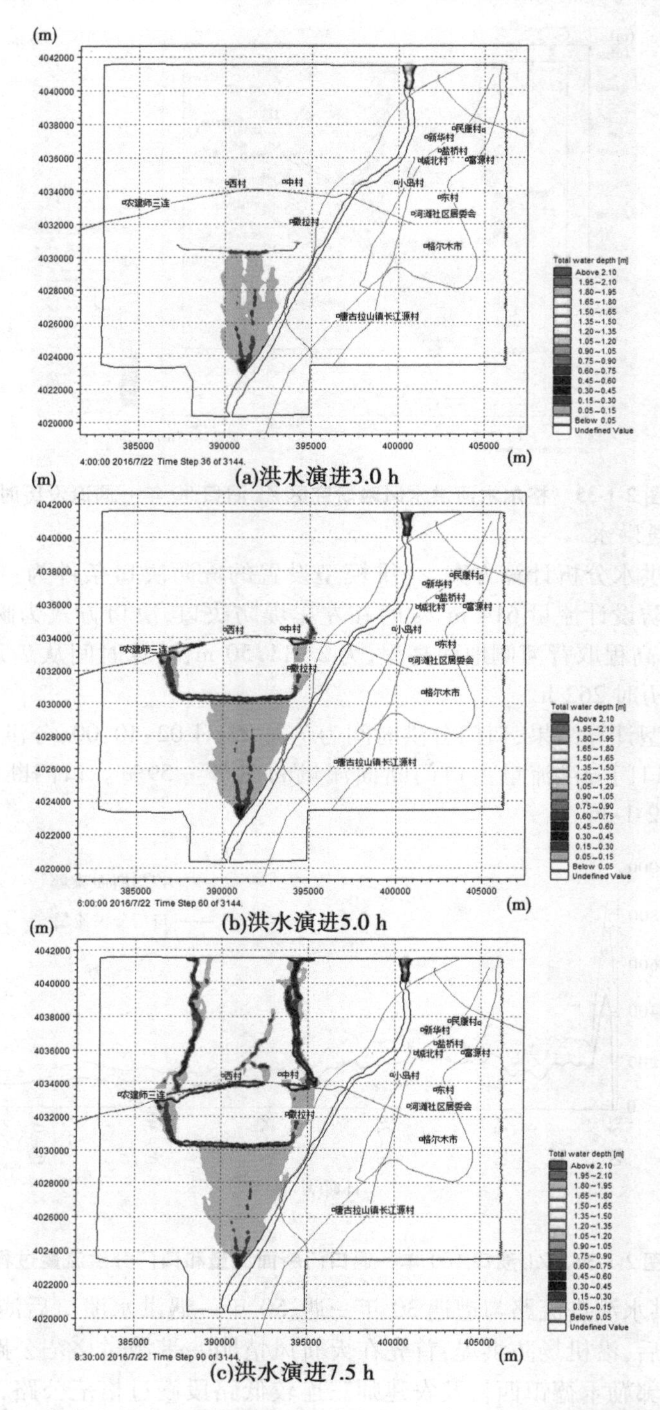

(a)洪水演进3.0 h

(b)洪水演进5.0 h

(c)洪水演进7.5 h

图 2-1-37　格尔木河洪水风险研究区 Z1 溃口 100 年一遇各时段淹没水深分布

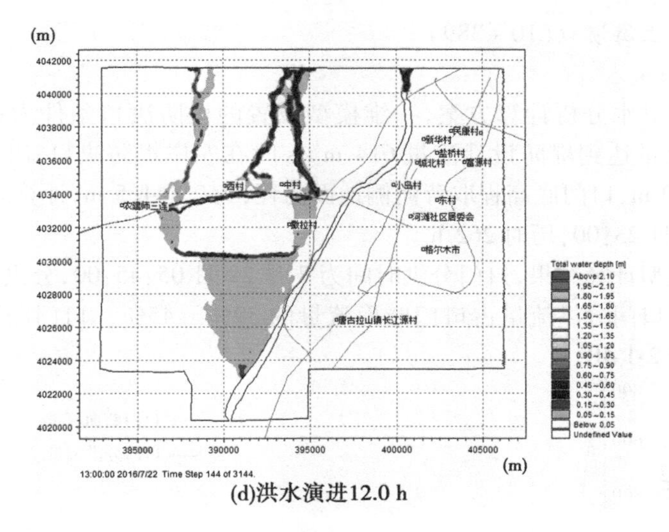

(d)洪水演进12.0 h

续图 2-1-37

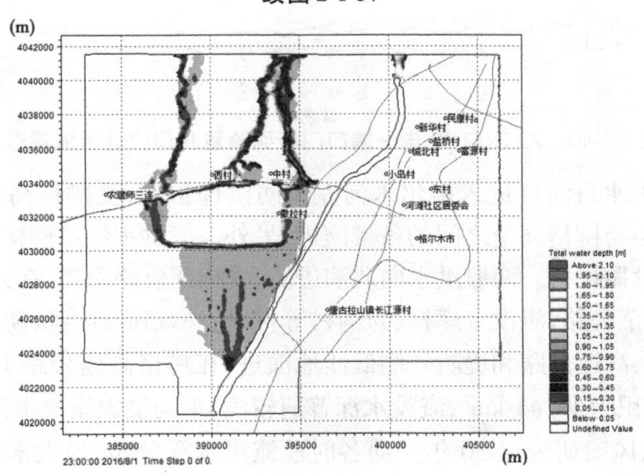

图 2-1-38　格尔木河洪水风险研究区 Z1 溃口 100 年一遇最大水深分布

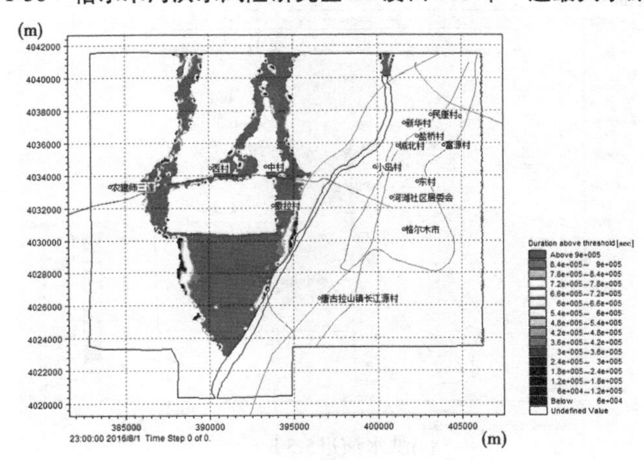

图 2-1-39　格尔木河洪水风险研究区 Z1 溃口 100 年一遇淹没历时

2. 左岸水厂上游溃口(10 +389)

1)30 年一遇洪水

根据设定的洪水分析计算方案,一维模型设置的堤防决口条件为:口门断面(桩号 10 +389)河道流量达到堤防设计流量 614 m^3/s 时在左岸堤防决口,决口方式为瞬间全溃,口门宽度 150 m,口门底高程取背河侧地面高程,为 2 844.5 m,计算时间从 7 月 22 日 01:00 至 8 月 1 日 23:00,历时 262 h。

根据一维模型计算结果,口门分洪时间为 7 月 22 日 05:45:00,分洪过程一直持续到洪水过程结束。口门分洪流量占口门断面流量的 39% ~45%。口门断面流量和口门分洪流量过程见图 2-1-40。

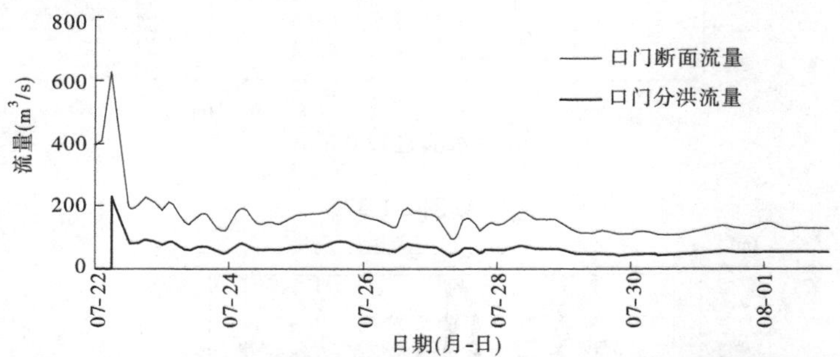

图 2-1-40　Z2 溃口 30 年一遇口门断面流量和口门分洪流量过程

在此方案下,洪水自溃口进入格尔木河左岸防洪保护区,受柳格高速公路阻挡分为两股,一股洪水沿堤防与柳格高速之间的条带演进;另外一股洪水经过柳格高速退水涵洞后沿机场东侧演进,淹没撒拉村。两股洪水向北演进后,受格茫公路阻挡,在公路前壅水,而后分别从低洼处漫过格茫公路,淹没宝库村、秀沟村等村庄。柳格高速与堤防之间的洪水漫过格茫公路后,沿着柳格高速公路和堤防外侧低洼地演进,在柳格高速公路 1# 桥漫过柳格高速。本溃口方案淹没面积为 19.44 km^2,淹没水深普遍较浅,平均最大淹没水深为 0.307 m。

格尔木河洪水风险研究区 30 年一遇各时段淹没水深分布、最大水深分布和淹没历时见图 2-1-41 ~ 图 2-1-43。

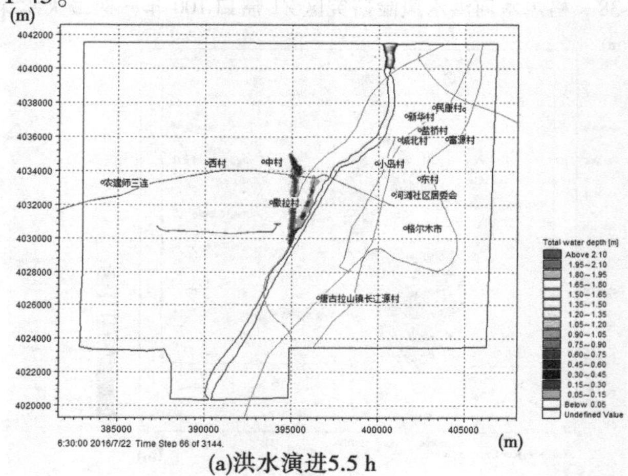

(a)洪水演进5.5 h

图 2-1-41　格尔木河洪水风险研究区 Z2 溃口 30 年一遇各时段淹没水深分布

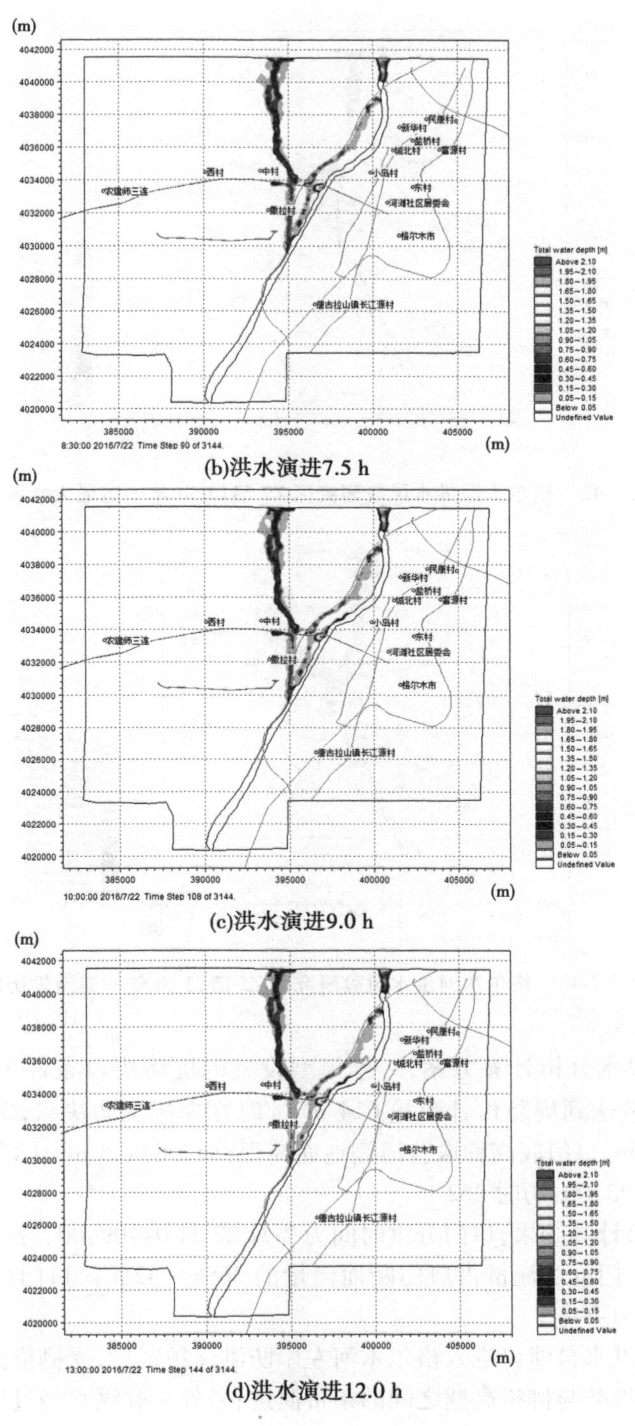

(b)洪水演进7.5 h

(c)洪水演进9.0 h

(d)洪水演进12.0 h

续图 2-1-41

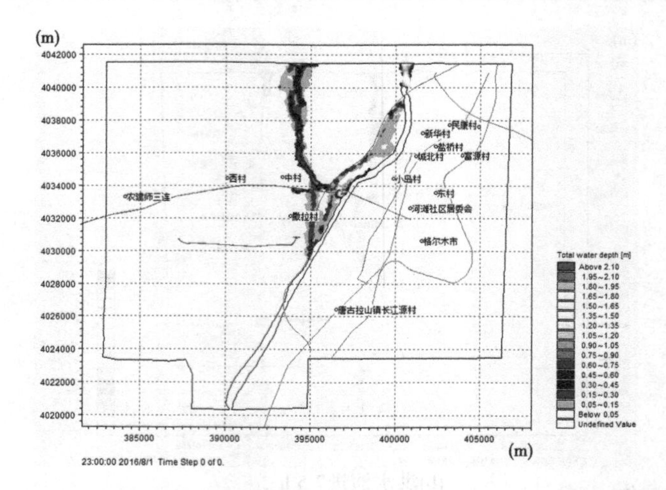

图 2-1-42　格尔木河洪水风险研究区 Z2 溃口 30 年一遇最大水深分布

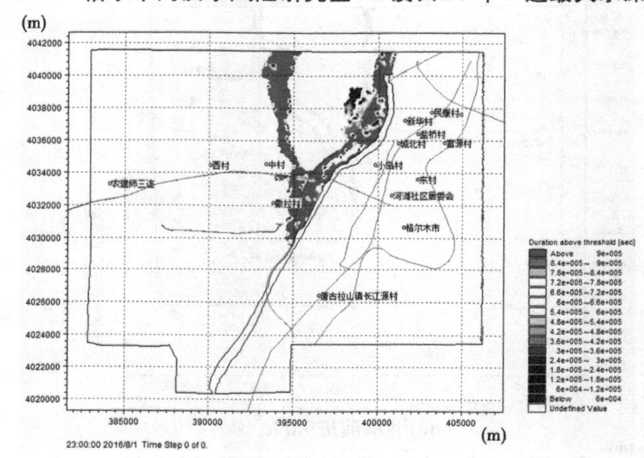

图 2-1-43　格尔木河洪水风险研究区 Z2 溃口 30 年一遇淹没历时

2)50 年一遇洪水

根据设定的洪水分析计算方案，一维模型设置的堤防决口条件为：口门断面(桩号 10+389)河道流量达到堤防设计流量 614 m^3/s 时在左岸堤防决口，决口方式为瞬间全溃，口门宽度 150 m，口门底高程取背河侧地面高程，为 2 844.5 m，计算时间从 7 月 22 日 01:00至 8 月 1 日 23:00，历时 262 h。

根据一维模型计算结果，口门分洪时间为 7 月 22 日 04:09:00，分洪过程一直持续到洪水过程结束。口门分洪流量占口门断面流量的 36%～42%。口门断面流量和口门分洪流量过程见图 2-1-44。

堤防溃决后，洪水自溃口进入格尔木河左岸防洪保护区后，受柳格高速公路阻挡分为两股，一股洪水沿堤防与柳格高速之间的条带演进；另外一股洪水经过柳格高速退水涵洞后沿机场东侧演进，淹没撒拉村。两股洪水向北演进后，受格茫公路阻挡，在公路前壅水而后分别从低洼处漫过格茫公路，淹没宝库村、秀沟村等村庄。本溃口方案淹没面积为 19.81 km^2，淹没水深普遍较浅，平均最大淹没水深为 0.316 m。

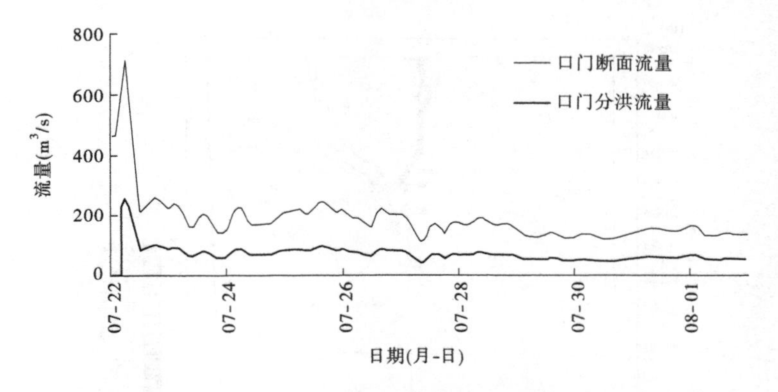

图 2-1-44　Z2 溃口 50 年一遇口门断面流量和口门分洪流量过程

格尔木河洪水风险研究区 50 年一遇各时段淹没水深分布、最大水深分布和淹没历时见图 2-1-45 ~ 图 2-1-47。

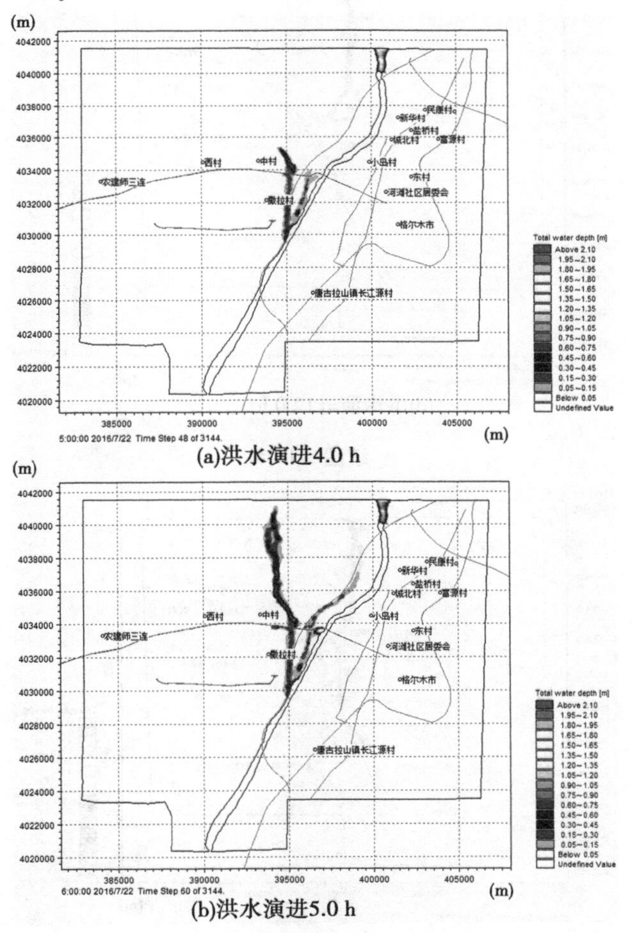

(a)洪水演进4.0 h

(b)洪水演进5.0 h

图 2-1-45　格尔木河洪水风险研究区 Z2 溃口 50 年一遇各时段淹没水深分布

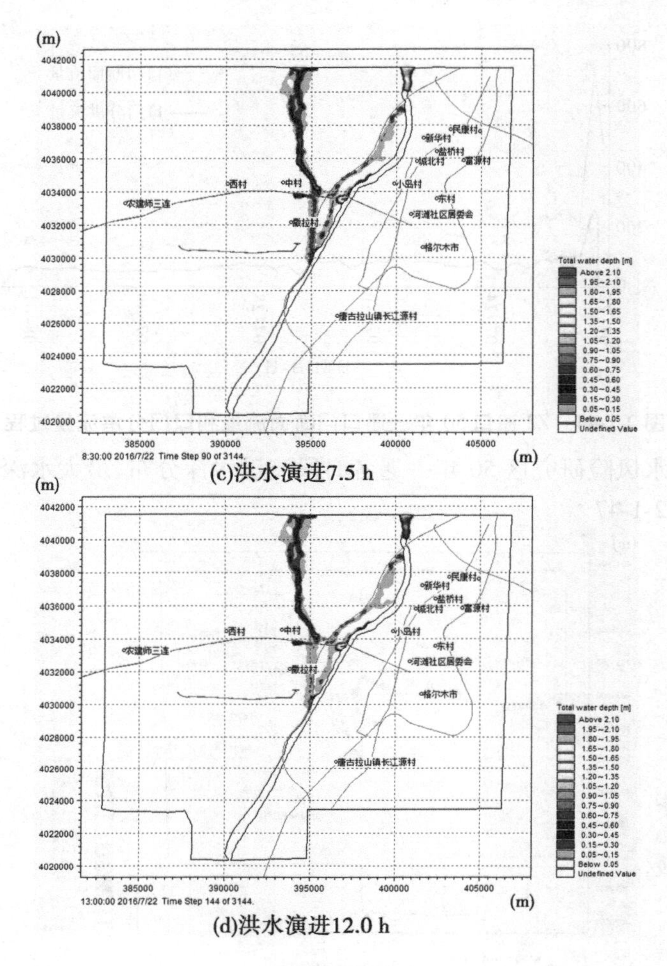

(c)洪水演进7.5 h

(d)洪水演进12.0 h

续图 2-1-45

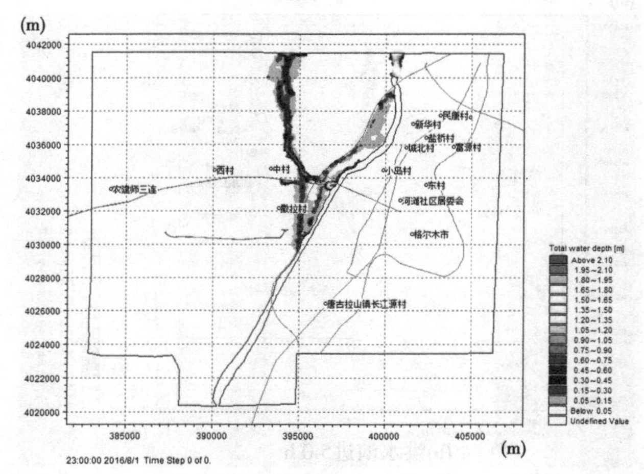

图 2-1-46　格尔木河洪水风险研究区 Z2 溃口 50 年一遇最大水深分布

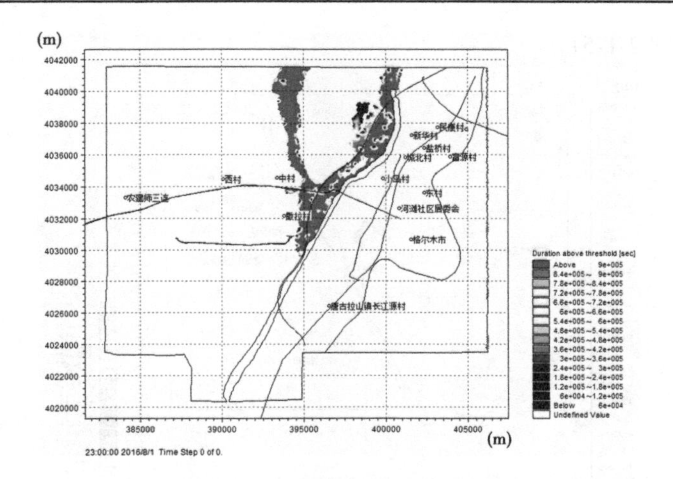

图 2-1-47　格尔木河洪水风险研究区 Z2 溃口 50 年一遇淹没历时

3)100 年一遇洪水

根据设定的洪水分析计算方案，一维模型设置的堤防决口条件为：口门断面（桩号 10+389）河道流量达到堤防设计流量 614 m^3/s 时在左岸堤防决口，决口方式为瞬间全溃，口门宽度 150 m，口门底高程取背河侧地面高程，为 2 844.5 m，计算时间从 7 月 22 日 01:00至 8 月 1 日 23:00，历时 262 h。

根据一维模型计算结果，口门分洪时间为 7 月 22 日 03:15:00，分洪过程一直持续到洪水过程结束。口门分洪流量占口门断面流量的 36%～42%。口门断面和口门分洪流量过程见图 2-1-48。

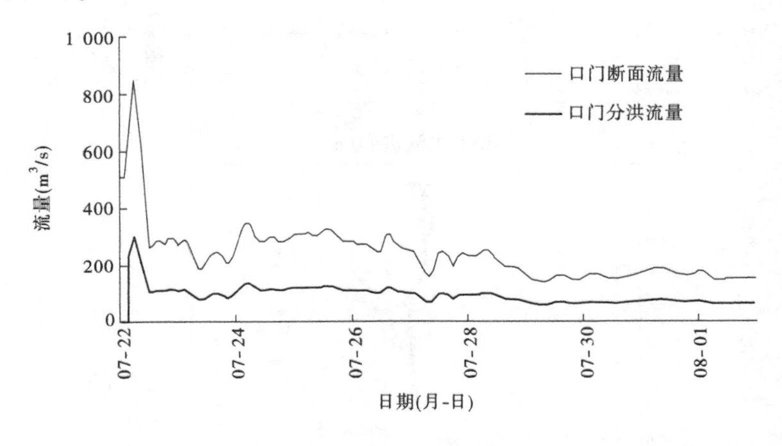

图 2-1-48　Z2 溃口 100 年一遇口门断面流量和口门分洪流量过程

此方案下，洪水演进流路与遭遇 30 年一遇、50 年一遇洪水溃口后演进基本一致。溃口洪水受柳格高速公路阻挡，部分洪水沿堤防与柳格高速之间的条带演进，另外一部分洪水经过柳格高速退水涵洞后沿机场东侧演进，淹没撒拉村。两股洪水向北演进后，受格茫公路阻挡，在公路前壅水而后分别从低洼处漫过格茫公路，淹没宝库村、秀沟村等村庄。本溃口方案淹没面积为 20.14 km^2，淹没水深普遍较浅，平均最大淹没水深为 0.327 m。

格尔木河洪水风险研究区 100 年一遇各时段淹没水深分布、最大水深分布和淹没历

时见图 2-1-49 ~ 图 2-1-51。

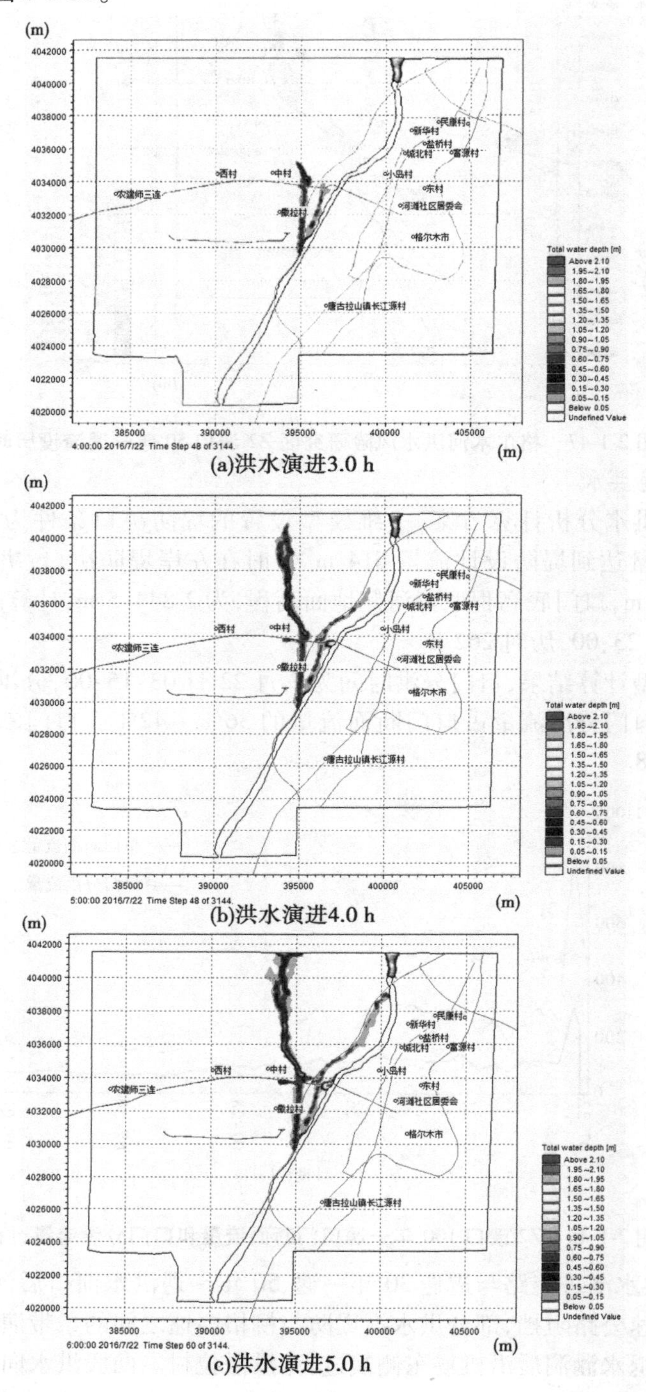

(a)洪水演进3.0 h

(b)洪水演进4.0 h

(c)洪水演进5.0 h

图 2-1-49　格尔木河洪水风险研究区 Z2 溃口 100 年一遇各时段淹没水深分布

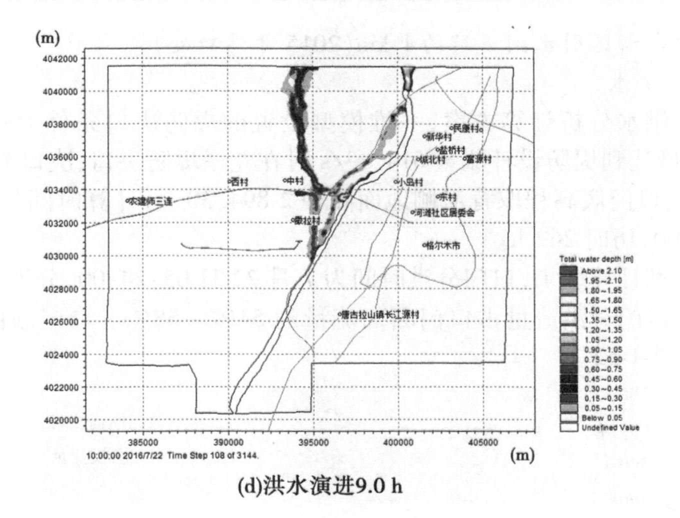

(d)洪水演进9.0 h

续图 2-1-49

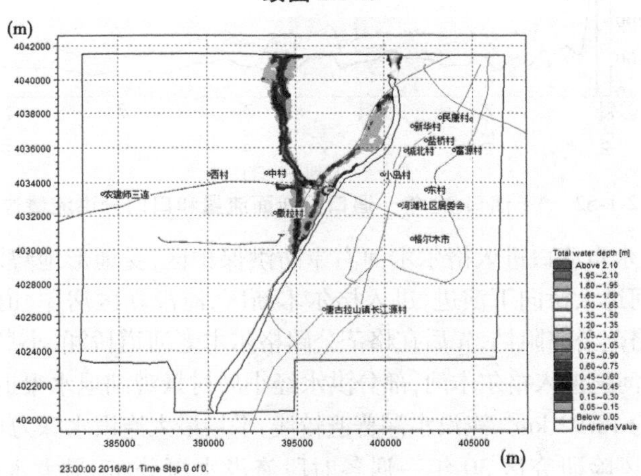

图 2-1-50　格尔木河洪水风险研究区 Z2 溃口 100 年一遇最大水深分布

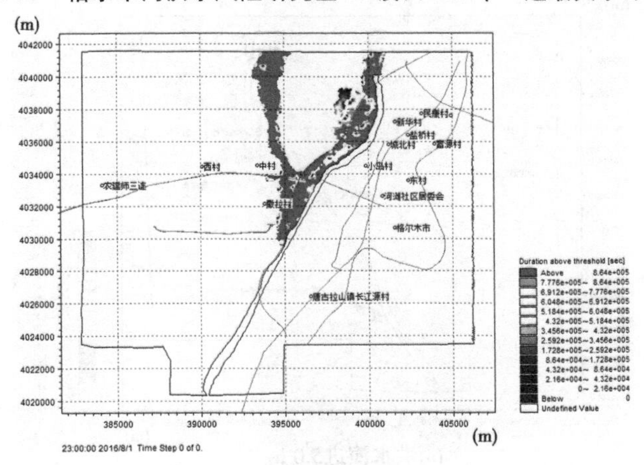

图 2-1-51　格尔木河洪水风险研究区 Z2 溃口 100 年一遇淹没历时

3. 右岸格尔木新区引水闸下游约 1 km(2015 年溃口处)

1)30 年一遇洪水

根据设定的洪水分析计算方案,一维模型设置的堤防决口条件为:口门断面(桩号 4+755)河道流量达到堤防设计流量 614 m^3/s 时在左岸堤防决口,决口方式为瞬间全溃,口门宽度 200 m,口门底高程取背河侧地面高程 2 894.30 m,计算时间从 7 月 22 日 1:00 至 8 月 1 日 23:00,历时 262 h。

根据一维模型计算结果,口门分洪时间为 7 月 22 日 05:24:00,分洪过程一直持续到洪水过程结束。口门分洪流量占口门断面流量的 54% ~58%。口门断面流量和口门分洪流量过程见图 2-1-52。

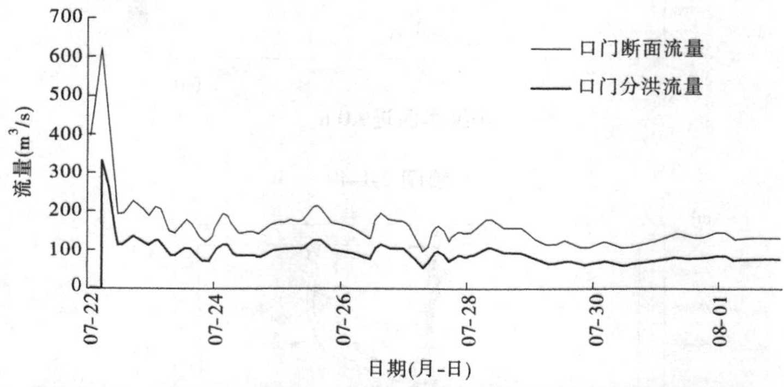

图 2-1-52　Y1 溃口 30 年一遇口门断面流量和口门分洪流量过程

在此方案下,洪水自溃口进入格尔木河右岸防洪保护区,受地形地势影响,洪水经过柳格高速公路格尔木老河道大桥向下演进,进入格尔木新区,淹没新区房屋、道路。洪水主要沿格尔木老河道向下受格茫公路阻挡,先后在格茫公路格尔木老河道桥涵、小岛村景观湖漫过格茫公路,部分洪水经老河道退入格尔木河,部分洪水经小岛村景观湖退水渠退水入格尔木河。本溃口方案淹没面积为 18.92 km^2,淹没水深普遍较浅,平均最大淹没水深为 0.307 m。

格尔木河洪水风险研究区 30 年一遇各时段淹没水深分布、最大水深分布和淹没历时见图 2-1-53 ~ 图 2-1-55。

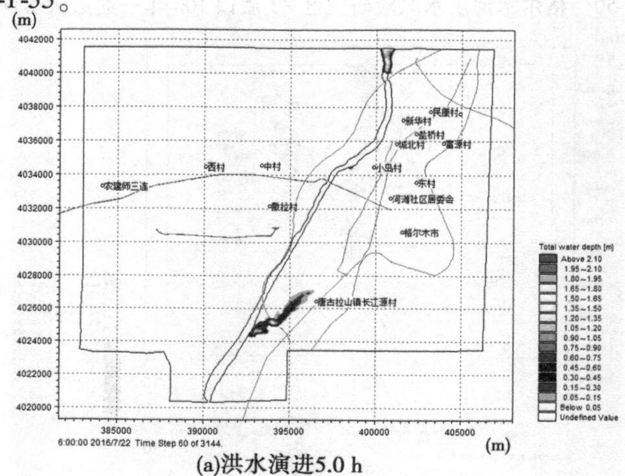

(a)洪水演进5.0 h

图 2-1-53　格尔木河洪水风险研究区 Y1 溃口 30 年一遇各时段淹没水深分布

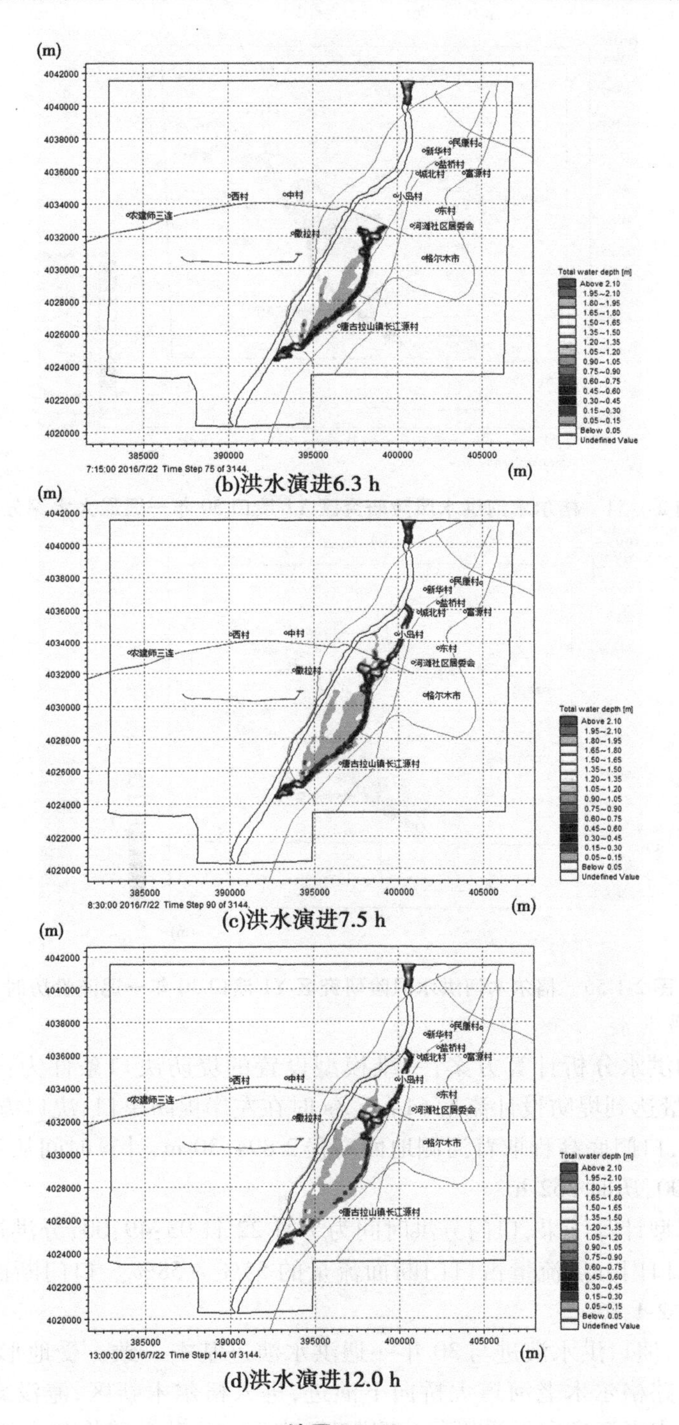

(b)洪水演进6.3 h

(c)洪水演进7.5 h

(d)洪水演进12.0 h

续图 2-1-53

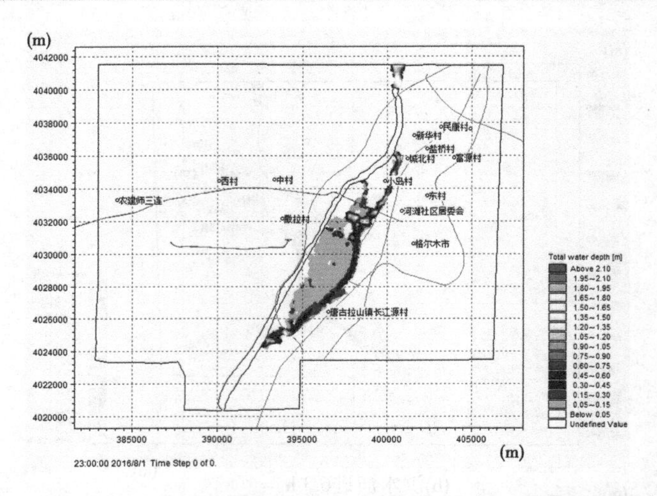

图 2-1-54　格尔木河洪水风险研究区 Y1 溃口 30 年一遇最大水深分布

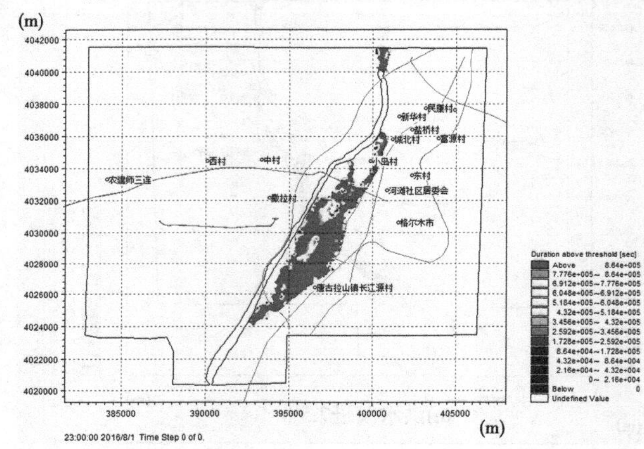

图 2-1-55　格尔木河洪水风险研究区 Y1 溃口 30 年一遇淹没历时

2)50 年一遇洪水

根据设定的洪水分析计算方案,一维模型设置的堤防决口条件为:口门断面(桩号 4+755)河道流量达到堤防设计流量 614 m^3/s 时在左岸堤防决口,决口方式为瞬间全溃,口门宽度 200 m,口门底高程取背河侧地面高程 2 894.30 m,计算时间从 7 月 22 日 01:00 至 8 月 1 日 23:00,历时 262 h。

根据一维模型计算结果,口门分洪时间为 7 月 22 日 03:49:00,分洪过程一直持续到洪水过程结束。口门分洪流量占口门断面流量的 55% ~58%。口门断面流量和口门分洪流量过程见图 2-1-56。

在此方案下,溃口洪水演进与 30 年一遇洪水演进基本一致。受地形地势影响,洪水经过柳格高速公路格尔木老河道大桥向下演进,进入格尔木新区,淹没新区房屋、道路。洪水主要沿格尔木老河道向下受格茫公路阻挡,先后在格茫公路格尔木老河道桥涵、小岛村景观湖漫过格茫公路,部分洪水经老河道退入格尔木河,部分洪水经小岛村景观湖退水渠退水入格尔木河。本溃口方案淹没面积为 19.51 km^2,淹没水深普遍较浅,平均最大淹

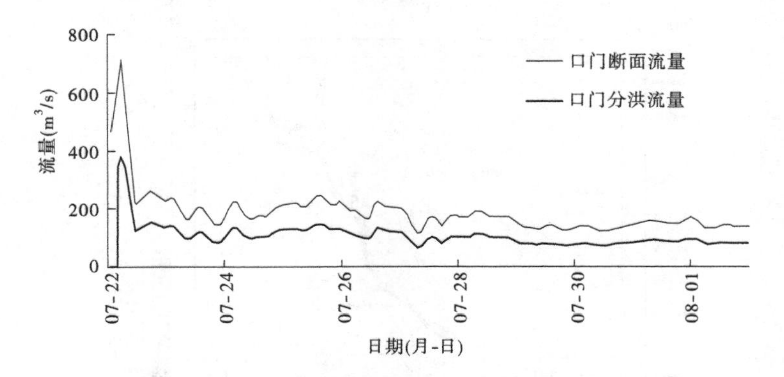

图 2-1-56　Y1 溃口 50 年一遇口门断面流量和口门分洪流量过程

没水深为 0.334 m。

格尔木河洪水风险研究区 50 年一遇各时段淹没水深分布、最大水深分布和淹没历时见图 2-1-57 ~ 图 2-1-59。

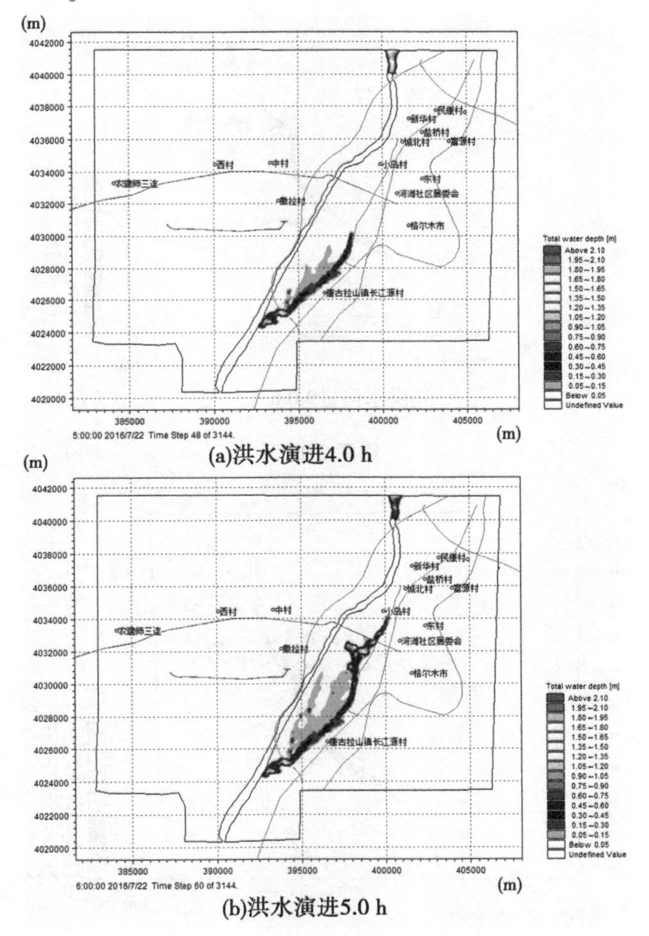

图 2-1-57　格尔木河洪水风险研究区 Y1 溃口 50 年一遇各时段淹没水深分布

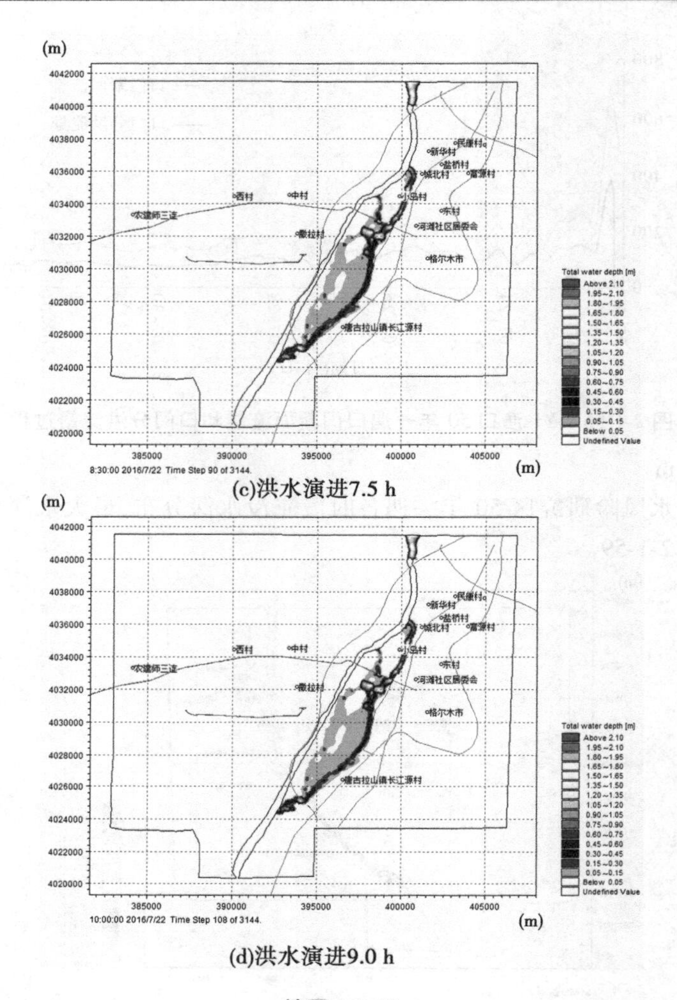

(c)洪水演进7.5 h

(d)洪水演进9.0 h

续图 2-1-57

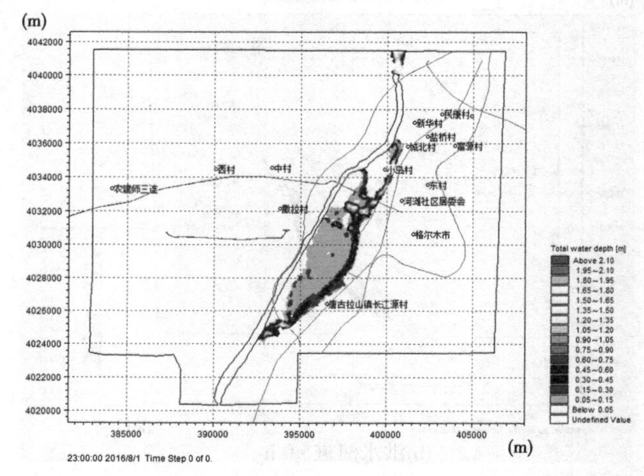

图 2-1-58　格尔木河洪水风险研究区 Y1 溃口 50 年一遇最大水深分布

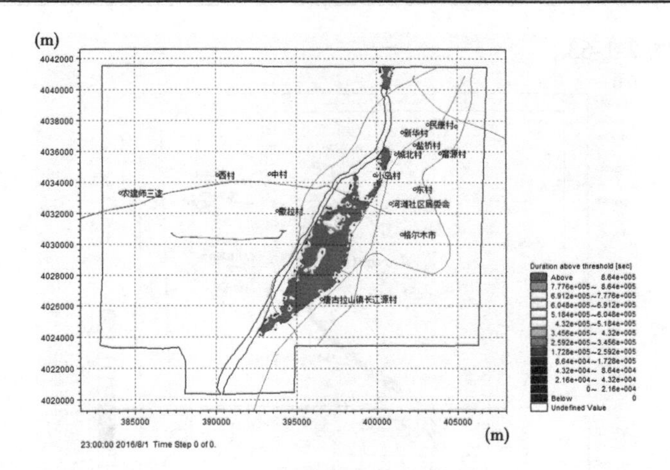

图 2-1-59　格尔木河洪水风险研究区 Y1 溃口 50 年一遇淹没历时

3)100 年一遇洪水

根据设定的洪水分析计算方案，一维模型设置的堤防决口条件为：口门断面(桩号 4 +755)河道流量达到堤防设计流量 614 m^3/s 时在左岸堤防决口，决口方式为瞬间全溃，口门宽度 200 m，口门底高程取背河侧地面高程 2 894. 30 m，计算时间从 7 月 22 日 01:00 至 8 月 1 日 23:00，历时 262 h。

根据一维模型计算结果，口门分洪时间为 7 月 22 日 02:49:00，分洪过程一直持续到洪水过程结束。口门分洪流量约占口门断面流量的 58%。口门断面流量和口门分洪流量过程见图 2-1-60。

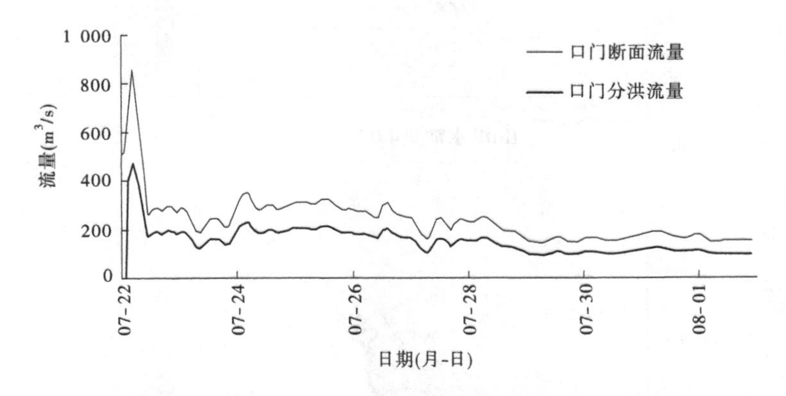

图 2-1-60　Y1 溃口 100 年一遇口门断面流量和口门分洪流量过程

在此方案下，溃口洪水演进与 30 年一遇、50 年一遇洪水溃口后演进基本一致。受地形地势影响，洪水经过柳格高速公路格尔木老河道大桥向下演进，进入格尔木新区，淹没新区房屋、道路。洪水主要沿格尔木老河道向下受格茫公路阻挡，先后在格茫公路格尔木老河道桥涵、小岛村景观湖漫过格茫公路，部分洪水经老河道退入格尔木河，部分洪水经小岛村景观湖退水渠退水入格尔木河。本溃口方案淹没面积为 20. 61 km^2，淹没水深普遍较浅，平均最大淹没水深为 0. 393 m。

格尔木河洪水风险研究区 100 年一遇各时段淹没水深分布、最大水深分布和淹没历

时见图 2-1-61 ~ 图 2-1-63。

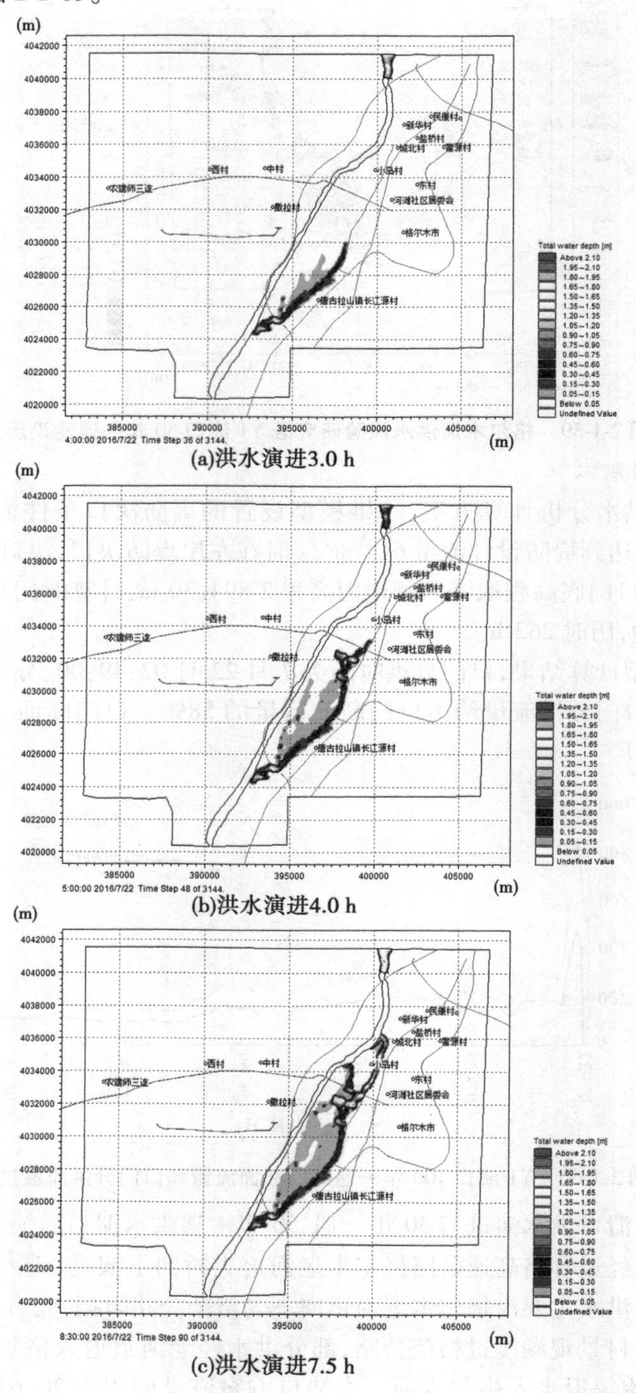

(a)洪水演进3.0 h

(b)洪水演进4.0 h

(c)洪水演进7.5 h

图 2-1-61　格尔木河洪水风险研究区 Y1 溃口 100 年一遇各时段淹没水深分布

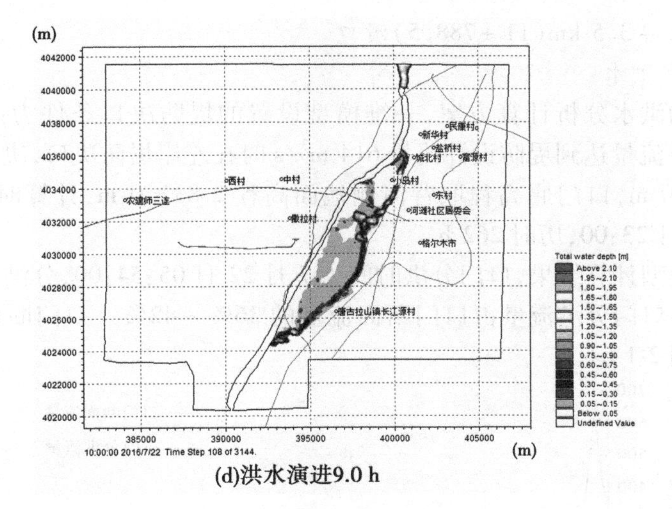

(d)洪水演进9.0 h

续图 2-1-61

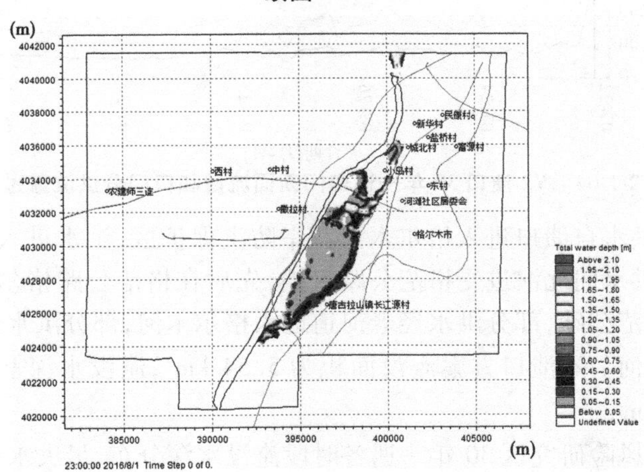

图 2-1-62　格尔木河洪水风险研究区 Y1 溃口 100 年一遇最大水深分布

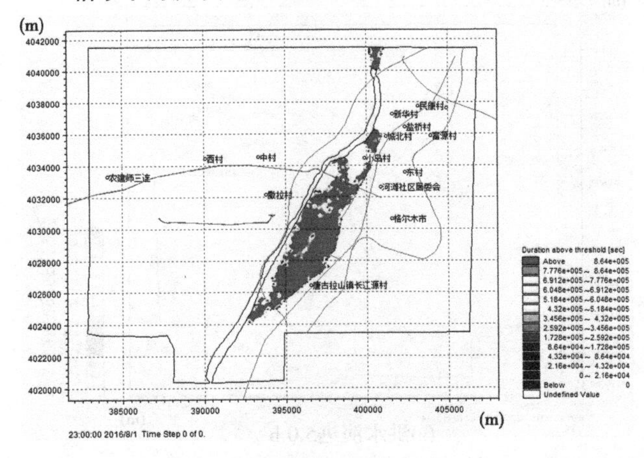

图 2-1-63　格尔木河洪水风险研究区 Y1 溃口 100 年一遇淹没历时

4. 白云桥上游 3.5 km(11 +788.5)溃口

1)30 年一遇洪水

根据设定的洪水分析计算方案,一维模型设置的堤防决口条件为:口门断面(桩号 11 +788.5)河道流量达到堤防设计流量 614 m^3/s 时在左岸堤防决口,决口方式为瞬间全溃,口门宽度 150 m,口门底高程取背河侧地面高程 2 832.0 m,计算时间从 7 月 22 日 01:00至 8 月 1 日 23:00,历时 262 h。

根据一维模型计算结果,口门分洪时间为 7 月 22 日 05:54:00,分洪过程一直持续到洪水过程结束。口门分洪流量占口门断面流量的 36% ~42%。口门断面流量和口门分洪流量过程见图 2-1-64。

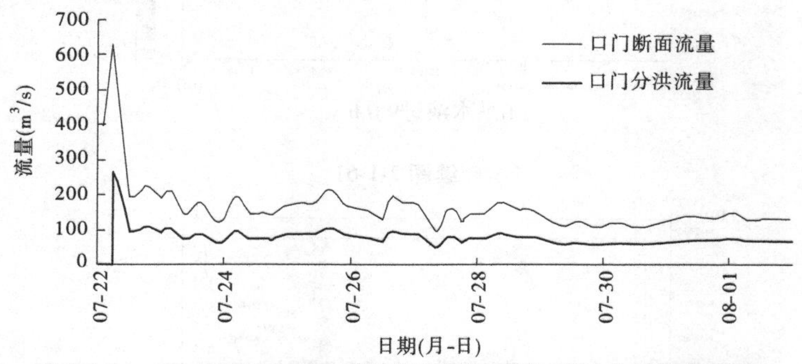

图 2-1-64　Y2 溃口 30 年一遇口门断面流量和口门分洪流量过程

在此方案下,洪水自溃口进入格尔木河右岸防洪保护区,洪水进入格尔木新区,淹没新区房屋、道路。洪水向北演进受格茫公路阻挡,先后在格茫公路格尔木老河道桥涵、小岛村景观湖漫过格茫公路,部分洪水经老河道退入格尔木河,部分洪水经小岛村景观湖退水渠退水入格尔木河。本溃口方案淹没面积为 5.54 km^2,淹没水深普遍较浅,平均最大淹没水深为 0.616 m。

格尔木河洪水风险研究区 30 年一遇各时段淹没水深分布、最大水深分布和淹没历时见图 2-1-65 ~ 图 2-1-67。

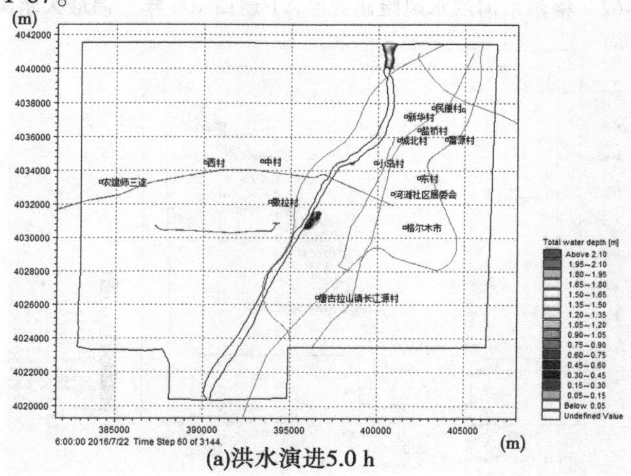

(a)洪水演进5.0 h

图 2-1-65　格尔木河洪水风险研究区 Y2 溃口 30 年一遇各时段淹没水深分布

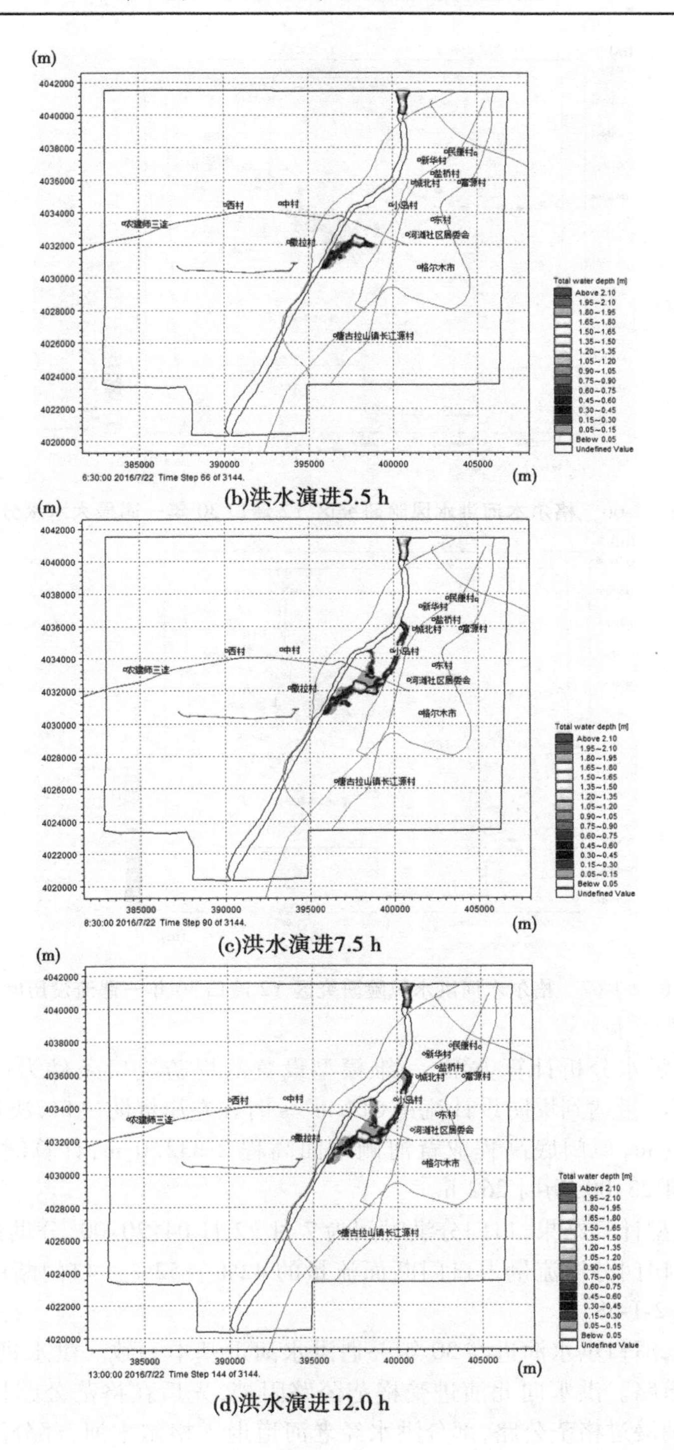

(b)洪水演进5.5 h

(c)洪水演进7.5 h

(d)洪水演进12.0 h

续图 2-1-65

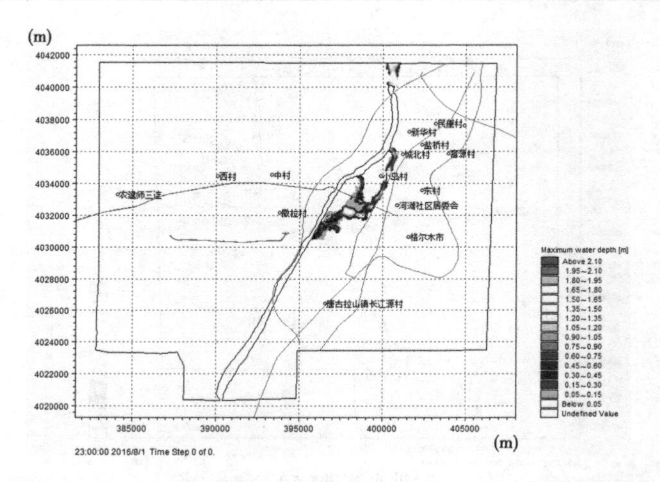

图 2-1-66　格尔木河洪水风险研究区 Y2 溃口 30 年一遇最大水深分布

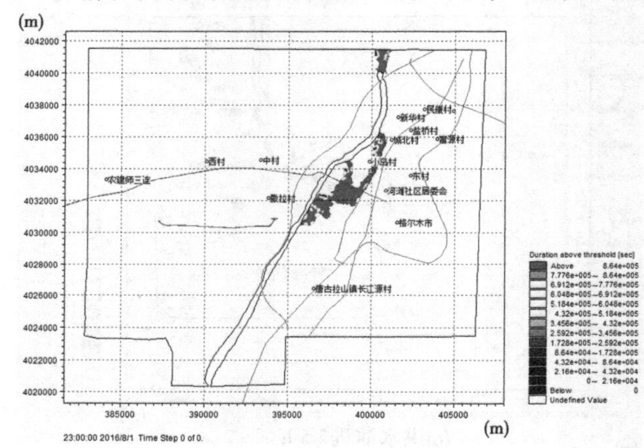

图 2-1-67　格尔木河洪水风险研究区 Y2 溃口 30 年一遇淹没历时

2)50 年一遇洪水

根据设定的洪水分析计算方案,一维模型设置的堤防决口条件为:口门断面(桩号 11 + 788.5)河道流量达到堤防设计流量 614 m^3/s 时在左岸堤防决口,决口方式为瞬间全溃,口门宽度 150 m,口门底高程取背河侧地面高程 2 832.0 m,计算时间从 7 月 22 日 01:00至 8 月 1 日 23:00,历时 262 h。

根据一维模型计算结果,口门分洪时间为 7 月 22 日 04:20:00,分洪过程一直持续到洪水过程结束。口门分洪流量占口门断面流量的 42% ~52%。口门断面流量和口门分洪流量过程见图 2-1-68。

在此方案下,溃口洪水演进与 30 年一遇洪水演进基本一致。洪水进入格尔木新区,淹没新区房屋、道路。洪水向北演进受格茫公路阻挡,先后在格茫公路格尔木老河道桥涵、小岛村景观湖漫过格茫公路,部分洪水经老河道退入格尔木河,部分洪水经小岛村景观湖退水渠退水入格尔木河。本溃口方案淹没面积为 5.83 km^2,淹没水深普遍较浅,平均最大淹没水深为 0.627 m。

格尔木河洪水风险研究区 50 年一遇各时段淹没水深分布、最大水深分布和淹没历时

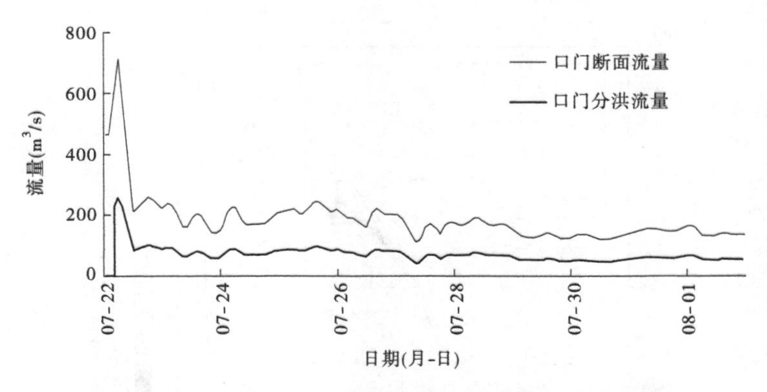

图 2-1-68　Y2 溃口 50 年一遇口门断面流量和口门分洪流量过程

见图 2-1-69 ~ 图 2-1-71。

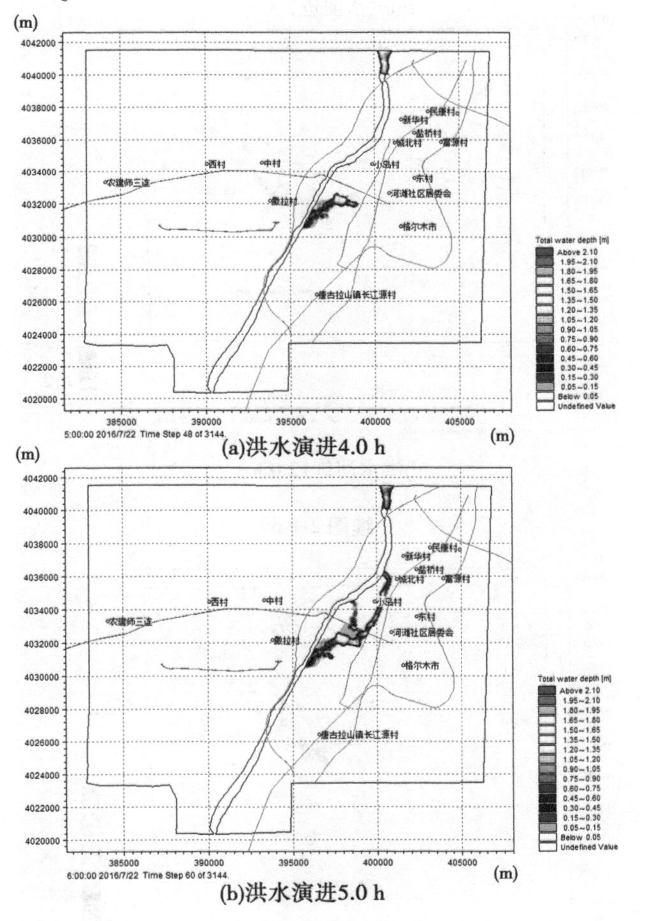

(a)洪水演进4.0 h

(b)洪水演进5.0 h

图 2-1-69　格尔木河洪水风险研究区 Y2 溃口 50 年一遇各时段淹没水深分布

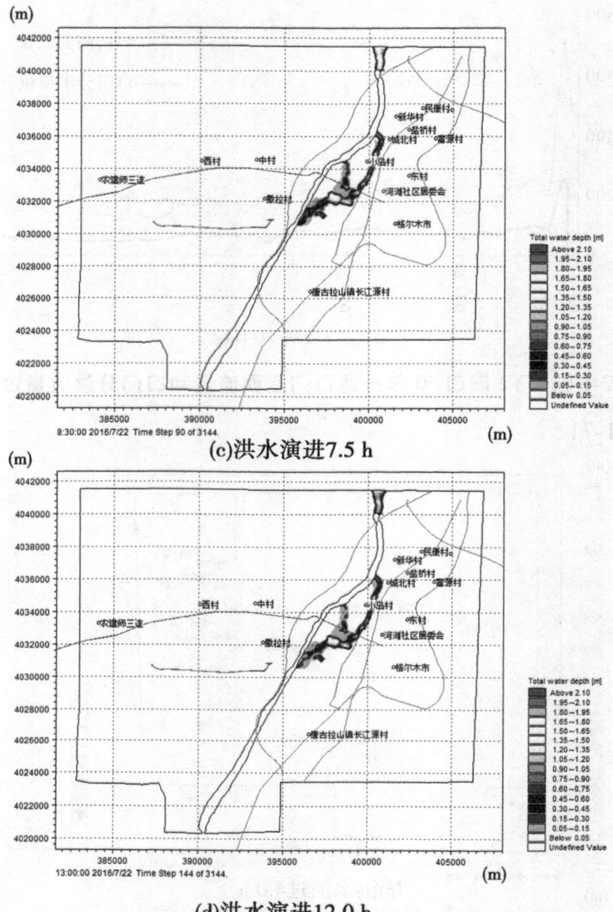

(c)洪水演进7.5 h

(d)洪水演进12.0 h

续图 2-1-69

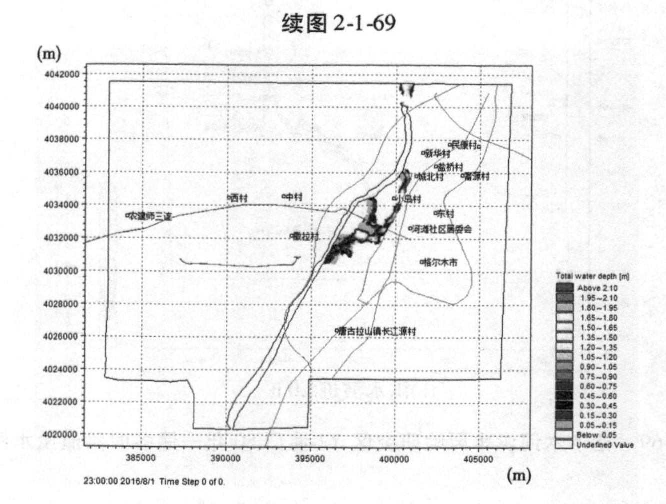

图 2-1-70　格尔木河洪水风险研究区 Y2 溃口 50 年一遇最大水深分布

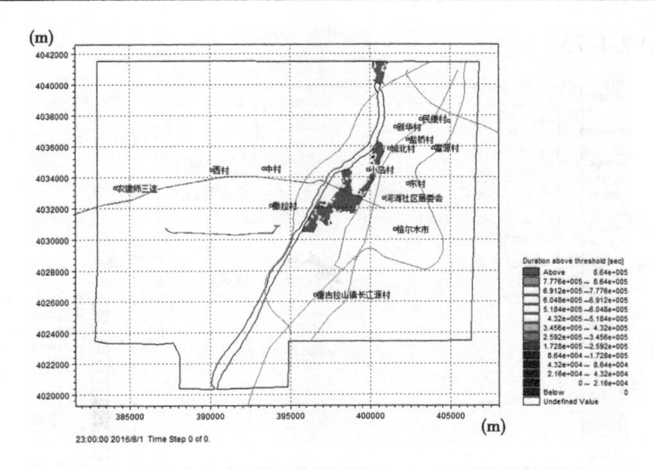

图 2-1-71　格尔木河洪水风险研究区 Y2 溃口 50 年一遇淹没历时

3)100 年一遇洪水

当格尔木河根据设定的洪水分析计算方案,一维模型设置的堤防决口条件为:口门断面(桩号 11 +788.5)河道流量达到堤防设计流量 614 m^3/s 时在左岸堤防决口,决口方式为瞬间全溃,口门宽度 150 m,口门底高程取背河侧地面高程 2 832.0 m,计算时间从 7 月 22 日 01:00 至 8 月 1 日 23:00,历时 262 h。

根据一维模型计算结果,口门分洪时间为 7 月 22 日 03:19:00,分洪过程一直持续到洪水过程结束。口门分洪流量占口门断面流量的 41% ~51%。口门断面流量和口门分洪流量过程见图 2-1-72。

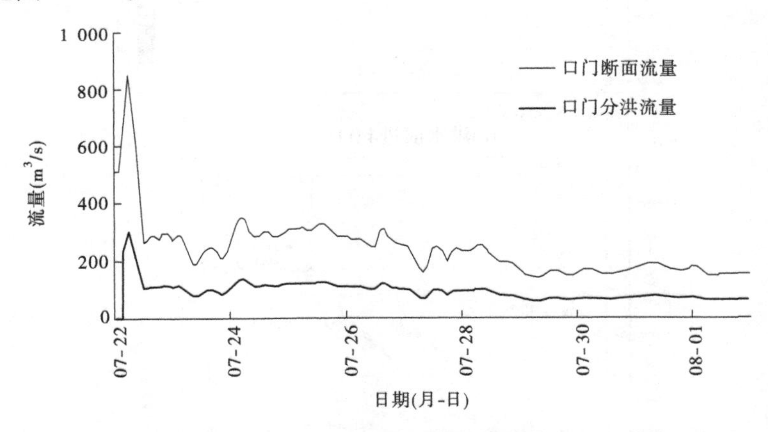

图 2-1-72　Y2 溃口 100 年一遇口门断面流量和口门分洪流量过程

在此方案下,溃口洪水演进与 30 年一遇、50 年一遇洪水溃口后演进基本一致。洪水进入格尔木新区,淹没新区房屋、道路。洪水向下受格茫公路阻挡,先后在格茫公路格尔木老河道桥涵、小岛村景观湖漫过格茫公路,部分洪水经老河道退入格尔木河,部分洪水经小岛村景观湖退水渠退水入格尔木河。本溃口方案淹没面积为 7.03 km^2,淹没水深普遍较浅,平均最大淹没水深为 0.627 m。

格尔木河洪水风险研究区 100 年一遇各时段淹没水深分布、最大水深分布和淹没历

时见图 2-1-73 ~ 图 2-1-75。

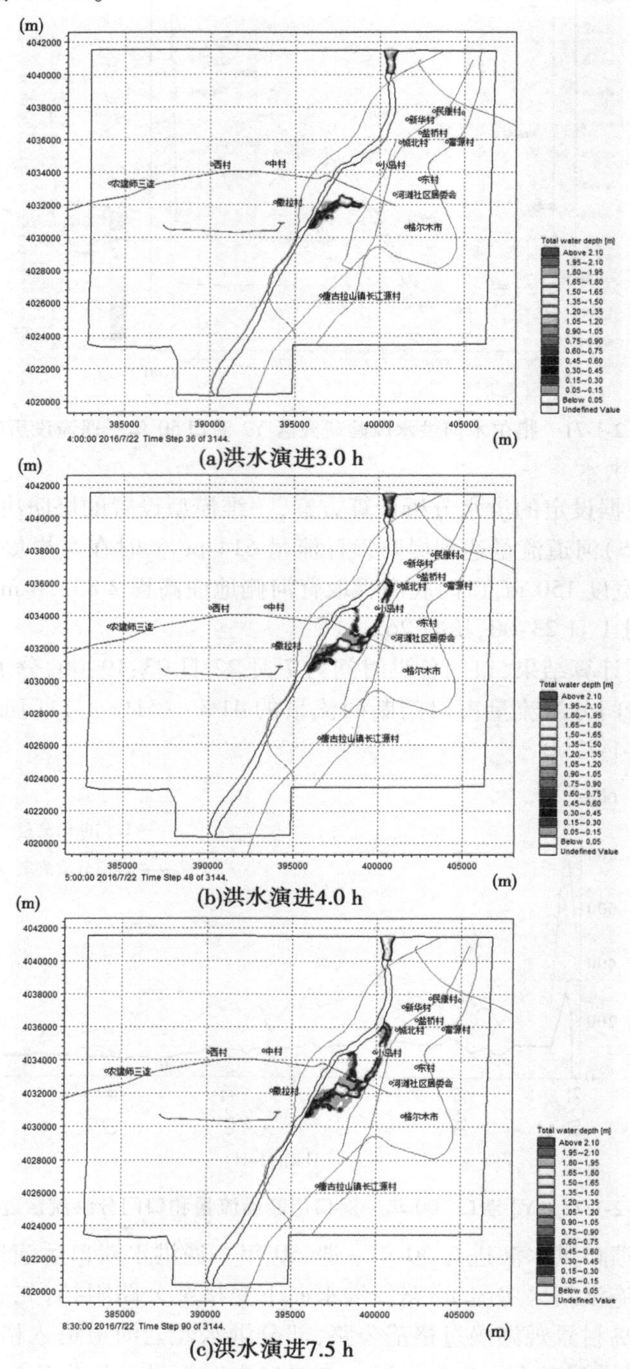

(a)洪水演进3.0 h

(b)洪水演进4.0 h

(c)洪水演进7.5 h

图 2-1-73　格尔木河洪水风险研究区 Y2 溃口 100 年一遇各时段淹没水深分布

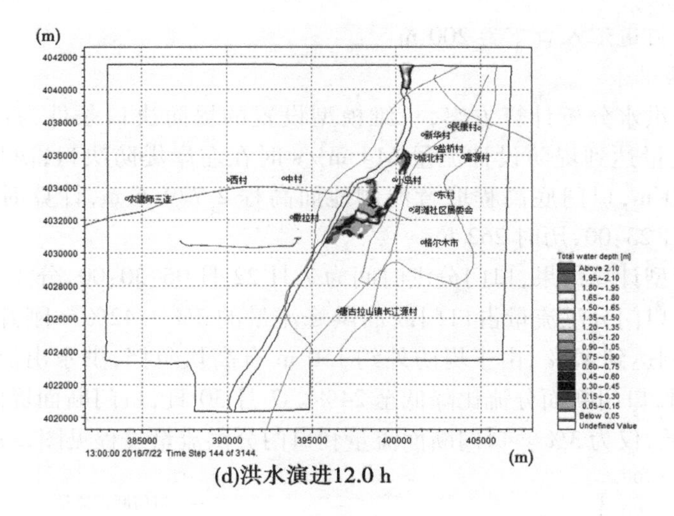

(d)洪水演进12.0 h

续图 2-1-73

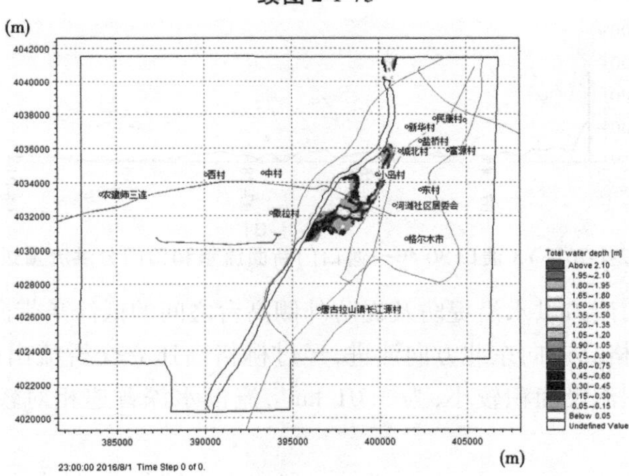

图 2-1-74　格尔木河洪水风险研究区 Y2 溃口 100 年一遇最大水深分布

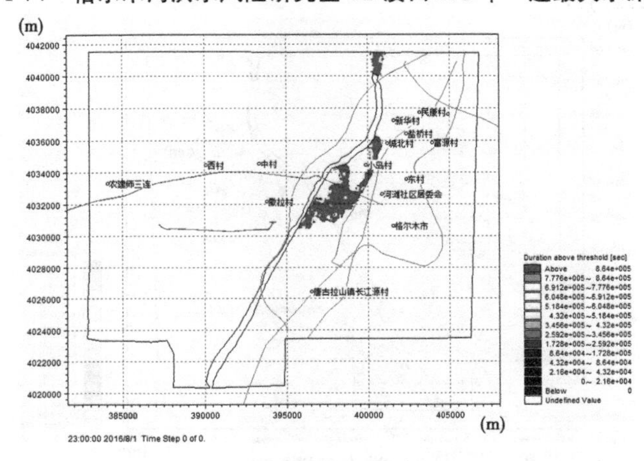

图 2-1-75　格尔木河洪水风险研究区 Y2 溃口 100 年一遇淹没历时

5. 格尔木老河道汇入口下游 200 m

1)30 年一遇洪水

根据设定的洪水分析计算方案，一维模型设置的堤防决口条件为：口门断面（桩号 19 + 595）河道流量达到堤防设计流量 614 m^3/s 时在左岸堤防决口，决口方式为瞬间全溃，口门宽度 150 m，口门底高程取背河侧地面高程 2 779.6 m，计算时间从 7 月 22 日 01:00至 8 月 1 日 23:00，历时 262 h。

根据一维模型计算结果，口门分洪时间为 7 月 22 日 06:30:00，分洪过程一直持续到洪水过程结束。口门分洪流量占口门断面洪峰流量的 3% ~42%。刚开始溃口时，水位差较大，分流比例达到 42%，由于堤防外约 150 m 有高坎阻挡，洪水出流受阻，分流比减少较多，06:35 时，口门断面分流比降低至 24%。7 月 30 日，口门断面堤防内外水位基本平衡，分流比最低，仅为 3%。口门断面流量和口门分洪流量过程见图 2-1-76。

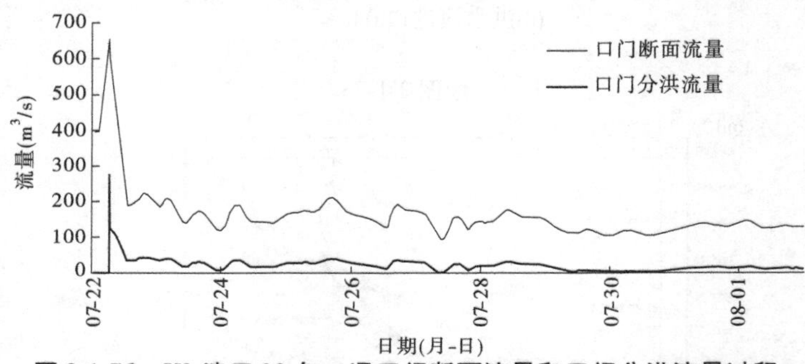

图 2-1-76　Y3 溃口 30 年一遇口门断面流量和口门分洪流量过程

根据地形地势，溃口洪水沿堤防及堤防外侧高台之间的低洼条带向北演进，遇柳格高速公路阻挡后沿柳格高速向东北方向演进，经过柳格高速立交桥流出模型范围。由于溃口处于下游，本方案淹没面积较小，为 3.01 km^2，淹没水深普遍相对较深，平均最大淹没水深为 0.554 m。

格尔木河洪水风险研究区 30 年一遇各时段淹没水深分布、最大水深分布和淹没历时见图 2-1-77 ~ 图 2-1-79。

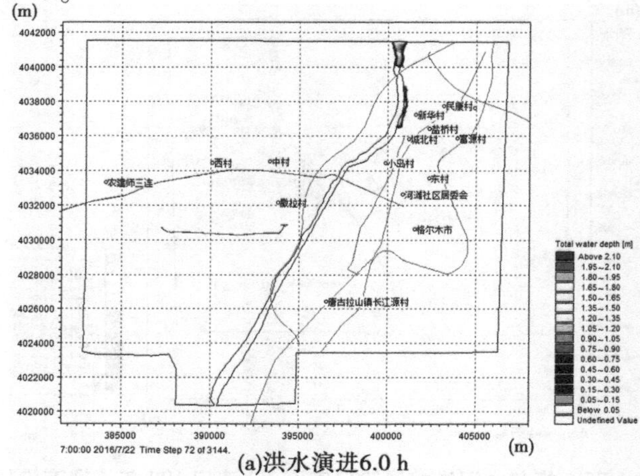

(a)洪水演进6.0 h

图 2-1-77　格尔木河洪水风险研究区 Y3 溃口 30 年一遇各时段淹没水深分布

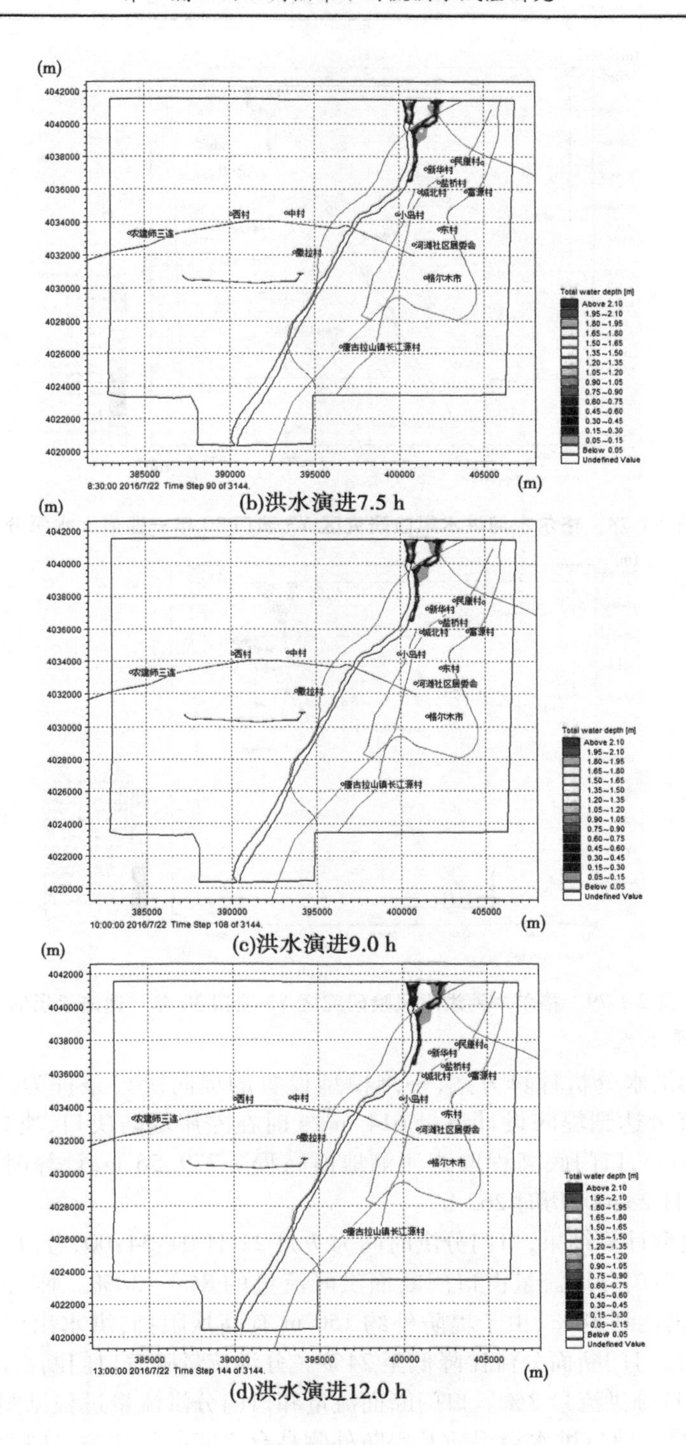

(b)洪水演进7.5 h

(c)洪水演进9.0 h

(d)洪水演进12.0 h

续图 2-1-77

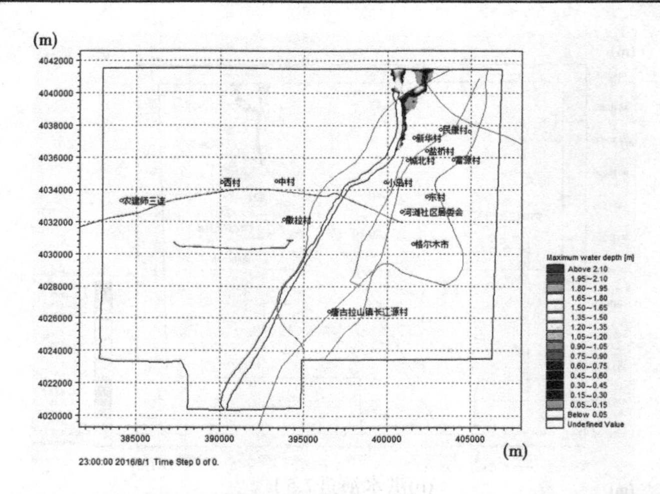

图 2-1-78　格尔木河洪水风险研究区 Y3 溃口 30 年一遇最大水深分布

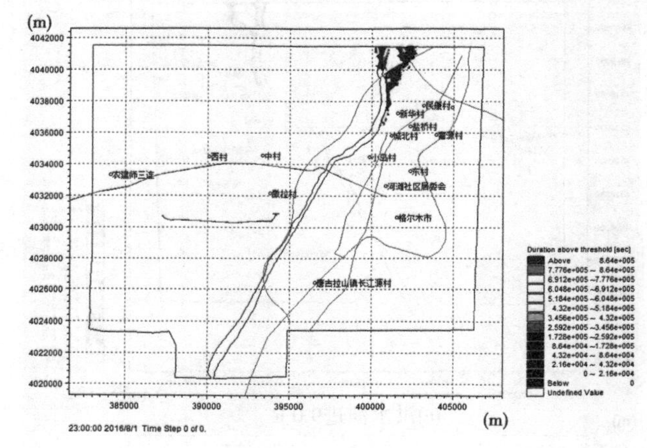

图 2-1-79　格尔木河洪水风险研究区 Y3 溃口 30 年一遇淹没历时

2)50 年一遇洪水

根据设定的洪水分析计算方案,一维模型设置的堤防决口条件为:口门断面(桩号 19 + 595)河道流量达到堤防设计流量 614 m^3/s 时在左岸堤防决口,决口方式为瞬间全溃,口门宽度 150 m,口门底高程取背河侧地面高程 2 779.56 m,计算时间从 7 月 22 日 01:00 至 8 月 1 日 23:00,历时 262 h。

根据一维模型计算结果,口门分洪时间为 7 月 22 日 04:54:00,分洪过程一直持续到洪水过程结束。口门分洪流量占口门断面洪峰流量的 8% ~38%。刚开始溃口时,水位差较大,分流比例达到 38%,由于堤防外约 150 m 有高坎阻挡,洪水出流受阻,分流比减少较多,04:59 时,口门断面分流比降低至 24%。分洪流量随着口门断面洪峰流量的减少而减少,7 月 30 日分洪流量 8%。口门断面流量和口门分洪流量过程见图 2-1-80。

根据地形地势,溃口洪水沿堤防及堤防外侧高台之间的低洼条带向北演进,遇柳格高速公路阻挡后沿柳格高速向东北方向演进,经过柳格高速立交桥流出模型范围。由于溃口处于下游,本方案淹没面积较小,为 3.05 km^2,淹没水深普遍相对较深,平均最大淹没水深为 0.576 m。

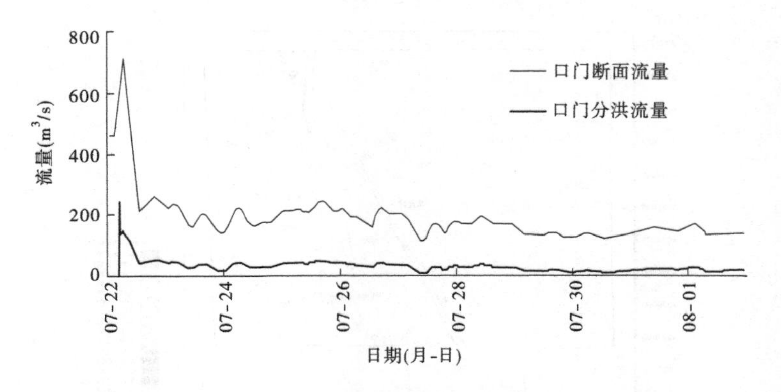

图 2-1-80　Y3 溃口 50 年一遇口门断面流量和口门分洪流量过程

格尔木河洪水风险研究区 50 年一遇各时段淹没水深分布、最大水深分布和淹没历时见图 2-1-81 ~ 图 2-1-83。

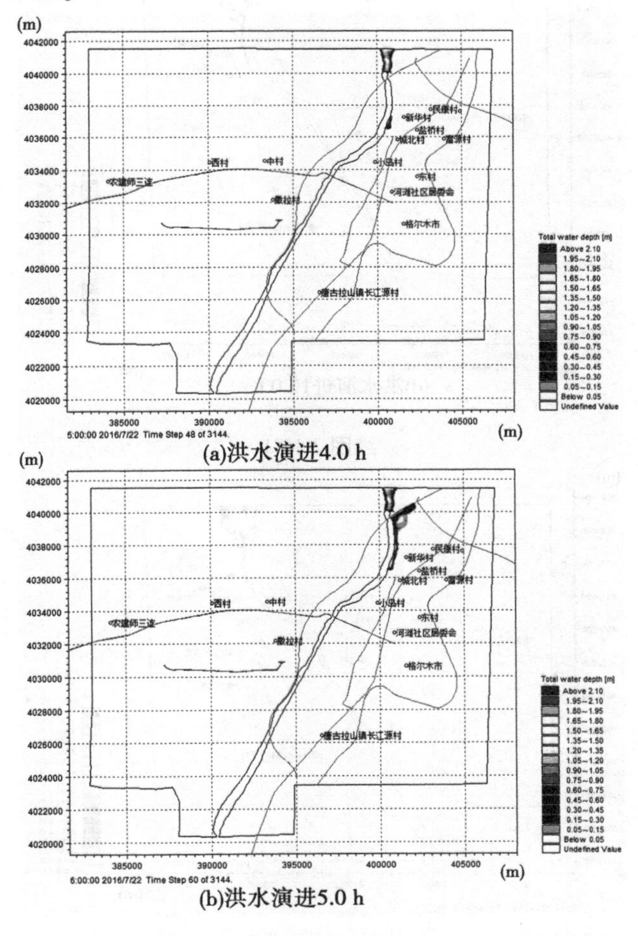

(a)洪水演进4.0 h

(b)洪水演进5.0 h

图 2-1-81　格尔木河洪水风险研究区 Y3 溃口 50 年一遇各时段淹没水深分布

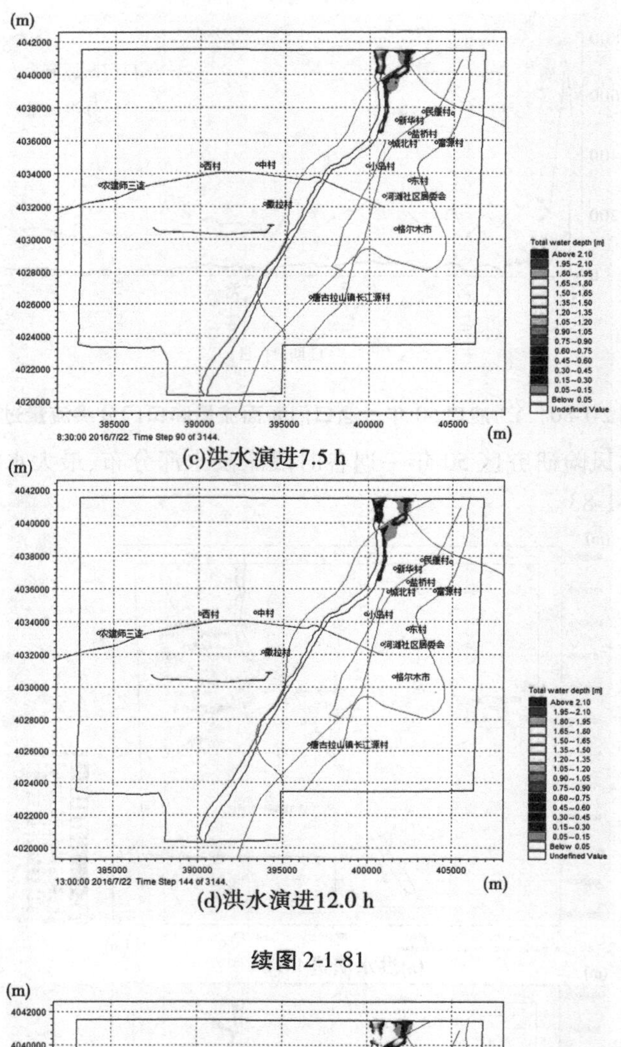

(c)洪水演进7.5 h

(d)洪水演进12.0 h

续图 2-1-81

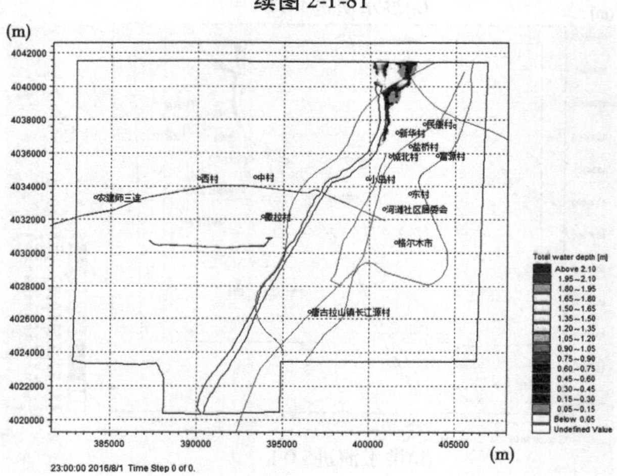

图 2-1-82　格尔木河洪水风险研究区 Y3 溃口 50 年一遇最大水深分布

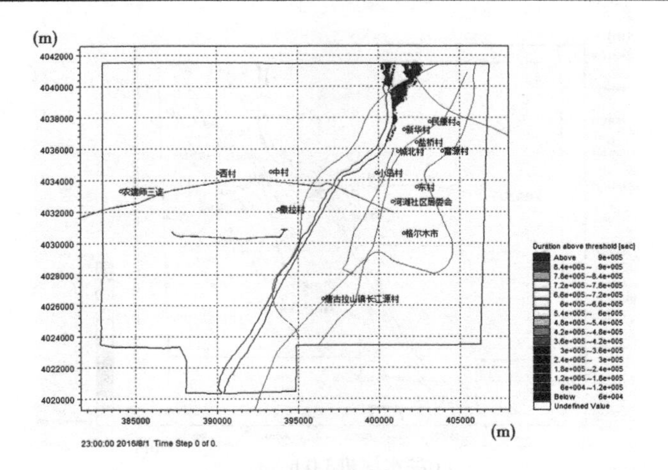

图 2-1-83 格尔木河洪水风险研究区 Y3 溃口 50 年一遇淹没历时

3)100 年一遇洪水

根据设定的洪水分析计算方案,一维模型设置的堤防决口条件为:口门断面(桩号 19+595)河道流量达到堤防设计流量 614 m^3/s 时在左岸堤防决口,决口方式为瞬间全溃,口门宽度 150 m,口门底高程取背河侧地面高程 2 779.56 m,计算时间从 7 月 22 日 01:00 至 8 月 1 日 23:00,历时 262 h。

根据一维模型计算结果,口门分洪时间为 7 月 22 日 03:55:00,分洪过程一直持续到洪水过程结束。口门分洪流量占口门断面洪峰流量的 8%~38%。刚开始溃口时,水位差较大,分流比例达到 38%,由于堤防外约 150 m 有高坎阻挡,洪水出流受阻,分流比减少较多,04:59 时,口门断面分流比降低至 24%。分洪流量随着口门断面洪峰流量的减少而减少,7 月 30 日分洪流量 8%。口门断面流量和口门分洪流量过程见图 2-1-84。

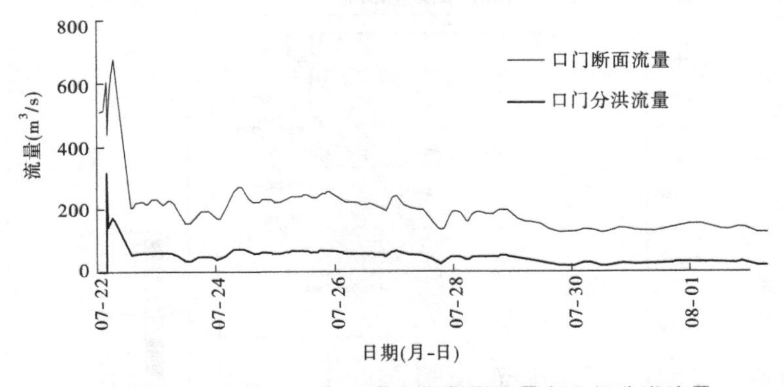

图 2-1-84 Z3 溃口 100 年一遇口门断面流量和口门分洪流量

堤防溃决后,根据地形地势,溃口洪水沿堤防及堤防外侧高台之间的低洼条带向北演进,遇柳格高速公路阻挡后沿柳格高速向东北方向演进,经过柳格高速立交桥流出模型范围。由于溃口处于下游,本方案淹没面积较小,为 3.09 km^2,淹没水深普遍相对较深,平均最大淹没水深为 0.609 m。

格尔木河洪水风险研究区 100 年一遇各时段淹没水深分布、最大水深分布和淹没历时见图 2-1-85~图 2-1-87。

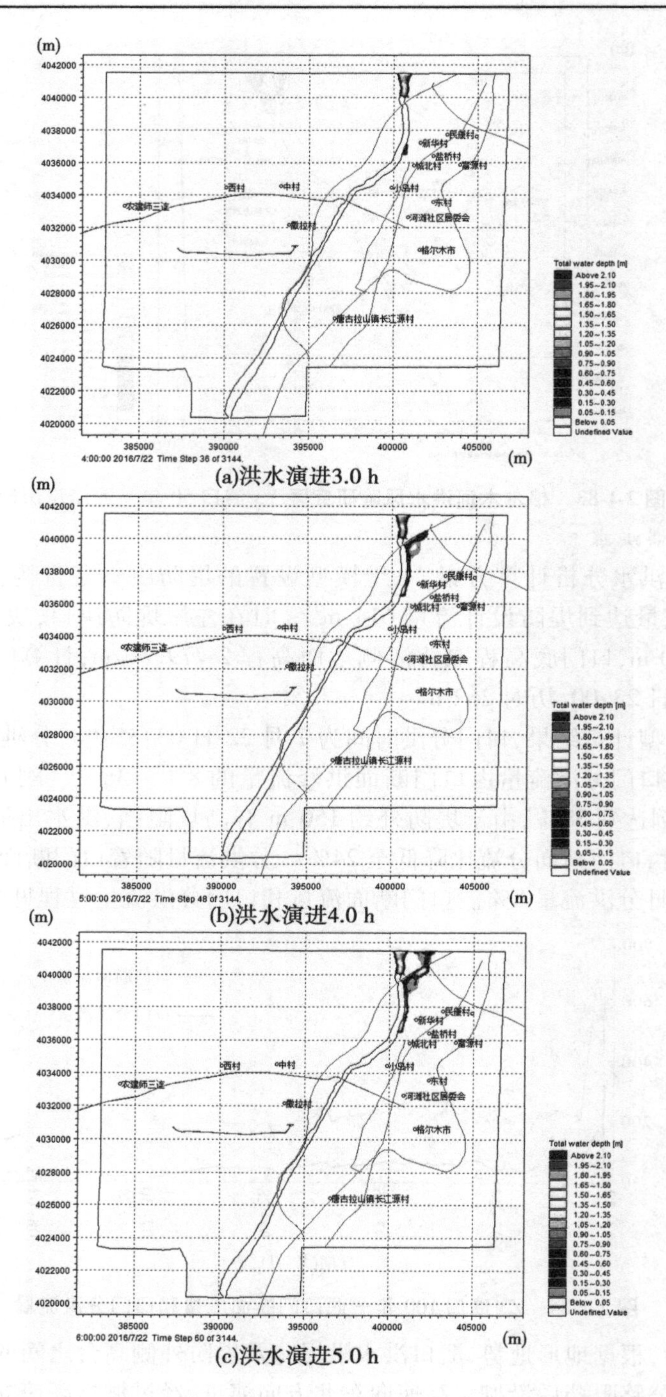

(a)洪水演进3.0 h

(b)洪水演进4.0 h

(c)洪水演进5.0 h

图 2-1-85　格尔木河洪水风险研究区 Y3 溃口 100 年一遇各时段淹没水深分布

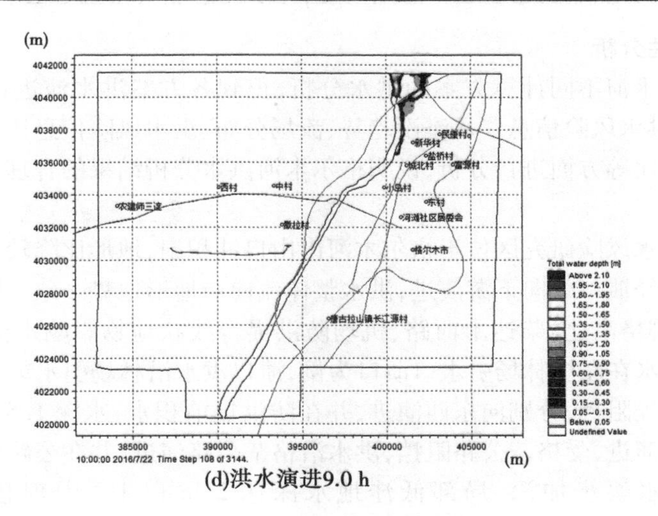

(d)洪水演进9.0 h

续图 2-1-85

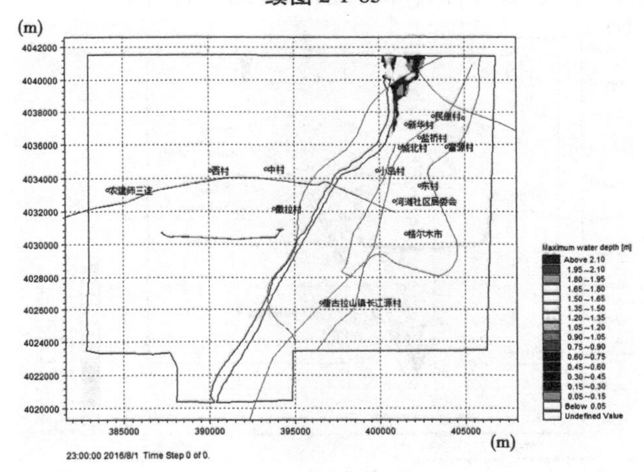

图 2-1-86　格尔木河洪水风险研究区 Y3 溃口 100 年一遇最大水深分布

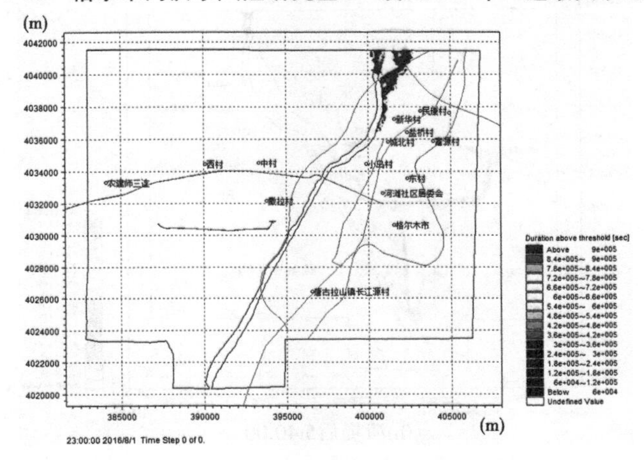

图 2-1-87　格尔木河洪水风险研究区 Y3 溃口 100 年一遇淹没历时

1.2.4.2　合理性分析

通过对格尔木河不同计算方案的洪水分析，得到各方案洪水演进过程、最大淹没水深、淹没历时等洪水风险信息。从淹没趋势、流场分布、洪水风险信息比较、水量平衡分析和与以往成果对比等方面进行分析，说明格尔木河洪水分析结果的合理性。

1. 淹没趋势

格尔木河洪水风险研究区位于格尔木河出山口冲积扇，地形比降较大，地势整体南高北低。溃口洪水经溃口处向下游演进，洪水整体流向与地形地势一致。同时，项目区内道路如格茫公路、柳格高速、柴达木西路、机场防洪堤等线状地物影响水流演进整体趋势。以 100 年一遇洪水在左岸林场引水口溃口为例，溃口洪水沿林场引水渠道向下游演进，受格尔木机场防洪堤阻挡，分别向东西演进，并在防洪堤前积水，水深 1.5 m 左右。洪水经过防洪堤后向北演进，受格茫公路阻挡，洪水沿格茫公路演进，并在公路前积水，随着淹没历时的增加，积水逐步加深，局部低洼地水深达 2 m 以上。分时段淹没趋势详见图 2-1-88。由此分析，淹没趋势符合实际情况，计算结果合理。

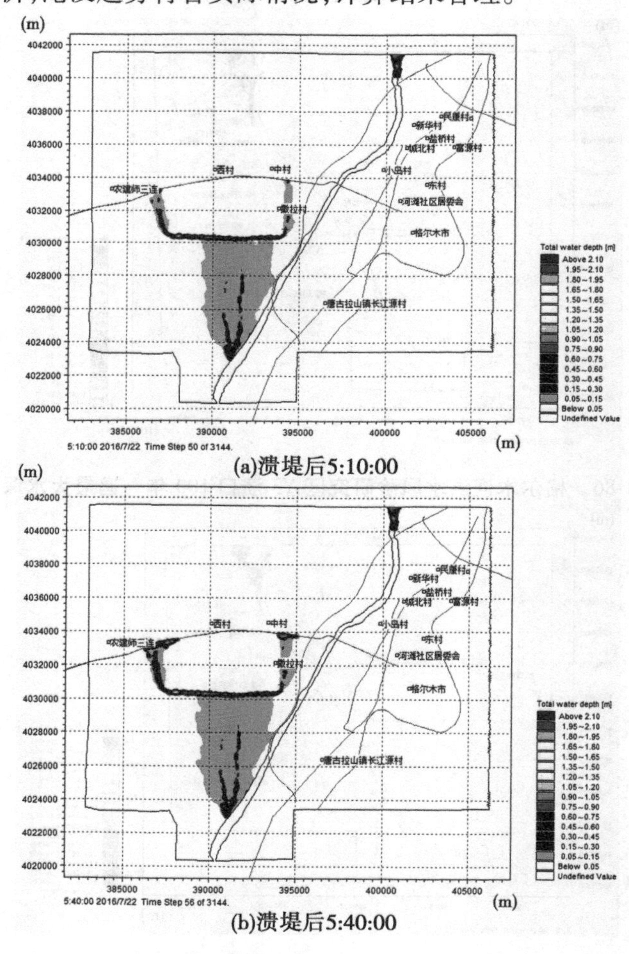

(a)溃堤后5:10:00

(b)溃堤后5:40:00

图 2-1-88　Z1 溃口 100 年一遇各时段洪水淹没

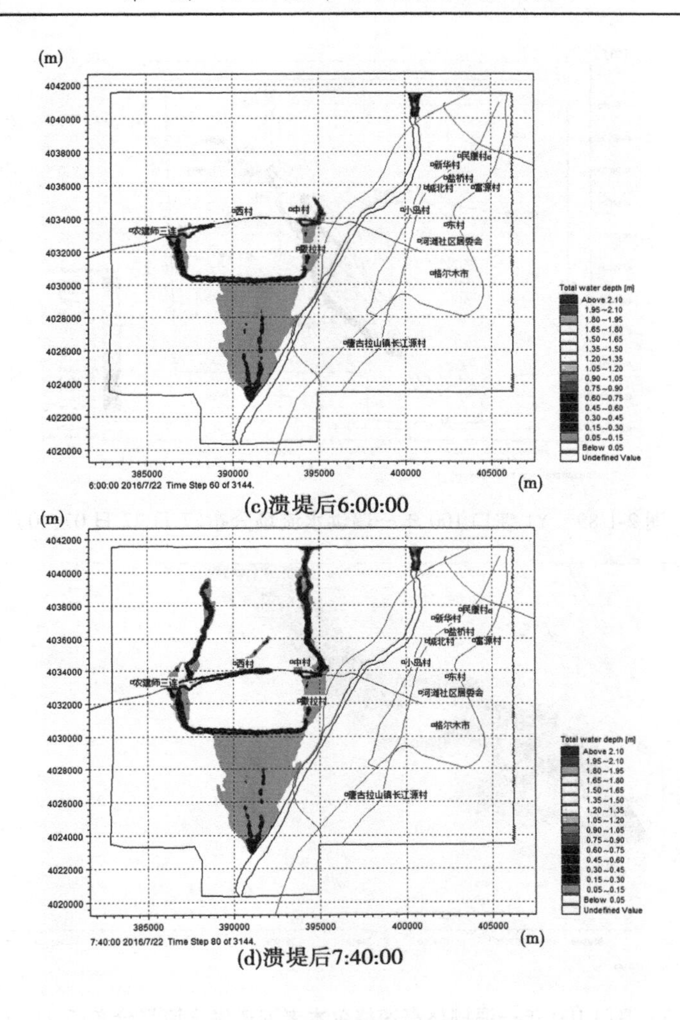

(c)溃堤后6:00:00

(d)溃堤后7:40:00

续图 2-1-88

2. 流场分布

流场分布整体上受地形地势影响,局部区域受道路、桥涵等构筑物影响。以 100 年一遇洪水右岸格尔木新区引水闸下游溃口为例,格尔木洪水风险分析区南高北低,老河道地势低,流场分布与地形分布一致(详见图 2-1-89)。柳格高速格尔木老河道大桥、格茫高速公路格尔木老河道涵洞等桥涵约束水流明显,过桥涵后水流流速增加,洪水态势比较准确,如图 2-1-90 ~ 图 2-1-92 所示。

3. 同一方案洪水风险信息比较

洪水演进除应匹配空间地势外,在不同时刻应符合水力学规律。以 100 年一遇洪水右岸格尔木新区引水闸下游溃口为例,洪水漫过格茫公路后,主要经过格茫新区景观湖退水渠和格尔木老河道退水,格茫新区景观湖退水渠深 0.5 ~ 1 m,格尔木老河道深 1.5 ~ 2 m。从计算结果分析,格尔木老河道地势低洼,溃口洪水主要从老河道退水入格尔木河,格尔木老河道退水比例占 90%,且水流流速比景观湖退水渠大,淹没水深较大。

通过分析比较,DEM 较低洼的地区对应的淹没水深较大,DEM 较高的地区对应的淹

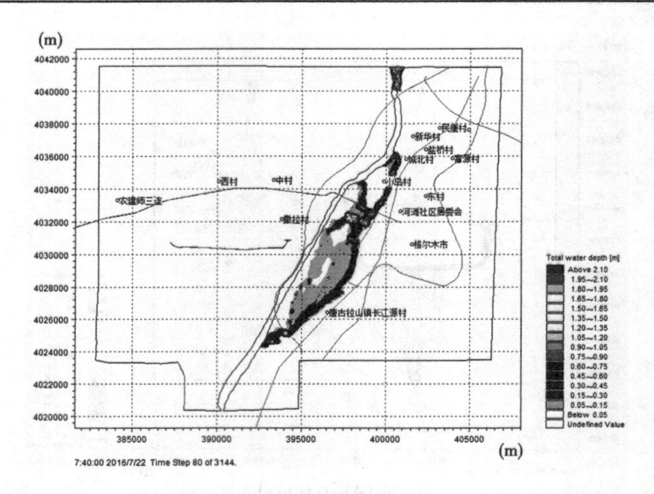

图 2-1-89　Y1 溃口 100 年一遇洪水流场分布(7 月 22 日 07:40)

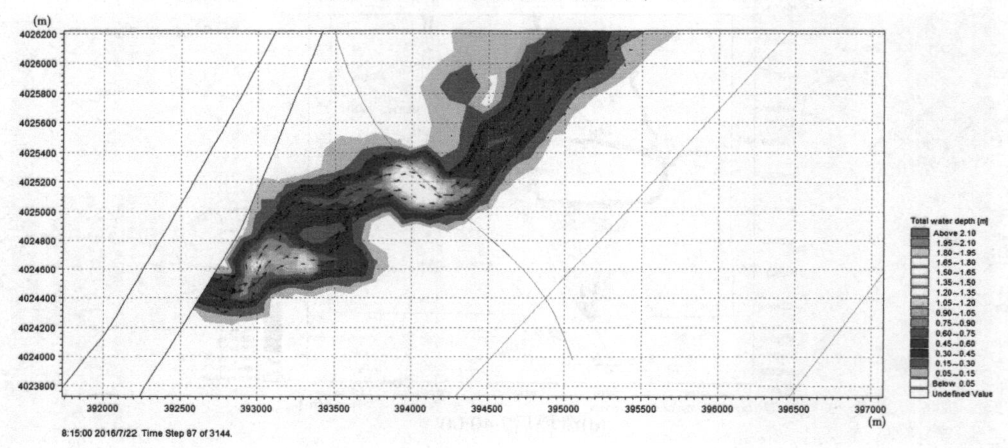

图 2-1-90　Y1 溃口 100 年一遇柳格高速格尔木老河道洪水流场分布(7 月 22 日 08:15)

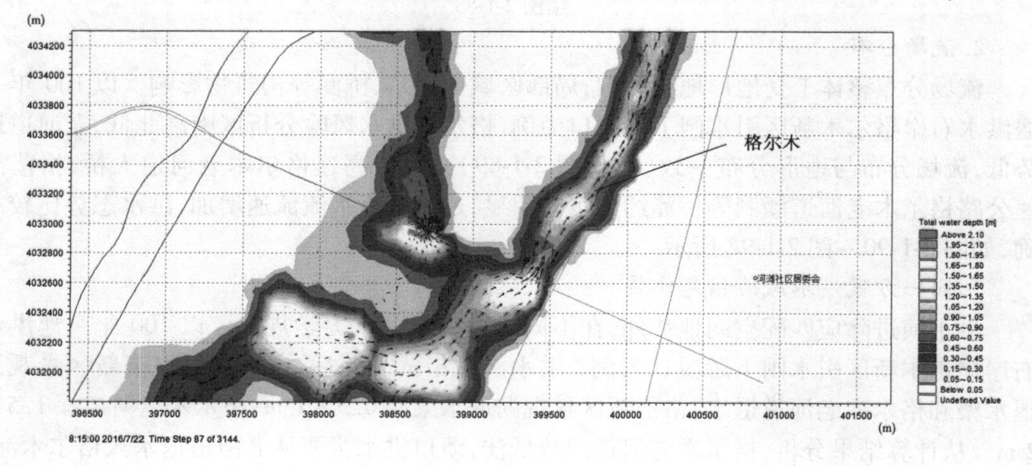

图 2-1-91　Y1 溃口 100 年一遇格茫公路格尔木老河道洪水流场分布(7 月 22 日 08:15)

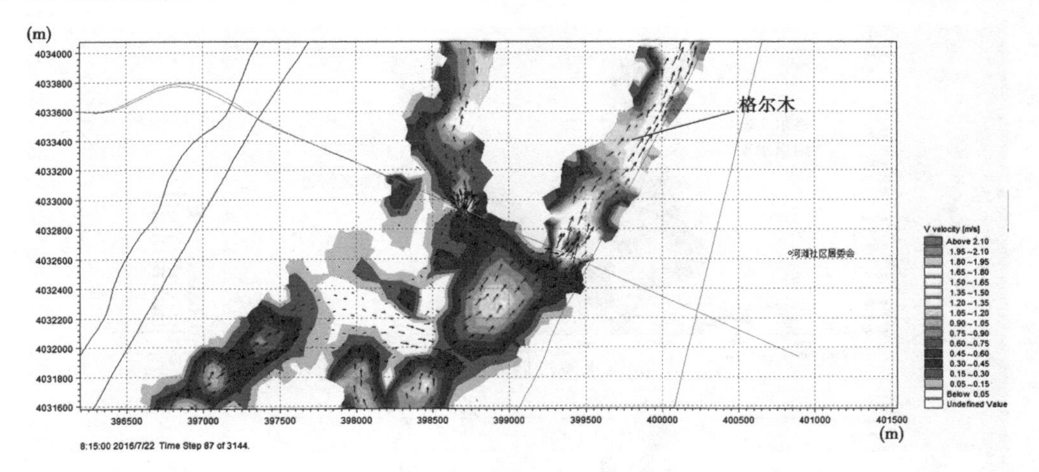

图 2-1-92　Y1 溃口 100 年一遇格茫高速公路格尔木老河道洪水流速分布(7 月 22 日 08:15)

没水深较小,DEM 由高到低对应地区淹没后的流速也是从大到小,符合洪水流动趋势的物理原则,说明方案计算是较合理的。同一时间、同一地点洪水淹没水深分布情况与地形情况比较见图 2-1-93。

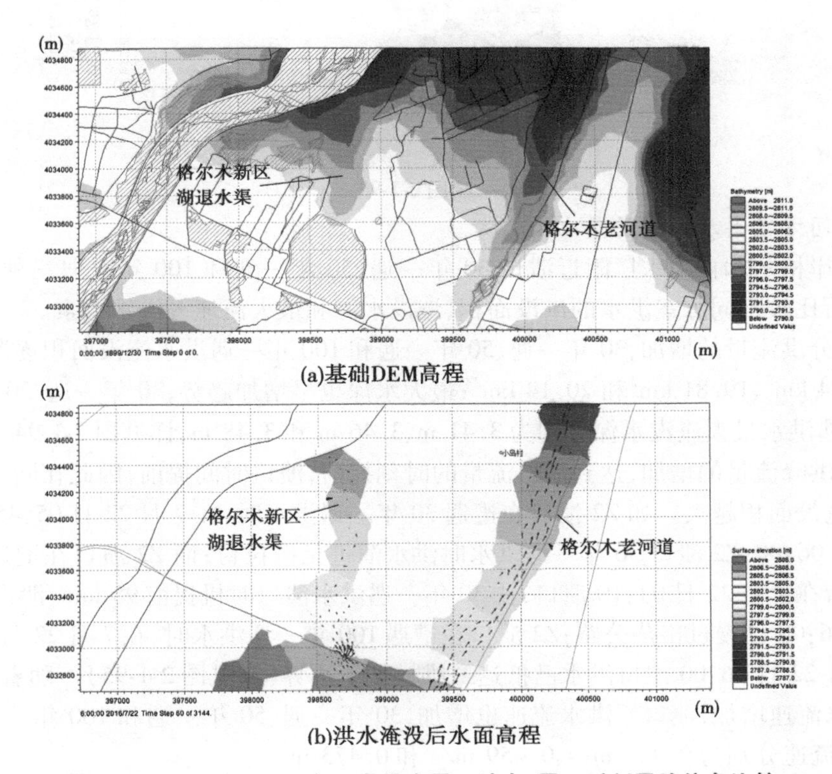

图 2-1-93　Y1 溃口 100 年一遇洪水同一地点、同一时刻风险信息比较

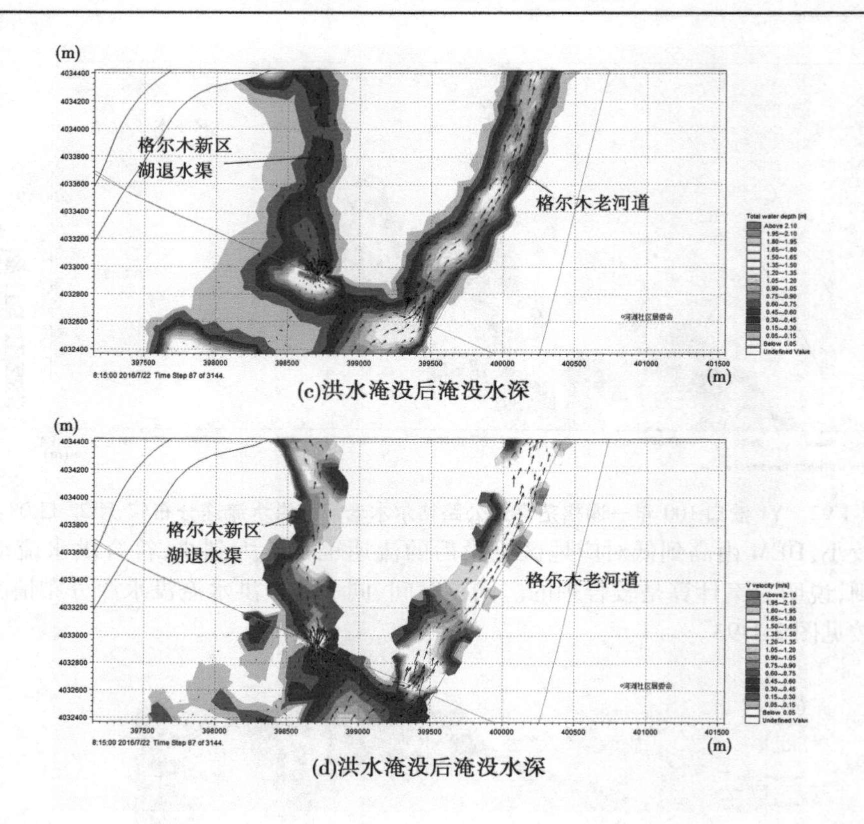

(c)洪水淹没后淹没水深

(d)洪水淹没后淹没水深

续图 2-1-93

4. 不同方案洪水风险信息比较

以右岸格尔木自来水厂附近溃口 30 年一遇、50 年一遇和 100 年一遇三种洪水方案为例，分析比较不同方案洪水的淹没面积、淹没水深和最大流速等洪水要素。

随着分洪流量的增加，30 年一遇、50 年一遇和 100 年一遇洪水淹没面积逐渐增加，分别为 19.44 km^2、19.81 km^2 和 20.14 km^2；最大水深也呈增加趋势，30 年一遇、50 年一遇和 100 年一遇洪水最大淹没水深分别为 3.41 m、3.46 m 和 3.48 m，详见图 2-1-94。

随着洪峰流量的增加，达到溃口流量的时刻提前，溃口时间提前，因此在同一时刻，洪水越大，淹没面积越大。如 Z2 溃口在遭遇 30 年一遇洪水时，在 7 月 22 日 05:45 溃口，在 7 月 22 日 06:00，Z2 溃口 30 年一遇洪水时洪水演进至撒拉村；而 Z2 溃口在遭遇 50 年一遇洪水时，在 7 月 22 日 04:10 溃口，比 30 年一遇洪水溃口时机提前 95 min，溃口洪水在 7 月 22 日 06:00 已漫过格茫公路；Z2 溃口在遭遇 100 年一遇洪水时，在 7 月 22 日 03:15 溃口，在 7 月 22 日 06:00 溃口洪水已抵达二维模型下边界(详见图 2-1-95)。随着洪峰流量增加，洪水流速增加，溃口后洪水流速也增加，30 年一遇、50 年一遇和 100 年一遇洪水溃口后平均流速分别为 0.444 m/s、0.459 m/s 和 0.473 m/s。

通过上述分析，不同方案洪水淹没范围、水深、流速随着洪峰流量增加而增加，分析计算结果与该结论一致，表明洪水分析结果正确。

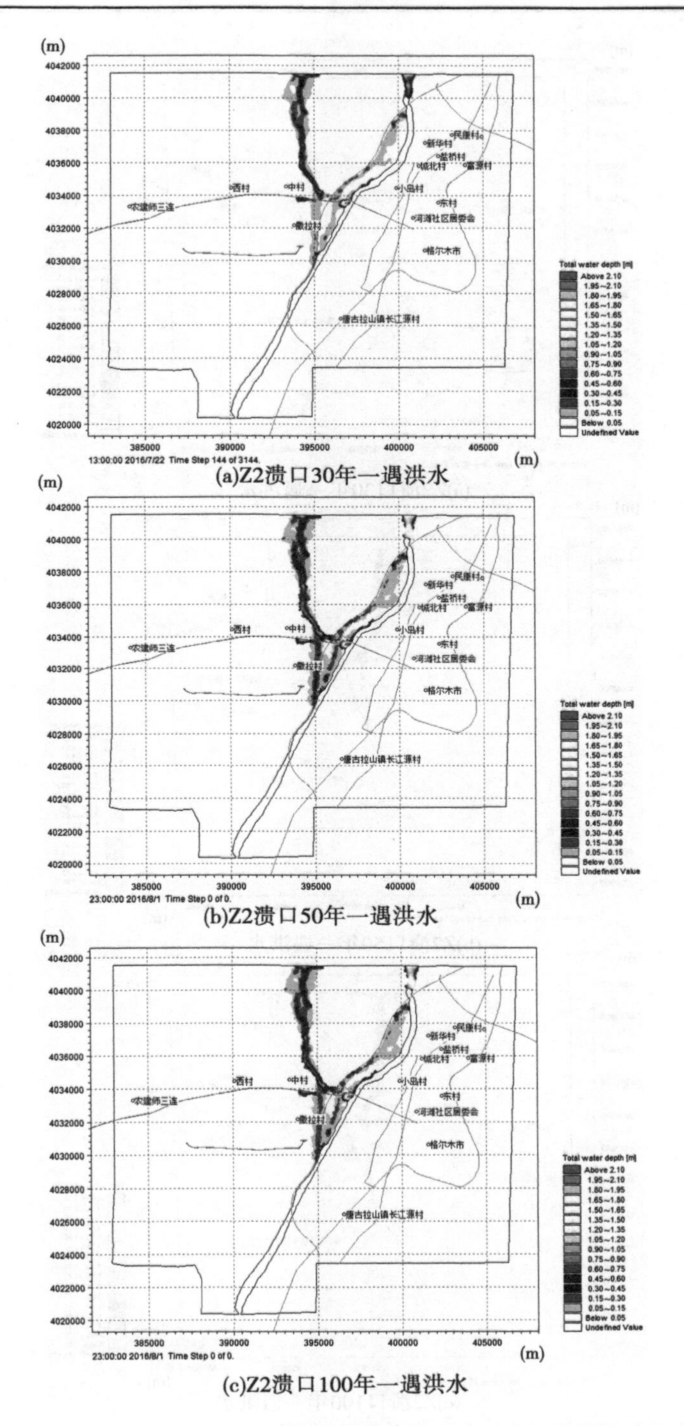

(a)Z2溃口30年一遇洪水

(b)Z2溃口50年一遇洪水

(c)Z2溃口100年一遇洪水

图 2-1-94　Z2 溃口 30 年一遇、50 年一遇和 100 年一遇洪水淹没范围比较

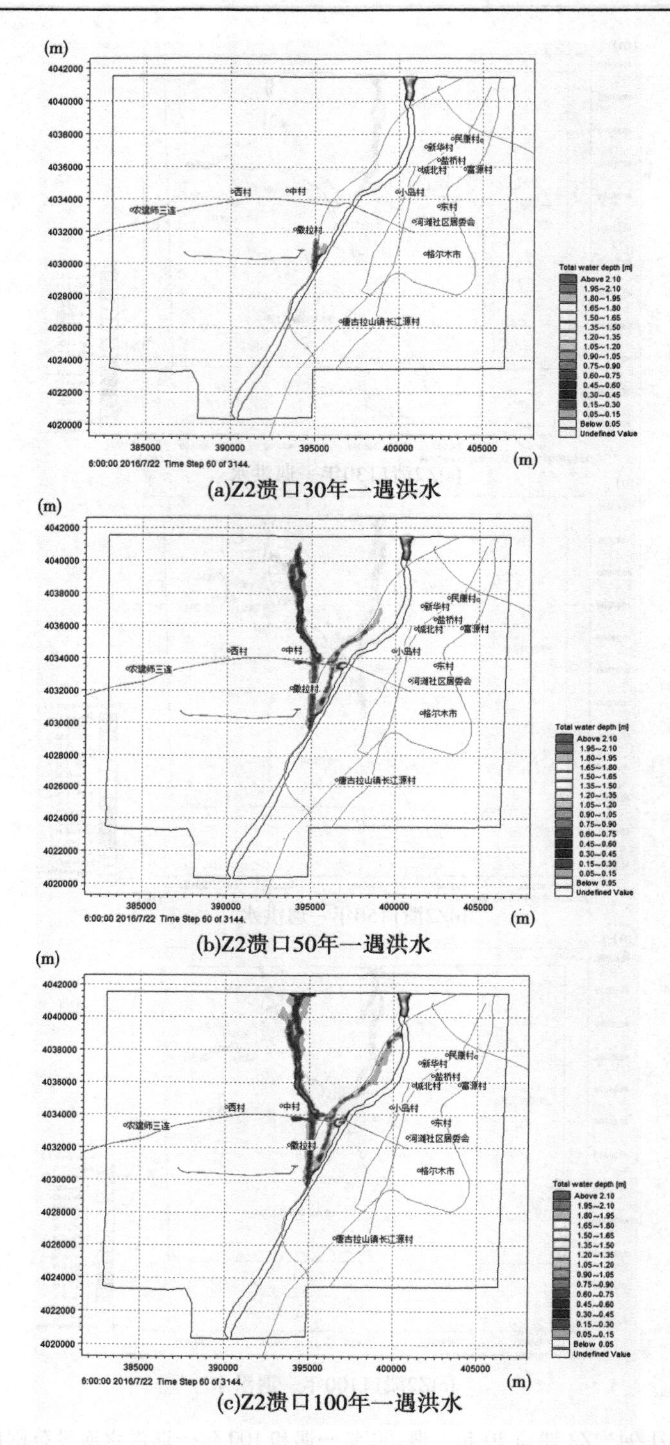

(a)Z2溃口30年一遇洪水

(b)Z2溃口50年一遇洪水

(c)Z2溃口100年一遇洪水

图 2-1-95　Z2 溃口 30 年一遇、50 年一遇和 100 年一遇洪水同一时刻淹没范围比较(7 月 22 日 06:00)

5. 水量平衡分析

以 100 年一遇洪水在格尔木新区引水闸下游约 1 km(中心线桩号 4 +755.5)处右岸溃口为例,从溃口上下游断面流量过程进行水量平衡分析。

1)溃口上下游断面水量平衡

溃口对应中心线桩号 4 +755.5,溃口上断面为 4 +705.64,溃口下断面为 4 +804.53,三个断面的流量过程和数值分别见图 2-1-96 和图 2-1-97。由图 2-1-97 可知,溃口上断面流量等于溃口分洪流量与溃口下端面流量之和,因此溃口处水量平衡。

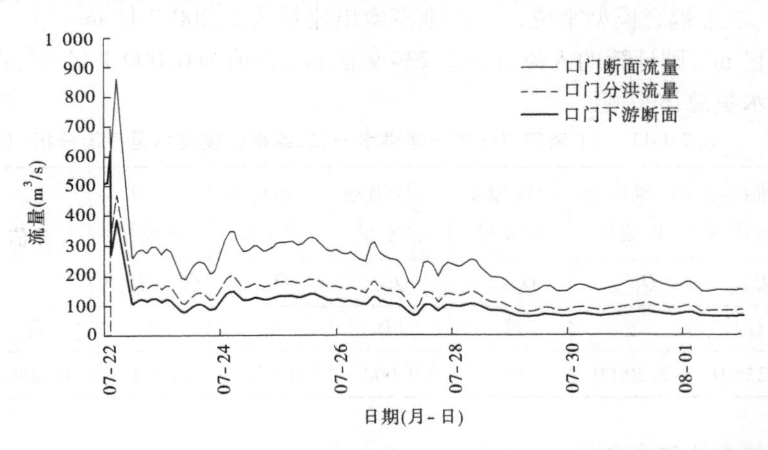

图 2-1-96　Y1 溃口 100 年一遇洪水口门断面、口门分洪断面以及口门下游断面流量过程线

Time Series Values

File　gem0405.res11　Item　Discharge

Number of decimals　3

Close　Apply　Save to file

	Date Time	GEM 4705.64	GEM 4804.53	SS_GEM_4755.0M 50
343	-7-2016 05:30:00	179.458	65.775	113.743
344	-7-2016 05:35:00	178.194	65.364	112.893
345	-7-2016 05:39:59	176.889	64.935	112.015
346	-7-2016 05:45:00	175.584	64.509	111.137
347	-7-2016 05:50:00	174.265	64.079	110.249
348	-7-2016 05:54:59	172.930	63.644	109.349
349	-7-2016 06:00:00	171.600	63.212	108.451
350	-7-2016 06:05:00	170.280	62.789	107.554
351	-7-2016 06:09:59	168.963	62.366	106.660
352	-7-2016 06:15:00	167.648	61.945	105.767
353	-7-2016 06:20:00	166.321	61.520	104.864
354	-7-2016 06:24:59	165.007	61.096	103.972
355	-7-2016 06:30:00	163.725	60.685	103.102
356	-7-2016 06:35:00	162.415	60.267	102.212

图 2-1-97　Y1 溃口 100 年一遇洪水口门断面、口门分洪断面以及口门下游断面流量

2)二维水量平衡

Y1 溃口水量平衡概化示意图见图 2-1-98。

对于一、二维耦合模型 $Q_{1入流} = Q_{1出流} + Q_{2出流} + Q_{1存} + Q_{2存}$。

模型水量平衡分析详见表 2-1-11。该方案洪水计算从 7 月 22 日 01:00 开始至 8 月 1 日 23:00 结束,进入一维模型水量为 2.235 0 亿 m³,溃口处分洪量 1.27 亿 m³,占该计算时段总洪量的 57%。溃口洪水进入二维模型后经过新区景观湖和老河道退水入格尔木

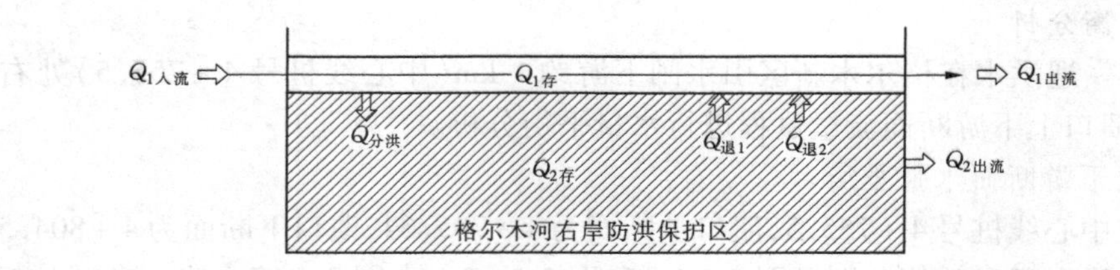

图 2-1-98　Y1 溃口水量平衡概化示意图

河。对于一、二维耦合模型来说，一、二维模型出流量为 2.200 9 亿 m^3，一、二维模型存水量为 0.034 亿 m^3，则计算的入流量为 2.234 9 亿 m^3，差值为 0.000 1 亿 m^3，占实际入流量的0.004%，水量总体平衡。

表 2-1-11　Y1 溃口 100 年一遇洪水一、二维耦合模型水量平衡分析（单位：亿 m^3）

分项	一维模型入流洪量	一维模型出流量	二维模型出流量	一维模型存水量	二维模型存水量	计算入流量	差值	比例
	$Q_{1入流}$	$Q_{1出流}$	$Q_{2出流}$	$Q_{1存}$	$Q_{2存}$	$Q_{1入流}$ 计算		
序号	①	②	③	④	⑤	⑥	⑦ = ① - ⑥	⑧ = ⑦/①
数值	2.235 0	2.200 9	0	0.002	0.032	2.234 9	0.000 1	0.004%

6. 与以往成果对比分析

本次查勘收集到格尔木防办 2011 年 9 月完成的《格尔木河（引水枢纽至新华村段）洪水风险图》。该图给出了 5 年一遇、10 年一遇、20 年一遇、50 年一遇和 100 年一遇洪水的淹没范围。将本次各方案 100 年一遇洪水淹没范围叠加后与该图对比，分析计算结果合理性，详见图 2-1-99。

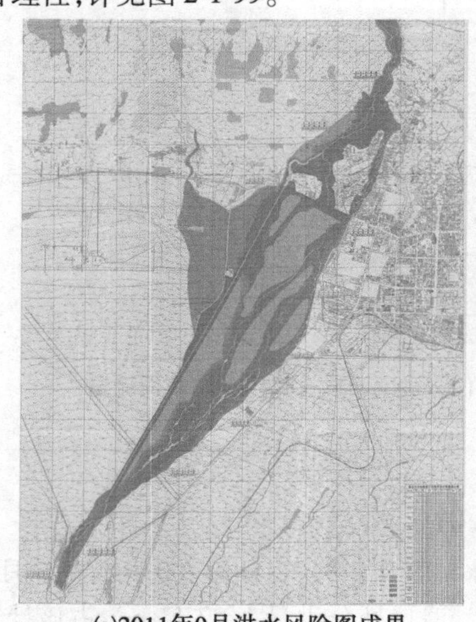

(a)2011年9月洪水风险图成果

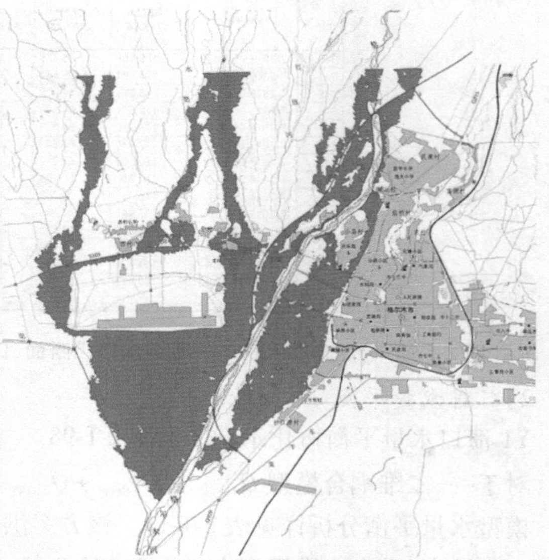

(b)本次计算100年一遇洪水包络图

图 2-1-99　本次计算结果与 2011 年 9 月成果对比

通过对比得出，格尔木河右岸防洪保护区淹没范围基本一致，格茫公路以上淹没区主要位于沿滨河路和格尔木河右岸堤防之间的区域，格茫公路以北主要淹没格尔木新区景观湖退水渠和格尔木老河道退水渠。由于本次仅在右岸选择了3个典型溃口，因此淹没面积略小于2011年成果。由于右岸沿线堤防均有溃口可能，因此部分空白区域填补后，两成果差值将进一步减小。

对于格尔木左岸防洪保护区，本次计算的淹没范围要大于2011年成果，因为本次考虑从林场引水口溃口，口门靠上游，淹没范围较大。

1.2.5　洪水风险要素综合分析

1.2.5.1　洪水淹没包络图

为了反映格尔木河洪水风险研究区不同频率洪水下最大的淹没范围，需要绘制不同频率淹没范围包络图。

格尔木河两岸堤防土质以砂砾石为主，抗冲性较差，沿线均有溃堤的可能。而本次根据历史溃口、洪水风险等仅选择了5处典型溃口进行洪水分析，其中左岸2处、右岸3处。若直接将各溃口不同频率的最大淹没范围图叠加，则叠加后淹没面积小于实际洪水风险区域，因此在包络图绘制的时候，需要进行适当修正，具体以河段沿程水位为依据，对堤防两岸未淹没的空白区域进行填补。

经修正后，格尔木河洪水风险研究区不同洪水量级的淹没范围包络图详见图2-1-100～图2-1-102。

1.2.5.2　洪水风险要素分析

根据格尔木河各溃口30年一遇、50年一遇和100年一遇洪水分析结果，统计得到各方案洪水风险要素信息，详见表2-1-12。由表2-1-12分析，得出以下认识：

(1)对于同一溃口，随着洪水量级的增加，淹没面积、淹没水深、平均历时均随之增加。以Z2格尔木市自来水厂取水口上游溃口为例，30年一遇、50年一遇和100年一遇淹没面积分别为19.44 km^2、19.81 km^2和20.14 km^2，平均水深分别为0.307 m、0.316 m和0.327 m，平均淹没历时为242.3 h、244.1 h和244.5 h，均呈增加趋势。这一趋势符合洪水演进规律。因此，各方案洪水分析结果正确。

(2)对于同一防洪保护区，溃口越靠上游，同一频率洪水淹没面积越大。以格尔木河右岸为例，Y3溃口、Y2溃口和Y1溃口分布从下游至上游，遭遇100年一遇洪水分别从3个口门溃口后，淹没面积分别为3.09 km^2、7.03 km^2和20.61 km^2，呈增加趋势。但受地形地貌影响，各溃口分洪流量不同，淹没区地形不同，因此流速、淹没水深和历时等差别较大。

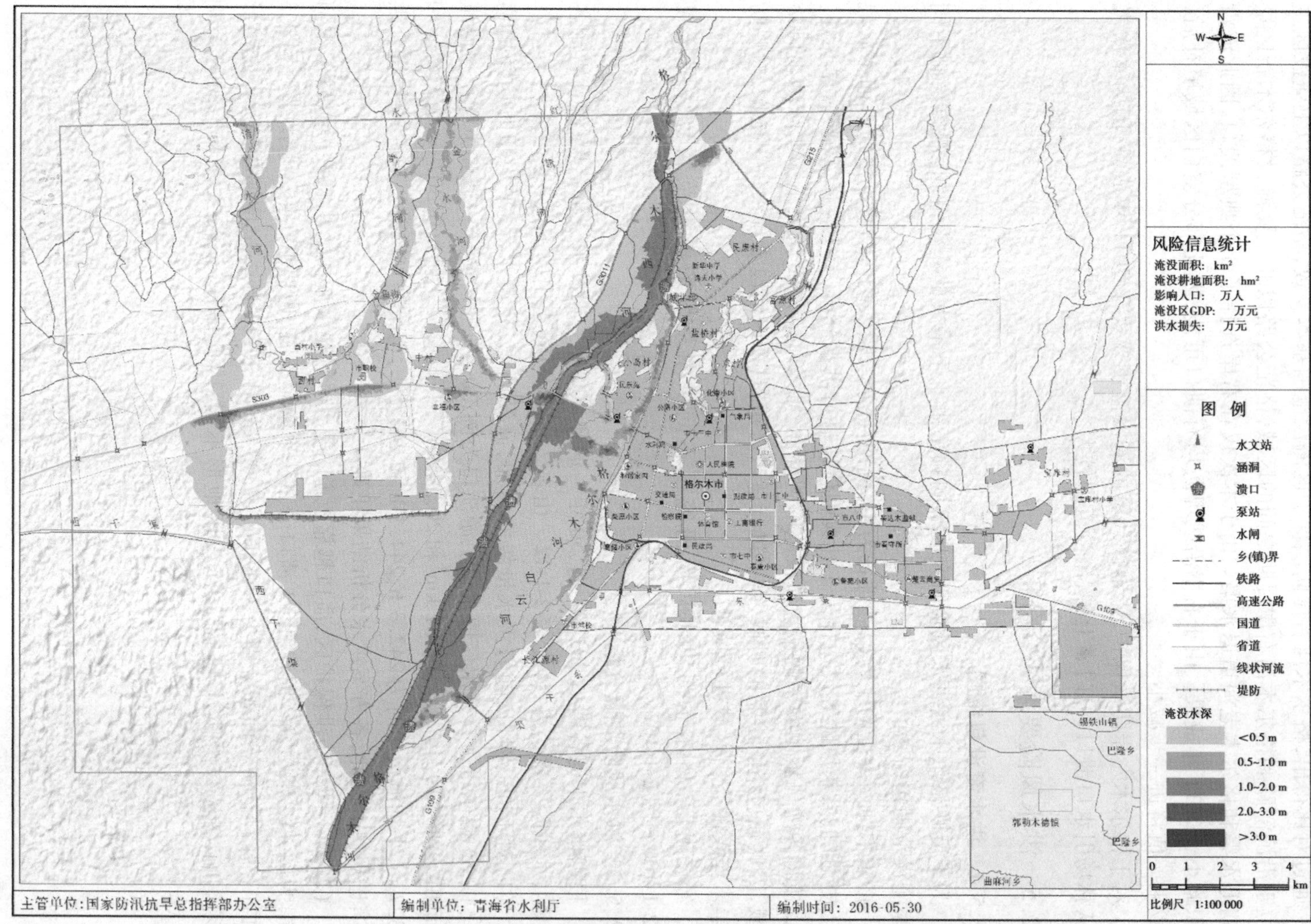

图2-1-100　格尔木河洪水风险编制区30年一遇洪水淹没范围包络图

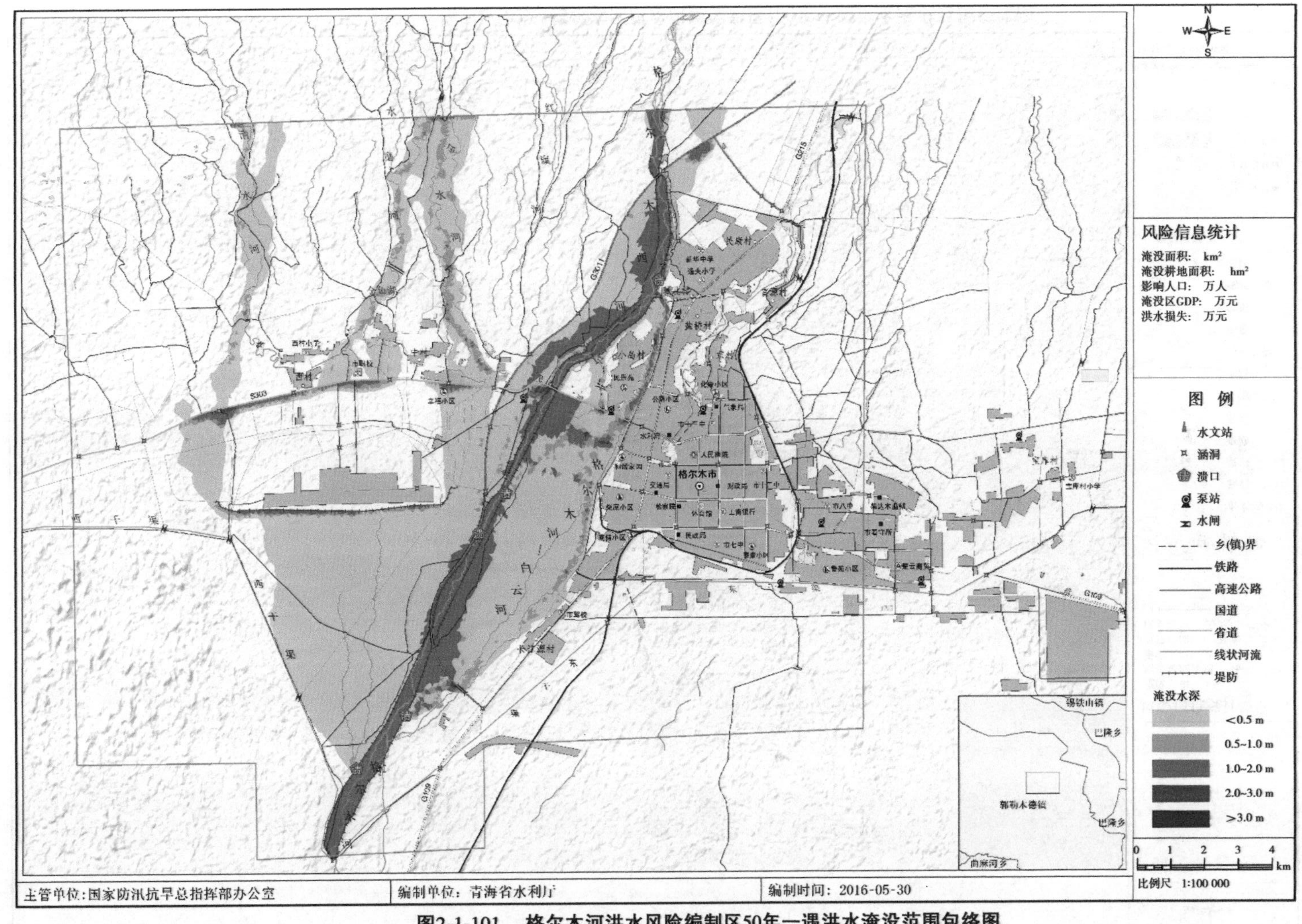

图2-1-101　格尔木河洪水风险编制区50年一遇洪水淹没范围包络图

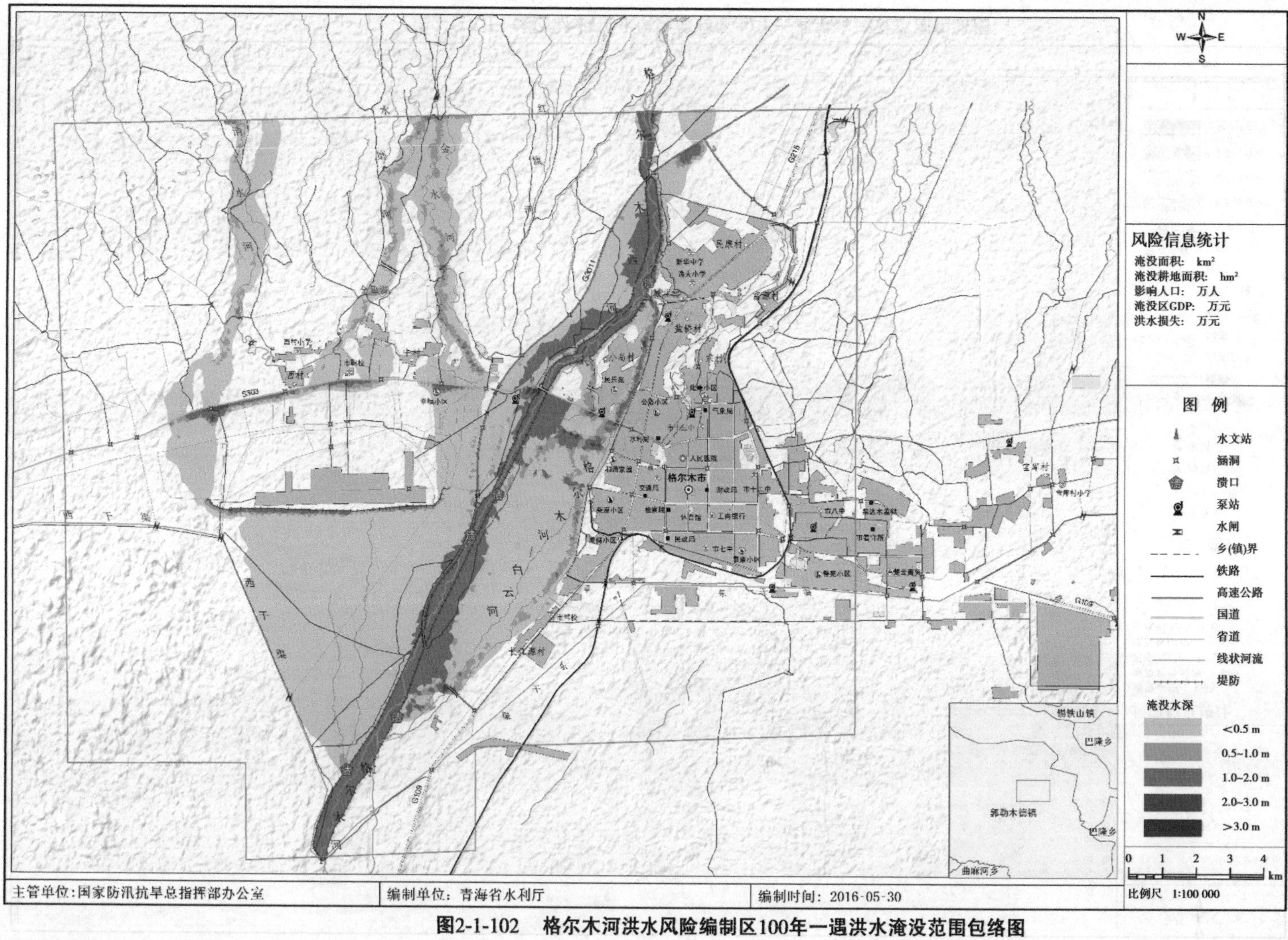

图2-1-102 格尔木河洪水风险编制区100年一遇洪水淹没范围包络图

表 2-1-12　不同方案洪水风险要素信息比较

溃口		洪水分析方案	溃口宽度(m)	堤外地面高程(m)	洪水总量(亿 m^3)	溃口分洪量(亿 m^3)	淹没面积(km^2)	流速(m/s)		水深(m)		历时(h)	
序号	地点							最大流速	平均流速	最大水深	平均水深	最大历时	平均历时
Z1	左岸林场溃口	30 年一遇	300	2 911.5	1.52	0.84	52.49	3.60	0.665	2.53	0.230	262.0	248.1
		50 年一遇			1.77	1.00	54.90	3.90	0.667	2.66	0.239	262.0	249.3
		100 年一遇			2.24	1.30	58.24	3.97	0.669	2.72	0.242	262.0	249.3
Z2	格尔木市自来水厂取水口	30 年一遇	150	2 844.5	1.52	0.60	19.44	3.95	0.444	3.41	0.307	262.0	242.3
		50 年一遇			1.77	0.70	19.81	3.97	0.459	3.46	0.316	262.0	244.1
		100 年一遇			2.24	0.88	20.14	3.98	0.473	3.48	0.327	262.0	244.5
Y1	格尔木新区引水闸下游 1 km	30 年一遇	200	2 894.3	1.52	0.81	18.92	4.17	0.668	2.14	0.307	262.0	243.0
		50 年一遇			1.77	0.97	19.51	4.18	0.695	2.20	0.334	262.0	248.8
		100 年一遇			2.24	1.27	20.61	4.80	0.747	2.67	0.393	262.0	251.3
Y2	格茫公路桥上游 3.5 km	30 年一遇	150	2 832.0	1.52	0.72	5.54	3.88	0.764	2.22	0.616	262.0	250.8
		50 年一遇			1.77	0.84	5.83	3.90	0.776	2.25	0.627	262.0	252.0
		100 年一遇			2.24	1.05	7.03	3.88	0.755	2.52	0.636	262.0	253.9
Y3	格尔木老河道汇入口下游 200 m	30 年一遇	240	2 779.6	1.52	0.20	3.01	2.87	0.514	2.03	0.554	262.0	246.5
		50 年一遇			1.77	0.29	3.05	2.85	0.568	2.15	0.576	262.0	248.0
		100 年一遇			2.24	0.43	3.09	2.86	0.585	2.27	0.609	262.0	249.6

1.3 洪水影响与损失估算分析

1.3.1 洪水影响统计分析

1.3.1.1 数据准备与方案设置

评估模型对基础数据输入格式、编码进行了严格的规定。其中,基础地理数据包括行政区界、居民地、耕地、公路、铁路、重点单位、水域面等七大要素;社会经济数据包括综合、人民生活、农业、第二产业、第三产业等五大要素;洪水淹没数据包括网格类型、最大水深、淹没历时等要素。

格尔木河洪水风险分析共设置5个溃口洪水计算方案,每个溃口计算30年一遇、50年一遇和100年一遇3个量级,共设置了15个方案。洪水将主要影响格尔木市区、郭勒木德镇。格尔木河洪水损失也设置了15个方案,其方案设置和计算输出设置见图2-1-103~图2-1-105。

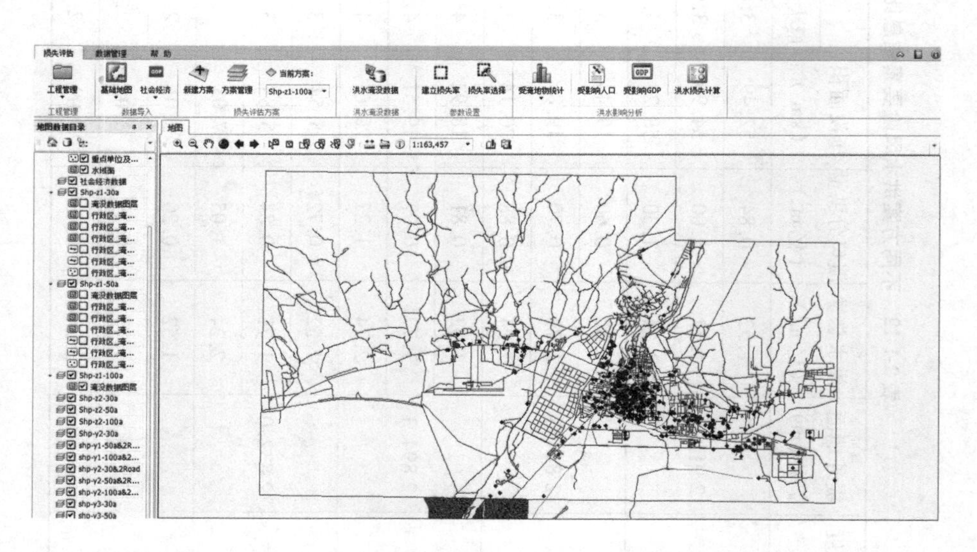

图2-1-103 格尔木河洪水损失计算方案设置

1.3.1.2 洪水影响统计分析

洪水影响分析指标主要统计各级淹没水深区域范围内的人口、房屋、受淹面积、受淹耕地面积、受淹交通干线(省级以上公路、铁路)里程以及受影响GDP等社会经济指标。洪水影响分析以乡(镇)为统计单元进行。根据《2015年青海风险图技术大纲》,洪水影响分析指标水平年为2014年。

1. 左岸林场引水口溃口(2+663)

经计算,格尔木河洪水风险研究区遭遇30年一遇洪水在左岸林场引水口溃口,淹没总面积52.49 km^2,淹没农田面积21.09 hm^2,淹没房屋面积27.62万m^2,受影响公路长度80.20 km,受影响GDP 2 316.2万元。50年一遇洪水情况下,淹没总面积54.90 km^2,淹

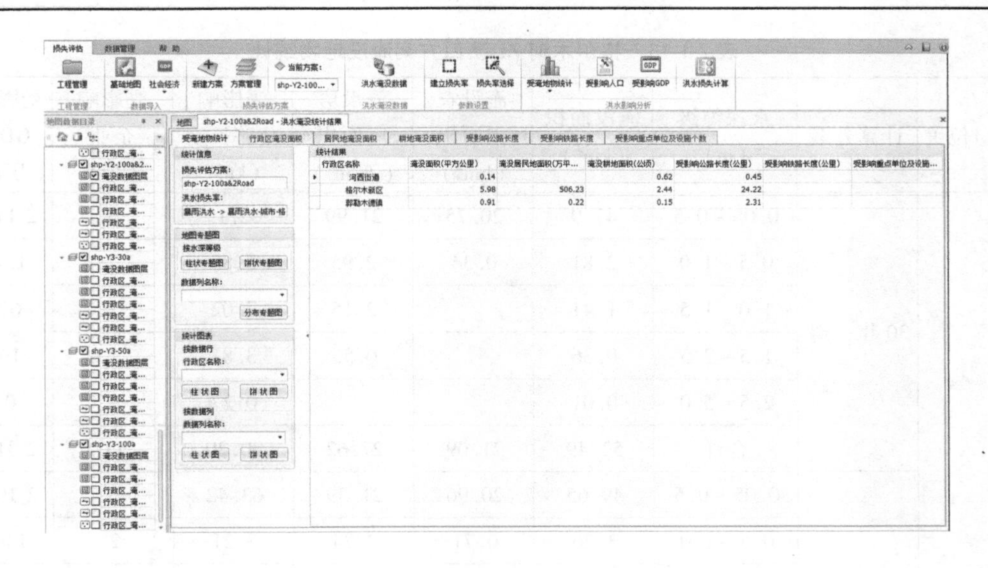

图 2-1-104　格尔木河洪水淹没计算结果

统计结果

方案	居民房屋损…	家庭财产损…	农业损失(万元)	工业资产损…	工业产值损…	商贸业资产…	商贸业主营…	道路损失(万元)	铁路损失(万元)	合计(万元)
Shp-z1-30a	2883.39	1293.2	2.64	12.32	18.93	0.22	1.67	869.66		5082.06
Shp-z1-50a	3019.79	1406.49	2.81	13.04	20.03	0.22	1.78	937.04		5401.16
Shp-z2-30a	3594.43	1461.58	3.4	4.94	6.95	0.08	0.61	157.12		5229.13
Shp-z2-50a	3837.21	1567.65	3.61	5.09	7.1	0.08	0.63	166.63		5588.04
Shp-z2-100a	3950.98	1620.53	3.65	5.23	7.24	0.08	0.63	177.76		5766.11
shp-Y1-30a	1656.12	1132.41	0.22	1145.88	702.36	22.91	62.08	125.47		4847.47
shp-Y1-50a&…	2380.47	1628.02	0.95	1626.61	1007.2	32.21	89.04	171.45		6935.94
shp-Y1-100a…	5842.77	3997.77	1.47	3303.81	1682.57	65.57	148.75	308.87		15351.56
shp-Y2-30&…	3275.69	2240.56	0.22	1796.22	955.96	34.98	84.51	180.29		8568.46
shp-Y2-50a&…	3636.33	2488.07	0.24	1968.35	1109.53	38.06	98.09	190.6		9529.27
shp-Y2-100a…	4790.96	3278.1	1.23	2608.09	1370.83	51.72	121.18	257.33		12479.46
shp-Y3-30a	648.36	280.96	2.33	1.02	1.09	0.02	0.09	4.98		938.86
shp-Y3-50a	666.01	287.68	2.38	1.03	1.1	0.02	0.09	4.98		963.32
shp-Y3-100a	697.61	301.18	2.62	1.1	1.13	0.02	0.1	6.92		1010.65

图 2-1-105　格尔木河洪水损失计算结果

没农田面积 21.67 hm^2，淹没房屋面积 27.85 万 m^2，受影响公路长度 82.73 km，受影响 GDP 2 423万元。100 年一遇洪水情况下，淹没总面积 58.24 km^2，淹没农田面积 21.67 hm^2，淹没房屋面积 33.56 万 m^2，受影响公路长度 91.53 km，受影响 GDP 2 570 万元。淹没主要涉及郭勒木德镇。格尔木河 Z1 溃口方案淹没地物情况详见表2-1-13 和表2-1-14。

表 2-1-13　格尔木河 Z1 溃口方案淹没地物统计

溃口位置	计算方案	水深等级(m)	淹没面积(km^2)	淹没农田面积(hm^2)	淹没房屋面积(万 m^2)	受影响公路长度(km)	受影响企业(个)	受影响GDP(万元)
Z1 溃口(2+663)	30 年一遇	0.05~0.5	47.9	20.75	21.99	62.19	6	2 114
		0.5~1.0	2.81	0.34	2.95	6.85	2	124
		1.0~1.5	1.41		2.15	7.02	2	62
		1.5~2.5	0.36		0.53	3.87	1	16
		2.5~5.0	0.01			0.27		0
		合计	52.49	21.09	27.62	80.20	11	2 316
	50 年一遇	0.05~0.5	49.65	20.96	21.39	63.42	6	2 191
		0.5~1.0	3.26	0.71	2.74	7.21	2	144
		1.0~1.5	1.48		2.50	6.67	2	65
		1.5~2.5	0.49		1.22	4.96	1	22
		2.5~5.0	0.02			0.47		1
		合计	54.90	21.67	27.85	82.73	11	2 423
	100 年一遇	0.05~0.5	52.61	20.96	26.86	71.24	6	2 322
		0.5~1.0	3.51	0.71	2.97	7.98	2	155
		1.0~1.5	1.51		2.31	6.11	2	67
		1.5~2.5	0.59		1.42	5.73	1	26
		2.5~5.0	0.02			0.47		1
		合计	58.24	21.67	33.56	91.53	11	2 570

表 2-1-14　格尔木河 Z1 溃口方案分乡(镇)淹没地物统计

溃口	计算方案	行政区名称	淹没总面积(km^2)	淹没农田面积(hm^2)	淹没房屋面积(万 m^2)	受影响公路长度(km)	受影响企业(个)	受影响GDP(万元)
Z1 溃口(2+663)	30 年一遇	郭勒木德镇	52.49	21.09	27.62	80.20	11	2 316.2
	50 年一遇	郭勒木德镇	54.90	21.67	27.85	82.73	11	2 422.6
	100 年一遇	郭勒木德镇	58.24	21.67	33.56	91.53	11	2 570

2. 左岸水厂上游溃口(10+389)

经计算,格尔木河洪水风险研究区遭遇 30 年一遇洪水在左岸水厂上游溃口,淹没总面积 19.44 km^2,淹没农田面积 11.85 hm^2,淹没房屋面积 37.64 万 m^2,受影响公路长度 48.94 km,受影响 GDP 858 万元。50 年一遇洪水情况下,淹没总面积 19.81 km^2,淹没农田面积 11.85 hm^2，淹没房屋面积 40.10 万 m^2，受影响公路长度 50.25 km，受影响 GDP 874 万元。100 年一遇洪水情况下，淹没总面积 20.14 km^2，淹没农田面积 11.85 hm^2，淹没房屋面积 41.08 万 m^2，受影响公路长度 51.36 km，受影响 GDP 889 万元。淹没主要涉及郭勒木德镇。格尔木河 Z2 溃口方案淹没地物情况详见表 2-1-15 和表 2-1-16。

表 2-1-15　格尔木河 Z2 溃口方案淹没地物统计

溃口位置	计算方案	水深等级（m）	淹没面积（km^2）	淹没农田面积（hm^2）	淹没房屋面积（万 m^2）	受影响公路长度（km）	受影响企业（个）	受影响 GDP（万元）
Z2 溃口（10+389）	30 年一遇	0.05~0.5	16.40	8.72	34.20	40.11	1	724
		0.5~1.0	1.94	0.26	2.45	6.05	1	86
		1.0~1.5	0.78	0.72	0.86	2.13	0	34
		1.5~2.5	0.26	0.51	0.13	0.65	0	12
		2.5~5.0	0.06	1.64	0	0	0	3
		合计	19.44	11.85	37.64	48.94	2	858
	50 年一遇	0.05~0.5	16.56	7.95	36.46	40.73	2	731
		0.5~1.0	2.08	1.03	2.34	6.67	1	92
		1.0~1.5	0.83	0.72	1.17	2.18	0	37
		1.5~2.5	0.27	0.45	0.13	0.67	0	12
		2.5~5.0	0.07	1.70	0	0	0	3
		合计	19.81	11.85	40.10	50.25	3	874
	100 年一遇	0.05~0.5	16.64	7.95	36.88	41.00	2	734
		0.5~1.0	2.21	0.77	2.90	7.07	1	98
		1.0~1.5	0.94	0.98	1.17	2.57	0	42
		1.5~2.5	0.28	0.45	0.13	0.66	0	12
		2.5~5.0	0.07	1.70	0	0.06	0	3
		合计	20.14	11.85	41.08	51.36	3	889

表 2-1-16　格尔木河 Z2 溃口方案分乡（镇）淹没地物统计

溃口	计算方案	行政区名称	淹没总面积（km^2）	淹没农田面积（hm^2）	淹没房屋面积（万 m^2）	受影响公路长度（km）	受影响企业（个）	受影响 GDP（万元）
Z2 溃口（10+389）	30 年一遇	郭勒木德镇	19.44	11.85	37.64	48.94	2	858
	50 年一遇	郭勒木德镇	19.81	11.85	40.10	50.25	3	874
	100 年一遇	郭勒木德镇	20.14	11.85	41.08	51.36	3	889

3. 右岸格尔木新区引水闸下游约 1 km(2015 年溃口处)

经计算,格尔木河洪水风险研究区遭遇 30 年一遇洪水在右岸格尔木新区引水闸下游溃口,淹没总面积 18.92 km^2,淹没农田面积 1.78 hm^2,淹没房屋面积 1 090.83 万 m^2,受影响公路长度 69.05 km,受影响 GDP 405 201 万元。50 年一遇洪水情况下,淹没总面积 19.51 km^2,淹没农田面积 2.45 hm^2,淹没房屋面积 1 130.91 万 m^2,受影响公路长度70.28 km,受影响 GDP 420 130 万元。100 年一遇洪水情况下,淹没总面积 20.61 km^2,淹没农田面积 3.62 hm^2,淹没房屋面积 1 208.07 万 m^2,受影响公路长度 75.38 km,受影响 GDP 446 328万元。该溃口主要淹没河西街道、格尔木新区和郭勒木德镇,其中格尔木新区、河西街道为格尔木城区,人口密集,因此淹没地物等较大。格尔木河 Y1 溃口方案淹没地物情况详见表 2-1-17 和表 2-1-18。

表 2-1-17 格尔木河 Y1 溃口方案淹没地物统计

溃口位置	计算方案	水深等级(m)	淹没面积(km^2)	淹没农田面积(hm^2)	淹没房屋面积(万 m^2)	受影响公路长度(km)	受影响企业(个)	受影响人口总数(万人)	受影响GDP(万元)
Y1 溃口(4 +755)	30 年一遇	0.05 ~ 0.5	15.53	1.39	936.67	57.31	0	10.51	343 278
		0.5 ~ 1.0	2.09	0.30	113.63	8.37	1	1.32	42 868
		1.0 ~ 1.5	1.04	0.09	33.34	2.41	0	0.49	15 279
		1.5 ~ 2.5	0.26	0	7.19	0.96	0	0.11	3 776
		合计	18.92	1.78	1 090.83	69.05	1	12.43	405 201
	50 年一遇	0.05 ~ 0.5	15.74	1.71	956.42	57.06	0	10.72	350 133
		0.5 ~ 1.0	2.13	0.40	118.34	9.08	0	1.39	44 901
		1.0 ~ 1.5	1.26	0.34	45.75	2.78	1	0.60	19 868
		1.5 ~ 2.5	0.38	0	10.40	1.36	0	0.15	5 228
		合计	19.51	2.45	1 130.91	70.28	1	12.86	420 130
	100 年一遇	0.05 ~ 0.5	15.79	2.71	965.6	57.11	0	10.64	349 087
		0.5 ~ 1.0	2.62	0.54	155.88	11.48	0	1.80	58 145
		1.0 ~ 1.5	1.33	0.12	60.62	4.51	1	0.82	26 723
		1.5 ~ 2.5	0.87	0.25	25.97	2.15	0	0.37	12 375
		2.5 ~ 5.0	0	0	0	0.13	0	0	0
		合计	20.61	3.62	1 208.07	75.38	1	13.64	446 328

4. 白云桥上游 3.5 km(11 +788.5)溃口

经计算,格尔木河洪水风险研究区遭遇 30 年一遇洪水在右岸白云桥上游 3.5 km 溃口,淹没总面积 5.54 km^2,淹没农田面积 1.61 hm^2,淹没房屋面积 397.71 万 m^2,受影响公路长度 18.71 km,受影响人口 4.18 万人,受影响 GDP 138 939 万元。50 年一遇洪水情况下,淹没总面积 5.83 km^2,淹没农田面积 2.25 hm^2,淹没房屋面积 417.26 万 m^2,受影响公路长度 20.62 km,受影响人口 4.42 万人,受影响 GDP 147 188 万元。100 年一遇洪水情况下,淹没总面积 7.03 km^2,淹没农田面积 3.21 hm^2,淹没房屋面积 506.45 万 m^2,受影响公路长度26.98 km,受影响人口5.45万人,受影响GDP 180 994万元。该溃口主要淹没河西街道、格尔木新区和郭勒木德镇,其中格尔木新区、河西街道为格尔木城区,人口密集,因此淹没地物等较大。格尔木河Y2溃口方案淹没地物情况详见表2-1-19和表2-1-20。

表2-1-18 格尔木河Y1溃口方案分乡(镇)淹没地物统计

溃口	计算方案	行政区名称	淹没面积(km^2)	淹没农田面积(hm^2)	淹没房屋面积(万m^2)	受影响公路长度(km)	受影响企业(个)	受影响人口总数(万人)	受影响GDP(万元)
Y1溃口(4+755)	30年一遇	河西街道	0.09	0.30	0	0.25	0	0.04	4 711
		格尔木新区	13.79	1.33	1 090.61	60.98	0	12.39	400 468
		郭勒木德镇	5.04	0.15	0.22	7.82	1		22
		合计	18.92	1.78	1 090.83	69.05	1	12.43	405 201
	50年一遇	河西街道	0.12	0.62	0	0.45	0	0.05	6 281
		格尔木新区	14.25	1.68	1 130.69	61.87	0	12.81	413 827
		郭勒木德镇	5.14	0.15	0.22	7.96	1		23
		合计	19.51	2.45	1 130.91	70.28	1	12.86	420 130
	100年一遇	河西街道	0.16	0.90	0	0.86	0	0.07	8 375
		格尔木新区	15.08	2.57	1 207.85	65.47	0	13.57	437 930
		郭勒木德镇	5.37	0.15	0.22	9.05	1		24
		合计	20.61	3.62	1 208.07	75.38	1	13.64	446 329

表2-1-19 格尔木河Y2溃口方案淹没地物统计

溃口位置	计算方案	水深等级(m)	淹没面积(km^2)	淹没农田面积(hm^2)	淹没房屋面积(万m^2)	受影响公路长度(km)	受影响人口总数(万人)	受影响GDP(万元)
Y2溃口(11+889)	30年一遇	0.05~0.5	3.03	1.22	261.27	10.70	2.55	84 860
		0.5~1.0	1.21	0.30	88.03	4.23	1.00	32 701
		1.0~1.5	0.95	0.09	34.03	2.26	0.44	14 698
		1.5~2.5	0.35	0	14.38	1.52	0.19	6 680
		合计	5.54	1.61	397.71	18.71	4.18	138 939
	50年一遇	0.05~0.5	3.22	1.86	271.29	12.04	2.69	90 205
		0.5~1.0	1.23	0.30	94.09	4.39	1.03	34 153
		1.0~1.5	0.91	0.09	35.72	2.66	0.48	15 569
		1.5~2.5	0.47	0	16.16	1.53	0.22	7 261
		合计	5.83	2.25	417.26	20.62	4.42	147 188
	100年一遇	0.05~0.5	3.91	2.40	327.93	15.69	3.30	109 487
		0.5~1.0	1.44	0.44	109.04	6.14	1.19	39 614
		1.0~1.5	0.97	0.12	48.19	3.20	0.67	22 075
		1.5~2.5	0.71	0.25	21.29	1.93	0.30	9 818
		2.5~5.0	0	0	0	0.02	0	0
		合计	7.03	3.21	506.45	26.98	5.45	180 994

表 2-1-20　格尔木河 Y2 溃口方案淹没地物统计

溃口	计算方案	行政区名称	淹没面积（km^2）	淹没农田面积（hm^2）	淹没房屋面积（万 m^2）	受影响公路长度（km）	受影响人口总数（万人）	受影响GDP（万元）
Y2 溃口（11 + 789）	30 年一遇	河西街道	0.08	0.30	0	0.15	0.04	4 187
		格尔木新区	4.64	1.16	397.49	17.24	4.14	134 748
		郭勒木德镇	0.82	0.15	0.22	1.32	0	4
		合计	5.54	1.61	397.71	18.71	4.18	138 939
	50 年一遇	河西街道	0.11	0.33	0	0.29	0.05	5 758
		格尔木新区	4.87	1.77	417.04	18.73	4.37	141 427
		郭勒木德镇	0.85	0.15	0.22	1.6	0	4
		合计	5.83	2.25	417.26	20.62	4.42	147 188
	100 年一遇	河西街道	0.14	0.62	0	0.45	0.05	7 328
		格尔木新区	5.98	2.44	506.23	24.22	5.40	173 662
		郭勒木德镇	0.91	0.15	0.22	2.31	0	4
		合计	7.03	3.21	506.45	26.98	5.45	180 994

5. 格尔木老河道汇入口下游 200 m

经计算，格尔木河洪水风险研究区遭遇 30 年一遇洪水在右岸白云桥上游 3.5 km 溃口，淹没总面积 3.01 km^2，淹没农田面积 11.64 hm^2，淹没房屋面积 6.35 万 m^2，受影响公路长度 9.27 km，受影响企业 1 个，受影响 GDP 133 万元。50 年一遇洪水情况下，淹没总面积 3.05 km^2，淹没农田面积 12.02 hm^2，淹没房屋面积 6.55 万 m^2，受影响公路长度 9.46 km，受影响企业 1 个，受影响 GDP 134 万元。100 年一遇洪水情况下，淹没总面积 3.09 km^2，淹没农田面积 12.88 hm^2，淹没房屋面积 6.85 万 m^2，受影响公路长度 10.09 km，受影响企业 1 个，受影响 GDP 136 万元。该溃口位于格尔木城区边界、距离洪水风险研究区下边界直线距离仅 4 km，且溃口后洪水仅沿堤防与高台之间的条带演进，因此该溃口不同量级洪水淹没面积较小，且各方案之间差别不大；同时由于淹没地区村庄分布稀少，淹没地物少，洪灾损失小。格尔木河 Y2 溃口方案淹没地物情况详见表 2-1-21 和表 2-1-22。

1.3.1.3　洪水影响分析结论

由表 2-1-13 ~ 表 2-1-22 分析得出以下结论：

（1）从洪水影响来说，新区以上溃口影响较大，其他溃口的洪水影响均较小。以 100 年一遇洪水为例，在格尔木左岸林场引水口溃口后淹没面积达到 58.24 km^2，但由于左岸淹没区主要为林场和郭勒木德镇部分村庄，因此淹没影响较小，影响 GDP 仅 2 570 万元，占淹没影响乡（镇）GDP 总量的 1.7%。但若在右岸的格尔木新区引水闸下游溃口后，淹没面积为 20.61 km^2，由于淹没的主要为格尔木新区，社会经济发展集中，因此淹没影响较大，影响 GDP 达到 44.63 亿元，占淹没影响乡（镇）GDP 总量的 35.0%。

表 2-1-21　格尔木河 Y3 溃口方案淹没地物统计

溃口位置	计算方案	水深等级(m)	淹没面积(km^2)	淹没农田面积(hm^2)	淹没房屋面积(万 m^2)	受影响公路长度(km)	受影响企业(个)	受影响GDP(万元)
Y3 溃口(19+594)	30 年一遇	0.05~0.5	1.76	8.92	4.98	7.34	1	78
		0.5~1.0	0.45	1.26	1.05	1.18	0	20
		1.0~1.5	0.68	0.79	0.32	0.56	0	30
		1.5~2.5	0.12	0.67	0	0.19	0	5
		2.5~5.0	0	0	0	0	0	0
		合计	3.01	11.64	6.35	9.27	1	133
	50 年一遇	0.05~0.5	1.78	9.3	5.18	7.51	1	79
		0.5~1.0	0.44	1.26	1.05	1.11	0	19
		1.0~1.5	0.69	0.79	0.32	0.65	0	30
		1.5~2.5	0.14	0.67	0	0.19	0	6
		2.5~5.0	0	0	0	0	0	0
		合计	3.05	12.02	6.55	9.46	1	134
	100 年一遇	0.05~0.5	1.77	9.65	5.4	7.78	1	78
		0.5~1.0	0.42	1.77	1.13	1.37	0	19
		1.0~1.5	0.7	0.79	0.32	0.72	0	31
		1.5~2.5	0.2	0.67	0	0.22	0	9
		2.5~5.0	0	0	0	0	0	0
		合计	3.09	12.88	6.85	10.09	1	136

表 2-1-22　格尔木河 Y3 溃口方案淹没地物统计

溃口	计算方案	行政区名称	淹没总面积(km^2)	淹没农田面积(hm^2)	淹没房屋面积(万 m^2)	受影响公路长度(km)	受影响企业(个)	受影响人口总数(万人)	受影响GDP(万元)
Y3 溃口(19+594)	30 年一遇	郭勒木德镇	3.01	11.64	6.35	9.27	1	0	133
	50 年一遇	郭勒木德镇	3.05	12.02	6.55	9.46	1	0	134
	100 年一遇	郭勒木德镇	3.09	12.88	6.85	10.09	1	0	136

(2)从受淹地物分析,从格尔木河左岸溃口后对公路交通和企业影响较大,受影响公路长度 48.94~91.53 km,影响的企业个数 2~11 个。从格尔木河右岸溃口后,由于 Y1、Y2 溃口均淹没新区,因此淹没影响房屋面积、人口和公路较大,影响房屋面积 417.26 万~1 208.07 万 m^2,占新区面积的 18%~56%;影响人口最多达 3.64 万人,公路

最长 75.38 km。

(3)从水深等级分布上看,受影响的地物在各个水深等级均有分布,但主要集中在 0.05 ~2.5 m 水深范围内,2.5 m 水深范围内淹没地物占 90%,而淹没水深 2.5 m 以上占 10%。分等级来讲,不同方案中 0.05 ~0.5 m 水深范围内,淹没影响地物占总影响地物的 65% ~98%;0.5 ~1.0 m 占 1.0% ~11.2%;1.0 ~1.5 m 占 0 ~9.0%;1.5 ~2.0 m 占 0 ~6.0%;符合格尔木河洪水淹没的特性,并随着水深分布的增加,受影响的地物随之减少,符合洪灾影响的一般规律。

1.3.2 洪水损失评估结果统计分析

洪水损失评估是指对各量级洪水导致的居民财产、农林牧渔、工商企业、交通运输等方面的直接损失进行估算分析。洪水损失评估采用洪灾损失率法进行估算,首先需要对灾前财产进行估值,然后分析确定不同量级、不同淹没水深条件下的洪灾损失率,即可估算洪水损失。

1.3.2.1 洪灾损失率确定

格尔木河洪灾损失率主要参考临近地区甘肃黑河、葫芦河防洪保护区的相关成果(见表 2-1-23),并咨询相关专家,分析后确定。

表 2-1-23 洪水灾害损失评估损失率统计 (%)

淹没水深(m)	家庭财产	家庭住房	农业	工业资产	商业资产	一级公路	二级公路
<0.5	10	20	80	9	8	3	3
0.5 ~1	20	30	100	17	23	10	10
1 ~1.5	35	40	100	22	38	15	15
1.5 ~2.5	45	50	100	40	43	27	25
2.5 ~5	60	60	100	50	60	34	32

格尔木河洪水分析河段位于出山口以下的冲洪积扇上,河道比降较大,达到 1%,洪水流速较大,冲刷破坏较强。对于家庭财产与家庭住房财产损失,由于洪水主要淹没格尔木市区,按照城市建设的规范标准,一般房屋的地基要高于地面 0.3 ~0.6 m,并且城市房屋地基好,0.5 m 以下损失微小,水深增加时一般防洪保护区家庭财产与家庭住房损失率将达到 70% ~80%。但乡村段房屋质量相对较差,房屋进水后损失比例要远高于城区。根据历史洪灾记录,2010 年洪水期间,严重受损房屋 146 间,损失 219 万元。因此,综合考虑家庭财产和家庭住房 0.5 m 以下洪灾损失率取 10%、20% 较为合适。对于农业损失,由于项目区分布主要为砂砾石土,土壤层较薄,黏粒含量少,抗冲性较差,遭遇洪水后损失较严重,即使淹没水深小于 0.5 m,损失也可能达到 80%,甚至绝收。据此特性,综合分析确定了农业损失率为 80% ~100%。对于一级公路、二级公路,由于路基较高,对于 1.0 m 以下损失均较小。

综合上述分析,确定格尔木河洪灾损失率详见表 2-1-23。

1.3.2.2 分类资产价值

格尔木河洪水风险研究区主要涉及格尔木市城区 5 个街道办事处、格尔木新区及郭勒木德镇，涉及乡（镇）总面积 807.7 km^2，2014 年 GDP 281.81 亿元、常住人口 22.92 万人，总耕地面积 2 101.8 hm^2。2014 年格尔木洪水风险分析涉及乡（镇）社会经济指标详见表 2-1-24 ~ 表 2-1-26。

表 2-1-24　格尔木洪水风险分析涉及乡（镇）社会经济综合和农业指标统计

区域名称	区域面积（km^2）	GDP 总值（万元）	耕地面积（hm^2）	农业产值（万元）	种植业产值（万元）	林业产值（万元）	渔业产值（万元）	牧业产值（万元）	副业产值（万元）
河西街道	10	523 420.02	801.75	21 023	17 718	479.1	7.59	2 742.32	76.15
金峰路街道	6.28	343 608.16	0	2 170		314.52	4.98	1 800.25	49.99
西藏路街道	9.6	104 195.16	0	658		95.37	1.51	545.9	15.16
格尔木新区	20.6	598 233.37	0	3 778		547.58	8.67	3 134.29	87.04
郭勒木德镇	34 971.9	154 327.12	1 300	29 703	28 728	141.26	2.24	808.56	22.45
昆仑路街道	130.18	660 466.73	0	4 171		604.55	9.57	3 460.34	96.09
黄河路街道	35	433 804.66	0	2 739		397.08	6.29	2 272.8	63.12

表 2-1-25　格尔木河洪水风险分析涉及乡（镇）人民生活指标统计

区域名称	常住人口（人）	乡村居民人均住房（m^2）	乡村居民人均纯收入（元）	城镇居民人均住房（m^2）	城镇居民人均可支配收入（元）
河西街道	42 575	50.64	12 833	20.62	20 324
金峰路街道	27 949	50.64	12 833	20.62	20 324
西藏路街道	8 475	50.64	12 833	20.62	20 324
格尔木新区	185 000	50.64	12 833	20.62	20 324
郭勒木德镇	12 552	50.64	12 833	20.62	20 324
昆仑路街道	53 722	50.64	16 819	20.62	20 324
黄河路街道	35 285	50.64	12 833	20.62	20 324

表 2-1-26　格尔木河洪水风险分析涉及乡（镇）第二产业、第三产业基本情况统计

（单位：万元）

区域名称	第二产业			第三产业		
	固定资产	流动资产	工业产值	固定资产	流动资产	主营收入
河西街道	327 613.5	482 440.86	738 026.32	8 064.75	14 916.16	73 945.03
金峰路街道	215 067.56	316 706.68	484 490.19	5 294.25	9 791.97	48 542.5
西藏路街道	65 216.73	96 037.6	146 916	1 605.42	2 969.3	14 719.95
格尔木新区	374 439.87	551 397	843 513.74	9 217.46	17 048.15	84 514.13
郭勒木德镇	96 594.79	142 244.67	217 602.45	2 377.84	4 397.94	21 802.23
昆仑路街道	413 392.32	608 758.04	931 263.27	10 176.34	18 821.65	93 306.01
黄河路街道	271 522.4	399 841.59	611 667.96	6 683.98	12 362.35	61 284.82

1.3.2.3　损失计算结果及分析统计

洪水经济损失分析主要指标包括居民房屋、家庭财产、农业、工业、商贸业、公路、铁路等损失指标。格尔木河不同计算方案下洪水损失统计如表2-1-27所示。

表2-1-27　格尔木河各计算方案洪水损失统计　（单位：万元）

溃口	计算方案	居民房屋损失	家庭财产损失	农业损失	工业资产损失	工业产值损失	商贸业资产损失	商贸业主营收入损失	道路损失	合计
Z1溃口(2+663)	30年一遇	2 883.39	1 293.20	264.00	12.32	18.93	0.22	1.67	2 608.98	7 082.71
	50年一遇	3 019.79	1 406.49	281.00	13.04	20.03	0.22	1.78	2 811.12	7 553.47
	100年一遇	3 551.96	1 616.12	281.00	13.88	21.18	0.23	1.88	2 985.48	8 471.73
Z2溃口(10+389)	30年一遇	3 594.43	1 461.58	340.00	4.94	6.95	0.08	0.61	471.36	5 879.95
	50年一遇	3 837.21	1 567.65	361.00	5.09	7.10	0.08	0.63	499.89	6 278.65
	100年一遇	3 950.98	1 620.53	365.00	5.23	7.24	0.08	0.63	888.80	6 838.49
Y1溃口(4+755)	30年一遇	1 656.12	1 132.41	22.00	1 145.88	702.36	22.91	62.08	1 254.70	5 998.46
	50年一遇	2 380.47	1 628.02	95.00	1 626.61	1 007.20	32.21	89.04	1 714.50	8 573.05
	100年一遇	5 842.77	3 997.77	147.00	3 303.81	1 682.57	65.57	148.75	3 088.70	18 276.94
Y2溃口(11+789)	30年一遇	3 275.69	2 240.56	22.00	1 796.22	955.96	34.98	84.51	1 802.90	10 212.82
	50年一遇	3 636.33	2 488.07	24.00	1 968.35	1 109.53	38.06	98.09	1 906.00	11 268.43
	100年一遇	4 790.96	3 278.10	123.00	2 608.09	1 370.83	51.72	121.18	2 573.30	14 917.18
Y3溃口(19+594)	30年一遇	648.36	280.96	233.00	1.02	1.09	0.02	0.09	249.00	1 413.54
	50年一遇	666.01	287.68	238.00	1.03	1.10	0.02	0.09	249.00	1 442.93
	100年一遇	697.61	301.18	262.00	1.10	1.13	0.02	0.10	346.00	1 609.14

由表2-1-27分析得出以下结论：

（1）格尔木河洪灾损失相对GDP总量来说较小。格尔木河遭遇100年一遇洪水在左岸林场引水口、右岸新区引水闸下游溃口后，造成洪灾损失分别为8 471.73万元，18 276.94万元，分别占淹没涉及行政区2014年GDP总量的5.5%和1.4%。

（2）从损失财产种类来说，对格尔木河左岸防洪保护区而言，不同量级洪水情况下，以居民房屋损失、道路损失和家庭财产损失为主，各方案的淹没居民房屋损失占相应方案洪水损失总量的30.0%～61.1%，道路损失占相应方案洪水损失总量的8.0%～37.2%，家庭财产损失占比18.3%～25.0%。对格尔木河右岸防洪保护区而言，不同量级洪水情况下，以居民房屋损失、家庭财产损失、道路损失和工业资产损失为主，各方案的淹没居民房屋损失占相应方案洪水损失总量的27.6%～46.2%，家庭财产损失占比18.7%～22.1%，道路损失和工业资产损失占相应方案洪水损失总量分别为16.9%～21.5%和0.1%～19.1%。

（3）从产业结构上看，对格尔木左岸防洪保护区，第一产业损失相对严重，而第二产业、第三产业损失较轻。100年一遇洪水情况下在格尔木水厂上游溃口，农业损失365.00万元，占郭勒木德镇农业产值的1.2%；工业资产损失5.23万元，占工业资产总值的0.01%。这符合淹没区农业防范的脆弱性以及郭勒木德镇以农牧业为重的布局，而工业较少,工业厂房的产业选址较为自由,容易避开自然灾害带来的损失,损失较小。

(4)洪灾经济损失统计居民房屋、家庭财产、工农业产值等各项指标随着洪水重现期的增大而增加,以格尔木河左岸林场引水口溃口为例,30 年一遇、50 年一遇和 100 年一遇洪灾损失分别为 7 082.71 万元、7 553.47 万元和 8 471.73 万元,50 年一遇洪水比 30 年一遇洪水淹没损失增加 470.76 万元,100 年一遇洪水淹没损失比 50 年一遇洪水淹没损失增加 918.26 万元。30 年一遇、50 年一遇和 100 年一遇洪水居民房屋损失分别为 2 883.39万元、3 019.79 万元和 3 551.96 万元,50 年一遇、100 年一遇洪水较 30 年一遇洪水居民房屋损失分别增加 4.7% 和 17.6%。同一溃口洪灾经济损失随着洪水量级的增加而逐渐增加,符合一般规律,说明洪灾经济损失评估结果是合理的。

第二章 巴音河

巴音河是德令哈市境内的最大河流,也是柴达木盆地的第四大内陆河,发源于祁连山脉野牛脊山南麓,经蓄集峡、黑石山水库,接纳支流白水河后进入德令哈市区,最终排泄至托素湖。巴音河洪水风险研究涉及两个河段,上段从巴音河水源地上游500 m至黑石山水库回水末端,河长约5.0 km;下段从黑石山水库溢洪道出口至茶德高速,河长约15.0 km;两河段洪水影响范围面积38 km^2。德令哈市是海西州首府,南进西藏、北连甘肃、西通新疆、东接省会的交通枢纽,地理位置特殊。利用区位优势和交通、能源优势发展区域特色工业,德令哈市重点发展盐碱化工、建材、中藏药三大产业,已成为青海省重要的碱业基地、海西州重要的建材基地、生物制品加工基地、劳动力转移培训基地。开展巴音河洪水风险研究对于促进社会稳定和巩固西部边防,维持德令哈市经济社会可持续发展具有重要意义。

2.1 研究概况

2.1.1 研究任务

巴音河洪水风险研究任务包括以下4个方面:

(1)收集和整理巴音河洪水风险图编制区的基础底图及土地利用图、水文资料、构筑物及工程调度资料、社会经济资料、历史洪水及洪水灾害资料。

(2)结合现状防洪工程及历史洪水,分析提出巴音河两岸防护保护区内洪水来源、洪水量级和设计洪水计算方案组合。

(3)根据巴音河洪水演进特点,选择合适的洪水分析计算方法和模型,结合土地利用现状、构筑物分布等构建巴音河洪水分析模型,分析提出不同洪水计算方案的淹没范围、淹没水深、淹没历时等洪水风险。

(4)根据洪水分析结果、社会经济分布和历史洪灾损失情况,分析提出不同洪水计算方案的淹没水深及影响人口、耕地、资产等洪水损失,并绘制巴音河洪水风险图编制区最大淹没范围图、最大淹没水深图和淹没历时图等基本洪水风险图。

2.1.2 区域概况

2.1.2.1 区域自然地理条件

1. 地形地貌

巴音河流域地处柴达木盆地的东北边缘,位于青海省海西蒙古族藏族自治州德令哈市境内,东经96°29′~98°08′、北纬36°53′~38°11′。流域北以野牛脊山、哈尔科山与哈拉湖盆地分隔,东与布赫特山相连,南至阿木尼克山,西以伊克达坂山与塔塔棱河水系相隔。

巴音河流域跨柴达木盆地和祁连山山地两大地貌单元，境内地势北高南低，山川湖盆相间。流域内最高点是果青果尔斑夏哈勒根冰山，海拔 5 808 m，最低点是托素湖，海拔 2 790 m，相对高差 3 000 m 左右。

巴音河洪水风险图编制区上段为巴音河水源至黑石山水库回水末端，位于蓄集峡盆地。该盆地位于宗务隆山以南，布赫特山以北，也称泽令沟盆地。盆地东高西低，中心部位第四纪地层厚度大于 1 000 m。

巴音河洪水风险图编制区下段为黑石山水库出口至茶德高速，位于德令哈冲洪积扇盆地，宗务隆山以南，东与布赫特山相连，西与欧龙布鲁克山相接，南至阿木尼克山—巴音山，呈近似菱形的闭流断陷盆地，盆地最低点为托素湖，湖面海拔 2 790 m 左右。盆地四周有多条山谷洪积扇向心于盆地，从山麓到盆地中心分布有山麓洪积平原、洪冲积平原、湖冲积平原和湖积平原。巴音河洪水风险图编制区地形地貌及土地利用情况详见图 2-2-1。

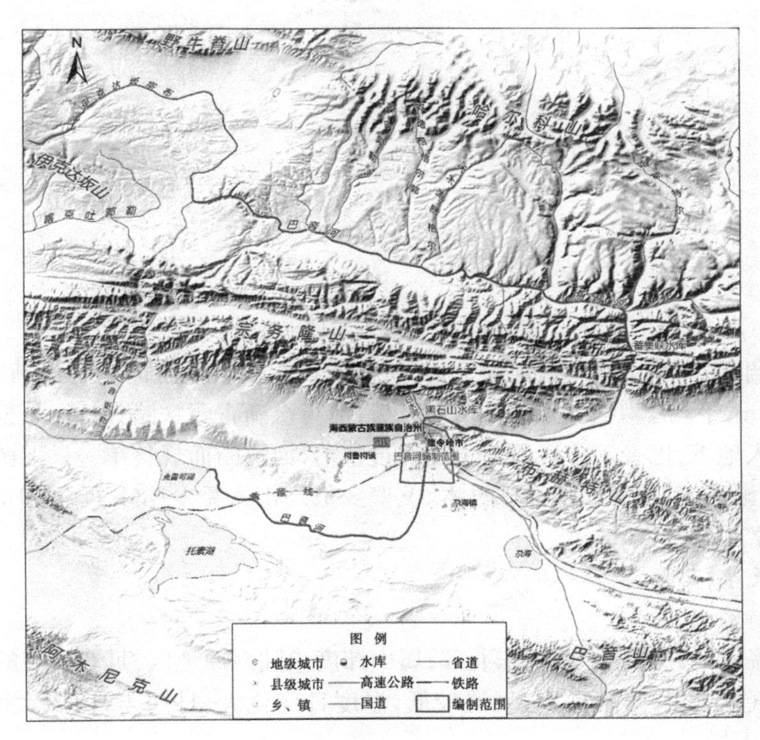

图 2-2-1　巴音河洪水风险图编制区地形地貌

2. 河道基本特性

巴音河为内陆河，其与巴勒更河经过几番潜流和溢出后，最终汇入下游的可鲁克湖、托素湖和尕海，河流和湖泊共同构成一个完整的内陆河水系，称为可鲁克湖－托素湖－尕海水系，河流全长 326 km。水系图详见图 2-2-2。

巴音河依据地形地貌大致可分为上、中、下三段。巴音河上游段蓄集峡口以上山势陡峻，两岸垂直陡崖高差为 50 ~ 60 m，河谷深切，呈 U 形，水流湍急，河道比降平均为 13‰。中游段河流由北向南自黑石山大坝起穿过德令哈市市区，进入德令哈冲洪积扇盆地，该处

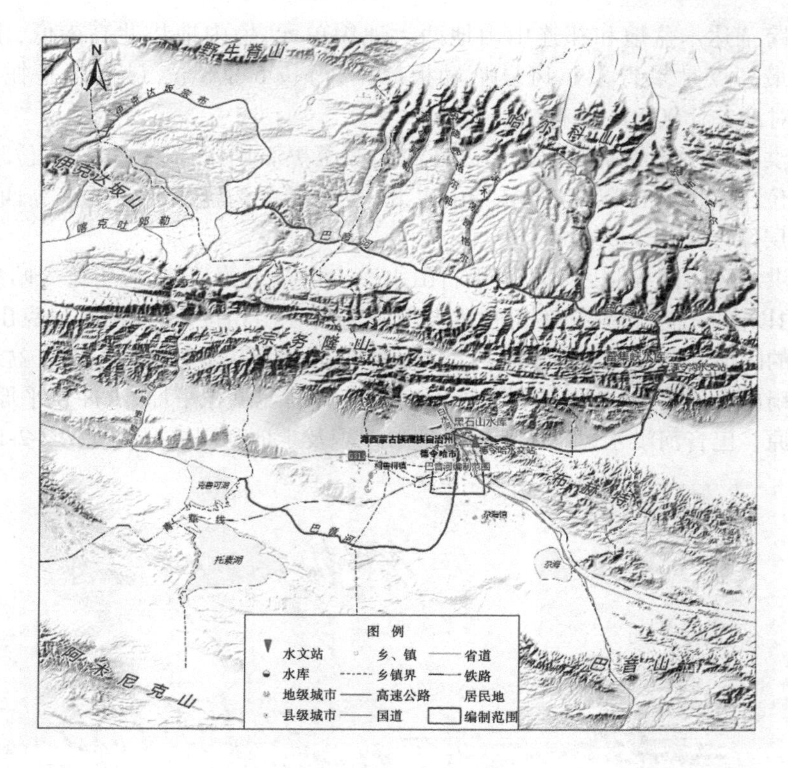

图 2-2-2　巴音河流域水系图

地势平坦开阔，出黑石山水库后河道下切，河槽下切深度自上游向下游逐渐减小，最大下切深度约 20 m，平均下切深度为 5 ~ 10 m；巴音河行至新青藏铁路大桥至茶德高速公路断面处逐渐潜入地下，巴音河市区段河道已经过整治，河道断面规整单一。下游段潜行于戈壁之下，后逐渐出流，由东向西经郭里木、戈壁乡最终汇入德令哈市西南 50 km 左右的克鲁可湖 – 托素湖湖区。

3. 水文气象

1）气候特征

巴音河流域地处柴达木盆地东北部，属中纬度内陆高原地区，具有典型的高原大陆性气候特征。气候干旱，降水稀少，气温较低，温度日变化大，日照丰富，风大而多，无霜期短，气候寒冷干燥。

德令哈市区年平均气温 3. 6 ℃，东部泽令沟气温年较差 31. 7 ℃，平均日较差 19. 9 ℃；西部怀头他拉气温年较差 28. 4 ℃，平均日较差 15. 8 ℃。

该地区地处高海拔地区，空气稀薄洁净、透明度好，云雨少，晴日多，日照时间长，日照时数一般在 9 h 以上，全年日照时数 3 190. 8（泽令沟）~ 3 353. 5（怀头他拉）h，日照率 72% 以上，年太阳总辐射量 702. 5（泽令沟）~ 726. 4（怀头他拉）kJ/cm²，具有得天独厚的光能资源。

2）暴雨洪水

德令哈地区平均降水 164. 6 mm，属干旱地区。降水量分布不均，北部高山区降水量多在 200 mm 以上,南部平原区降水量为 50～150 mm,年平均湿度 39%。该地区较大降水出现时间一般在 5～9 月,由于巴音河地处 3 000～5 000 m,出现日暴雨次数少,暴雨历时较短。从实测雨量资料看,该地区暴雨历时一般不超过 1 d,实测较大日暴雨为 57.2 mm(1971 年 7 月 24 日)。

巴音河洪水出现时间在 4～9 月。4 月,由于气温回升,高山积雪融化、地下水解冻,随气温日变化,可形成日洪水过程,其洪峰、洪量不大;5 月,可形成降水融雪洪水;主汛期 6～8 月,主要由较强降水形成的洪水,其洪水过程相对峰高量大,一次洪水过程历时 2～3 d,连续洪水过程历时约 5 d。泽令沟站调查最大洪峰流量为 686 m^3/s(2006 年 7 月 17 日)。

2.1.2.2　社会经济发展状况

1. 编制区上段防洪保护区基本情况

巴音河洪水风险图编制范围上段为巴音河水源地上游 500 m 至黑石山水库回水末端,德令哈市水源地和青海碱业有限公司水源地均位于该河段谷地之中。德令哈市水源地位于黑石山水库上游,距德令哈市 7.0 km,工程建成于 1986 年,目前共有开采井 12 眼,最大供水能力为 6.5 万 m^3/d,2006 年取水量为 902 万 m^3。青海碱业一期自备水源地位于德令哈市水源地上游 1.5 km 处,工程建成于 2004 年,共有开采井 12 眼,最大供水能力为 4.8 万 m^3/d,2006 年取水量为 1 752 万 m^3。

2. 编制区下段防洪保护区基本情况

巴音河洪水风险图编制范围下段河道穿过德令哈市市区。

德令哈市位于柴达木盆地东部,是海西蒙古族藏族自治州的首府,是海西州政治、经济、文化中心,地理坐标在东经 90°05′～99°45′,北纬 35°02′～39°20′,平均海拔 2 980 m,市域面积 2.77 万 km^2,其中市区面积 25 km^2。德令哈市市区辖 3 个街道办事处、4 个乡镇,人口近 10 万,共有蒙古族、藏族、回族、撒拉族、土族、汉族等 19 个民族。

德令哈市地理位置特殊,青藏铁路、国道 315 线穿城而过,德都公路与 109 国道相连,是南进西藏、北连甘肃、西通新疆、东接省会的交通枢纽。兰－西－拉光缆、“110”输变电线路、涩宁兰天然气管道横贯全境,形成了纵横交错的交通、通信、能源网络。利用区位优势和交通、能源优势发展区域特色工业,重点发展盐碱化工、建材、中藏药三大产业等产业链,德令哈市已成为青海省重要的碱业基地、海西州重要的建材基地、生物制品加工基地、劳动力转移培训基地。2013 年,德令哈市全年完成地区生产总值 49.6 亿元,社会固定资产投资 86.4 亿元,农牧业增加值 3.99 亿元,工业增加值 15.6 亿元,社会消费品零售总额 7.46 亿元。巴音河洪水风险图编制范围行政区划图详见图 2-2-3。

2.1.2.3　洪水及其灾害情况

1. 历史洪水

根据《青海省洪水调查及水文分析资料(第一册)》,巴音河的历史洪水,自 1958 年起,许多单位进行过大量的调查、测量工作,结果不太一致,但经过综合治理,可以得出的一致结论是:1914～1970 年,德令哈水文站附近发生过三次洪峰流量超过 300 m^3/s 的洪水;其中 1971 年 7 月 26 日德令哈水文站发生了一次 374 m^3/s 的洪水,其重现期为 50 年一遇(精度可靠)。2006 年 7 月 17 日德令哈水文站又发生了 462 m^3/s 的洪水,为水文站

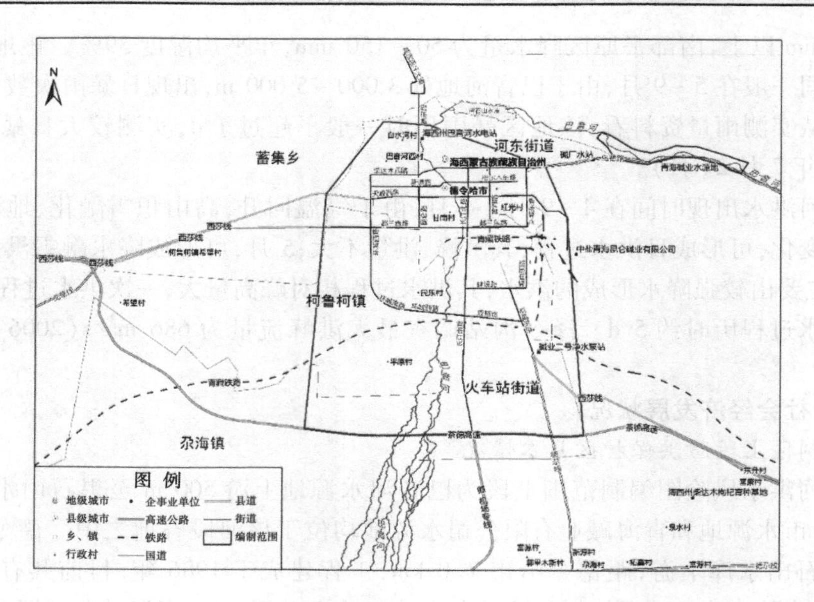

图 2-2-3　巴音河洪水风险图编制范围行政区划图

建站以来实测的最大洪水。

根据调查，1996 年 8 月 20 日，巴音河支流白水河发生了特大洪水，洪水对白水河上建设运行的六级梯级水电站造成损失，据德令哈水文站进行的洪水调查，此次白水河的洪峰值为 59.2 m^3/s。

历史上巴音河泽令沟蓄集峡曾调查到“较可靠”历史洪水，洪峰流量为 517 m^3/s（发生时间不详）。

从德令哈站 1954～2009 年实测洪峰流量看，实测最大洪峰流量为 462 m^3/s（2006 年），并曾多次出现过 350 m^3/s 左右的洪水。

2. 洪水灾害

根据德令哈市防汛抗旱指挥部办公室关于巴音河流域近 10 年来洪灾损失的统计资料：

（1）2002 年汛期，巴音河流域发生洪水，造成德令哈市尕海、戈壁、宗务隆、怀头他拉、蓄集五乡镇遭受了特大的洪涝灾害，造成直接经济损失达 222.5 万元。

（2）2004 年 8 月 13 日，洪水淹没德令哈市河道两岸，共造成 175 万元的损失。

（3）2005 年 8 月 14～15 日，巴音河发生洪水，冲毁和淹没河道两岸村庄，部分住户房屋围墙等建筑物沉陷、变形、断裂、倒塌，地窖无法使用，大片农田、草场成为湿地，今后无法耕种和使用，盐泽化程度严重，严重影响了群众的生产、生活，造成直接经济损失 772 万元。2005 年的洪水曾经淹没了青海碱业一期水源地的机井房。

（4）2006 年 8 月的洪水，据调查全市共有 290 户 1 250 人遭受洪灾，其中，蓄集乡 56 户 250 人，柯鲁柯镇 234 户 1 000 人；有 376 间房屋遭到不同程度损毁，其中，倒塌 14 间（住房 2 间、库房 12 间），裂缝 34 间；有 37 头（只）牲畜受灾死亡；平原村段有 15 亩耕地被洪水冲毁；柯鲁柯镇有 5.5 万亩草场和 10 座畜棚被淹没。尕海镇有 2 座 40 m^3 的人畜饮水池和 4 km 的道路遭到不同程度的损毁。据初步统计，此次洪灾共造成直接经济损失

650 万元。

(5)2008 年汛期,巴音河发生洪水,洪灾波及两岸水利、交通、电力、农牧、工业等各行业,全市共有 770 户 3 000 人受灾,因灾造成经济损失 8 304.77 万元。

(6)2009 年汛期,全市因洪灾造成经济损失 200 万元,其中淹没草场 1 800 亩,123 只山羊死亡、20 只山羊失踪。

(7)2010 年,全市因巴音河洪灾造成经济损失 669.5 万元。

(8)2011 年 8 月 4 日,原水泥厂附近区域公路桥涵处部分路基被冲毁,防洪堤被冲毁 2 处共 200 m;8 月 16~17 日,造成了白水河灌区干渠 1 座渠顶过洪建筑物被毁,严重威胁输水渠道运行安全;8 月 22 日,造成了白水河灌区堤坝被冲毁,原水泥厂前防洪堤坝、公路桥涵处部分路基被冲毁、渠道淤积 30 m,白水河灌区主干渠 50 m 受损。以上共计造成直接经济损失 175 万元。

(9)2012 年,巴音河洪水流量达 380 m^3/s(德令哈水文站提供),相当于治理河道 50 年一遇洪水标准。两岸各乡镇 61.2 万亩草场被洪水淹没;农作物受灾面积达 4 873 亩,其中绝收 737 亩;400 万 m 网围栏被冲毁;房屋受损 1 184 间,畜棚受损 248 座,死亡牲畜 1 663 头(只);造成全市 763 户 2 613 人受灾,紧急转移安置 96 人。共造成经济损失 7 604 万元。

(10)2015 年,巴音河洪水造成可鲁克湖区环境综合整治工程、巴音河水源地保护涵养林工程部分新建涵养林、生态围栏及防洪设施被毁;怀头他拉镇西滩村境内部分防洪渠被毁;河西街道辖区部分排洪渠堵塞,防洪堤被毁等损失。截至目前,洪水造成德令哈市水毁损失约 500 万元。

近 10 年来,洪水灾害共造成两岸损失 18 907 万元。

2.1.2.4　区域防洪建设情况

1. 河道治理工程

1)编制范围上段河道治理情况

巴音河洪水风险图编制范围上段,即巴音河水源至黑石山水库回水末端,该段河道范围内的德令哈市和青海碱业的供水水源地河段左岸有简易的防洪堤 800 m,但未达到设计防洪标准。

2)编制范围下段河道治理情况

巴音河洪水风险图编制范围下段为黑石山水库坝下至茶德高速公路河段,其中,茶德高速公路断面距上游新青藏铁路桥断面约 4.9 km,距下游一棵树寺院断面约 7.0 km。按照规划及施工情况大体分为 8 段,详见表 2-2-1。目前,巴音河下段已完成黑石山水库坝下至新青藏铁路段 9.6 km 河道治理,新青藏铁路以下河段治理工程已经规划。

根据《青海省海西州德令哈市城市防洪规划》《青海省海西州巴音河河道(德令哈市区段)治理工程可行性研究报告》《巴音河流域综合规划》等成果,主城区黑石山水库尾水至新青藏铁路桥河段防洪标准为现状 50 年一遇,新青藏铁路桥以下至茶德高速公路断面河段防洪标准为现状 30 年一遇,见表 2-2-2。

表 2-2-1　巴音河德令哈城区段分段情况

序号	河段	桩号	长度(m)
1	黑石山水库坝下至巴音河二级水电站段	0 +000 ~1 +468.69	1 468.69
2	巴音河二级水电站坝下至溢流导砂坝段	1 +484.61 ~2 +597.63	1 113.02
3	溢流导砂坝至 1# 橡胶坝段	2 +259.63 ~3 +065.19	805.56
4	1# 橡胶坝至 2# 橡胶坝段	3 +065.19 ~3 +692.72	627.53
5	农场引水枢纽至都兰桥段	3 +692.72 ~5 +639.79	1 947.07
6	都兰桥至新青藏铁路桥段	5 +639.79 ~9 +623	3 983.21
7	新青藏铁路桥至茶德高速公路断面	9 +623 ~14 +523	4 900
8	茶德高速公路断面至一棵树寺院断面	14 +523 ~21 +593	7 070
	合计		21 915.08

表 2-2-2　巴音河德令哈城区段治理河段防洪标准统计

序号	河段	防洪标准	设防流量 (m^3/s)	堤防级别
1	黑石山水库尾水至新青藏铁路桥	50 年一遇	377	2 级
2	新青藏铁路桥以下至茶德高速公路断面	30 年一遇	312	3 级

巴音河河道自黑石山水库尾水至巴音河二级水电站段平均河宽为 75 m；巴音河二级水电站尾水至柴达木桥段平均河宽为 80 m；柴达木桥至农场引水枢纽段平均河宽由 80 m 渐变为 100 m；农场引水枢纽至都兰桥段平均河宽为 100 m；都兰桥至新青藏铁路桥段河宽由 100 m 渐变为 400 m；新青藏铁路桥至茶德高速公路河段两岸工程位置线与上段平顺衔接，尽量利用两岸现有岸坎布置，保证河宽 400 m 左右。具体详见表 2-2-3。

表 2-2-3　巴音河德令哈城区段河道宽度统计表

序号	河段	河宽(m)
1	黑石山水库尾水至巴音河二级水电站段	75
2	巴音河二级水电站尾水至柴达木桥段	80
3	柴达木桥至农场引水枢纽段	80 ~100
4	农场引水枢纽至都兰桥段	100
5	都兰桥至新青藏铁路桥段	100 ~400
6	新青藏铁路桥至茶德高速公路河段	400

新青藏铁路桥以上市区段主要为护岸形式。护岸顶设置宽为 6.0 m 的防汛道路。当地面高程与设计洪水位高差不足 0.5 m 时，在原地面填筑砂砾石，以满足超高 0.5 m。护坡均采用生态合金钢丝石笼结构，护坡厚 0.5 m，坡比为 1∶2.0，护岸高度为 1.0 ~1.85

m。护坡与岸坡土体接触部位设置土工布反滤层，详见图 2-2-4。

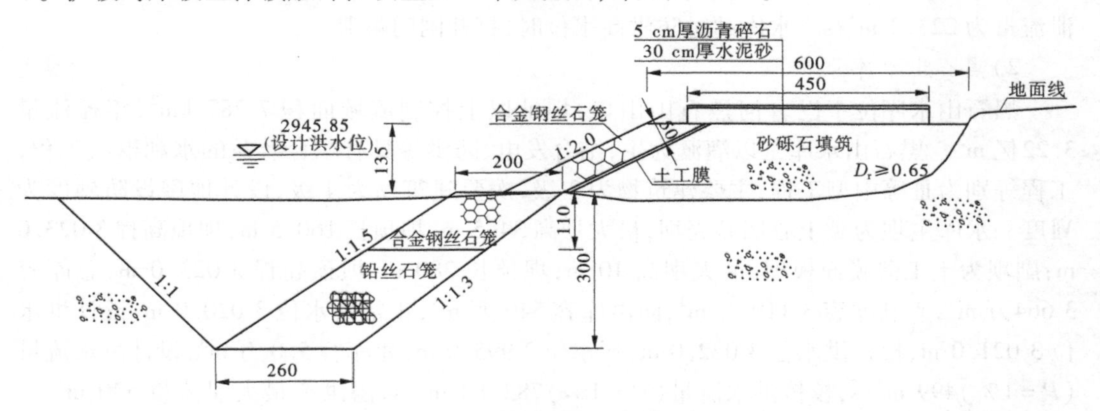

图 2-2-4 都兰桥至新青藏铁路大桥河段典型断面 （单位：m）

新青藏铁路大桥至茶德高速公路段两岸均为防洪堤（规划），堤顶宽为 6.0 m，堤身为砂砾石填筑，均采用生态合金钢丝石笼护坡，护坡厚 0.5 m，坡比为 1∶2.0，堤防高度为 2.0 m。护坡与堤身土体接触部位设置土工膜防渗层，详见图 2-2-5。

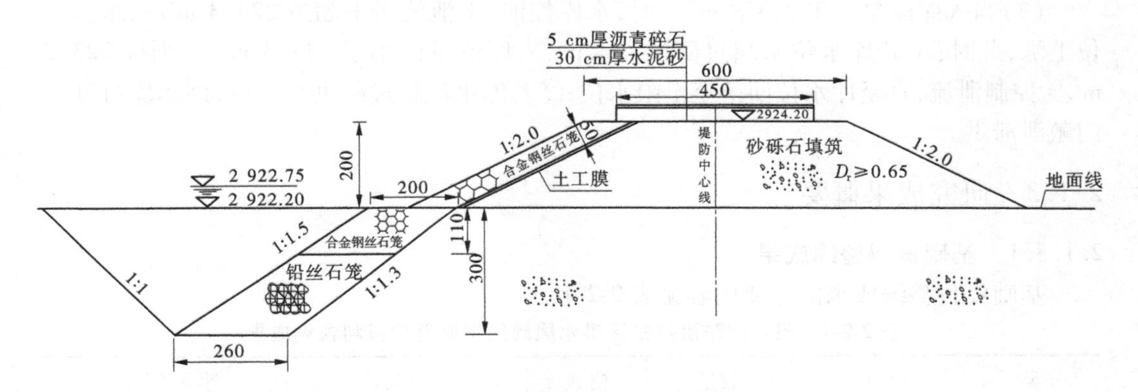

图 2-2-5 新青藏铁路大桥至茶德高速公路河段典型断面 （单位：m）

2. 水库工程及工程调度

影响巴音河洪水风险图编制区洪水的水库电站主要有蓄集峡水利枢纽、黑石山水库及巴音河一级、二级电站。

1）蓄集峡水利枢纽

在建的蓄集峡水利枢纽工程位于巴音河中游，坝址以上控制流域面积 4 970 km^2，多年平均年径流量 2.75 亿 m^3。蓄集峡水利枢纽以城镇生活和工业供水为主，兼顾发电、防洪、灌溉等综合利用。水库主坝为混凝土面板堆石坝，最大坝高 121.50 m，坝顶长 365 m、坝顶高程 3 472.0 m，总库容 1.62 亿 m^3，调节库容 1.37 亿 m^3，防洪高水位 3 470.04 m，防洪库容 827 万 m^3，正常蓄水位 3 468.0 m，设计洪水位 3 470.06 m，校核洪水位 3 471.02 m，死水位 3 395.0 m，死库容 460 万 m^3，设计洪水流量（$P=1\%$）662 m^3/s，校核洪水流量（$P=0.5‰$）1 139 m^3/s，溢洪道最大泄流量 558 m^3/s。

蓄集峡水库建成后，将承担水源地河段防洪任务，并与黑石山水库共同承担德令哈市区防洪任务。在遭遇 50 年一遇洪水时，蓄集峡水库控泄流量为 231 m^3/s，黑石山水库控泄流量为 223.3 m^3/s。水库超过防洪高水位时，打开闸门敞泄。

2）黑石山水库

黑石山水库位于巴音河黑石山山口，坝址以上控制流域面积 7 287 km^2，年径流量 3.22亿 m^3。黑石山水库是以灌溉为主，结合发电、防洪等具有综合效益的水利枢纽工程，工程等别为Ⅲ等中型工程，主要建筑物为 3 级，次要建筑物为 4 级，设计地震设防烈度为Ⅶ度。水库主坝为黏土心墙砂壳坝，最大坝高 34.5 m，坝顶长 160.5 m，坝顶高程 3 023.0 m；副坝为土工薄膜面板坝，最大坝高 10 m，坝顶长 380 m，坝顶高程 3 023.0 m，总库容 3 664万 m^3，兴利库容 3 119 万 m^3，防洪库容 540 万 m^3，正常蓄水位 3 020.0 m，设计洪水位 3 021.0 m，校核洪水位 3 022.0 m，死水位 2 995.0 m，死库容 5.0 万 m^3，设计洪水流量（$P=1\%$）499 m^3/s，校核洪水流量（$P=1‰$）782.84 m^3/s，溢洪道最大泄流量 530 m^3/s。根据《青海省巴音河蓄集峡水利枢纽初步设计》，蓄集峡建成后，将和蓄集峡水库进行联合防洪调度。具体调洪运用方式如下。

（1）当黑石山入库洪水小于下游要求的安全泄量 223.3 m^3/s 时，按入库流量泄流，维持汛限水位不变。

（2）当入库流量大于 223.3 m^3/s 时，水库控泄，下泄流量不超过 223.3 m^3/s，水库水位上涨，此时：①若库水位未超过防洪高水位，入库流量已小于 223.3 m^3/s，则按 223.3 m^3/s 控制泄流，直至库水位回落至汛限水位；②若库水位超过防洪高水位，则水库打开闸门敞泄滞洪。

2.1.3 研究成果概要

2.1.3.1 基础资料整编成果

基础资料整编成果的主要内容见表 2-2-4。

表 2-2-4　巴音河防洪保护区洪水风险图编制基础资料整编成果

分类	项目	数量	格式	说明	来源/审批
基础地理信息数据	1:1万 DLG	35 幅	MDB	CGCS2000 坐标，国家 1985 高程	青海省测绘地理信息局
	1:1万 DEM	35 幅	img		
水文资料	测站资料	2 个站	Excel	站名、类型、级别、编码、位置等	水利部水文局水文年鉴
	实测数据	1954～2013 年	Excel	水位、流量、洪水过程、大断面资料	

续表 2-2-4

分类	项目	数量	格式	说明	来源/审批
洪水资料	设计洪水资料	1份	Excel		德令哈市水利局/青海省水利厅
	历史洪水及洪涝灾害资料	1份	Word	编制区域内历史洪水淹没情况、洪涝灾害情况	德令哈市水利局
构筑物及工程调度资料	构筑物资料	1份	Excel	编制区域内水库、堤防、涵闸、公路、铁路、桥梁等	德令哈市水利局
	工程调度资料	1份	Word	黑石山水库调度资料	德令哈市水利局/青海省水利厅
	河道断面	84个	纸质	堤防工程设计资料	德令哈市水利局/青海省水利厅
水力特性资料	糙率	1份	Excel	河道及保护区糙率	水文年鉴、水力手册
社会经济资料	统计资料	1份	Excel	德令哈市经济资料	德令哈市统计局统计年鉴

2.1.3.2　洪水分析成果

洪水分析计算各方案的主要风险要素信息见表 2-2-5 和表 2-2-6。根据洪水风险成果，绘制洪水风险图 17 张。

表 2-2-5　巴音河上段洪水风险编制区要素信息成果

地区	洪水分析方案	类型	洪峰流量 (m^3/s)	淹没面积 (km^2)	水深(m)	
					最大水深	平均水深
德令哈	无蓄集峡情况 30 年一遇	漫溢	356.0	0.45	2.61	0.98
	无蓄集峡情况 50 年一遇	漫溢	416.0	0.77	2.70	1.02
	无蓄集峡情况 100 年一遇	漫溢	500.0	0.91	2.90	1.06
	有蓄集峡情况 50 年一遇	漫溢	324.1	0.36	2.47	0.97
	有蓄集峡情况 100 年一遇	漫溢	409.5	0.64	2.68	1.01

表 2-2-6　巴音河下段洪水风险编制区要素信息成果

地区	洪水量级	类型	淹没面积(km^2)	流速(m/s)		水深(m)		历时(h)	
				最大流速	平均流速	最大水深	平均水深	最大历时	平均历时
德令哈	无蓄集峡情况50年一遇	溃决	13.93	3.51	0.23	2.14	0.15	70.17	61.94
	无蓄集峡100年一遇	溃决	14.18	3.88	0.24	2.16	0.16	72.66	64.43
	有蓄集峡情况50年一遇	溃决	13.88	3.43	0.22	2.13	0.14	74.53	66.27
	有蓄集峡情况100年一遇	溃决	14.05	3.88	0.24	2.16	0.16	75.59	66.65

2.1.3.3　洪水影响评价和损失评估成果

洪水影响灾情统计情况见表 2-2-7 和表 2-2-8，损失评估的主要内容见表 2-2-9 和表 2-2-10。

表 2-2-7　巴音河上段洪水风险图编制区主要灾情统计

计算方案	行政区名称	淹没面积(km^2)	淹没农田面积(hm^2)	淹没房屋面积(万 m^2)	受影响公路长度(km)	受影响企业(个)	受影响取水口(个)	受影响GDP(万元)
巴音河无蓄集峡30年一遇漫溢	蓄集乡	0.45	0.10	0.18	3.26	1	0	2 470.1
巴音河无蓄集峡50年一遇漫溢	蓄集乡	0.77	0.17	0.30	5.54	2	16	5 099.1
巴音河无蓄集峡100年一遇漫溢	蓄集乡	0.91	0.20	0.36	6.52	3	18	6 040.1
巴音河有蓄集峡50年一遇漫溢	蓄集乡	0.36	0.08	0.14	2.61	1	0	1 976.1
巴音河有蓄集峡100年一遇漫溢	蓄集乡	0.64	0.14	0.25	4.56	2	14	4 258.1

表 2-2-8　巴音河下段洪水风险图编制区主要灾情统计

计算方案	行政区名称	淹没面积（km^2）	淹没农田面积（hm^2）	淹没房屋面积（万 m^2）	受影响公路长度（km）	受影响铁路长度（km）	受影响企业（个）	受影响人口总数（万人）	受影响GDP（万元）
巴音河无蓄集峡50年一遇溃口	河东街道	0.33	11.08	0.06	2.2	0.16	1	0.08	4 940.13
	火车站街道	12.87	0	69.33	39.47	0.84	4	2.26	135 681.9
	尕海镇	0.22	0	0	0.36	0	0	0	4.2
	柯鲁柯镇	0.51	0	0	0	0	0	0	7.3
	合计	13.93	11.08	69.39	42.03	1	5	2.34	140 633.6
巴音河无蓄集峡100年一遇溃口	河东街道	0.36	11.31	0.06	2.2	0.16	1	0.09	5 389.2
	火车站街道	13.08	0	70.47	40.04	0.84	6	2.3	137 895.8
	尕海镇	0.23	0	0	0.4	0	0	0	4.4
	柯鲁柯镇	0.51	0	0	0	0	0	0	7.3
	合计	14.18	11.31	70.53	42.64	1	7	2.39	143 296.8
巴音河有蓄集峡50年一遇溃口	河东街道	0.33	10.7	0.06	2.19	0.16	1	0.08	4 940.1
	火车站街道	12.81	0	68.76	39.12	0.83	4	2.24	135 049.4
	尕海镇	0.23	0	0	0.34	0	0	0	4.4
	柯鲁柯镇	0.51	0	0	0	0	0	0	7.3
	合计	13.88	10.7	68.82	41.65	0.99	5	2.32	140 001.3
巴音河有蓄集峡100年一遇溃口	河东街道	0.33	10.99	0.06	2.2	0.16	1	0.08	4 940.1
	火车站街道	12.97	0	69.71	39.51	0.84	4	2.28	136 736.2
	尕海镇	0.24	0	0	0.34	0	0	0	4.6
	柯鲁柯镇	0.51	0	0	0	0	0	0	7.3
	合计	14.05	10.99	69.77	42.05	1	5	2.36	141 688.2

表 2-2-9　巴音河上段洪水风险图编制区洪灾损失评估情况　（单位：万元）

计算方案	居民房屋损失	家庭财产损失	农业损失	工业资产损失	工业产值损失	商贸业资产损失	商贸业主营收入损失	道路损失	合计
巴音河无蓄集峡30年一遇漫溢	26.83	12.42	0.81	61.24	23.55	0.84	1.10	6.41	133.20
巴音河无蓄集峡50年一遇漫溢	45.61	21.11	1.37	388.21	220.03	1.43	1.87	10.90	690.54
巴音河无蓄集峡100年一遇漫溢	53.66	24.84	1.62	464.96	267.09	1.68	2.20	12.82	828.87
巴音河有蓄集峡50年一遇漫溢	21.47	9.94	0.65	48.99	18.84	0.67	0.88	5.13	106.56
巴音河有蓄集峡100年一遇漫溢	37.56	17.39	1.13	331.47	192.96	1.17	1.54	8.98	592.21

表 2-2-10 巴音河下段洪水风险图编制区洪灾损失评估情况表 （单位:万元）

计算方案	居民房屋损失	家庭财产损失	农业损失	工业资产损失	工业产值损失	商贸业资产损失	商贸业主营收入损失	道路损失	铁路损失	合计
巴音河无蓄集峡50年一遇溃口	6 601.52	3 666.45	79.2	5 624.38	2 282.29	82.19	426.24	274.06	26.19	19 062.55
巴音河无蓄集峡100年一遇溃口	6 707.88	3 726.17	80.87	5 738.94	2 354.64	83.91	439.74	282.13	29.31	19 443.62
巴音河有蓄集峡50年一遇溃口	6 547.61	3 636.62	76.54	5 591.06	2 301.29	81.64	429.79	269.73	25.17	18 959.48
巴音河有蓄集峡100年一遇溃口	6 639.7	3 687.59	78.55	5 669.37	2 330.83	82.84	435.31	276.94	28.27	19 229.41

2.2 洪水模型计算

2.2.1 建模范围

根据《青海省洪水风险编制项目2015年度实施方案》和《青海省2015年洪水风险图技术大纲》,巴音河洪水风险图编制区涉及两个河段,上段从巴音河水源地上游500 m至黑石山水库回水末端,河长约5.0 km;下段从黑石山水库溢洪道出口至茶德高速,河长约15.0 km,两河段洪水影响范围面积38 km^2。

为了能全面反映洪水风险,模型构建范围应能包括洪水风险图编制河段可能的淹没影响区域。根据历史洪水淹没范围及试算结果,确定巴音河洪水风险图编制区上段沿河宽约450 m范围内为其一维水动力模型建模范围;根据现状地貌、历史洪灾淹没范围及试算结果,巴音河洪水风险图编制区下段二维水动力学模型建模范围为100.53 km^2,详见图2-2-6。

2.2.2 洪源分析和量级确定

2.2.2.1 洪水来源

巴音河流域洪水主要为暴雨洪水,暴雨洪水发生在6~8月,主要由较强降水形成的洪水。巴音河地处3 000~5 000 m,暴雨次数少,暴雨历时较短,一般不超过1 d,其洪水

图2-2-6　巴音河防洪保护区二维水动力学模型建模范围示意图

过程相对峰高量大，一次洪水过程历时为2～3 d，连续洪水过程历时约5 d。

巴音河洪水风险图编制区上段水源地防洪保护区洪水来源主要为巴音河河道洪水。

巴音河洪水风险图编制区下段，黑石山水库溢洪道出口至茶德高速防洪保护区可能的洪水来源有巴音河干流洪水、支流白水河洪水和当地暴雨。德令哈市区降雨较少，当地暴雨不会形成暴雨内涝。因此，该防洪保护区洪水来源为巴音河干流洪水和支流白水河洪水。

2.2.2.2　洪水量级

1.规程规范和实施方案要求

根据《洪水风险图编制技术细则（试行）》，不同来源洪水量级或量级区间选取应根据风险图编制范围内工程设防标准及保护对象特点综合分析确定。洪水量级选择设计标准洪水与超标准洪水两种情景，其中，超标准洪水采用高于设计标准一个等级的洪水。

根据《青海省洪水风险图编制项目2015年度实施方案》要求和《青海省2015年洪水风险图技术大纲》相关成果，确定巴音河洪水量级如下：

（1）考虑蓄集峡水利枢纽和黑石山水库联合调洪作用下，巴音河洪水风险图编制区遭遇50年一遇和100年一遇洪水情况。

（2）只考虑黑石山水库单独调洪作用下，巴音河洪水风险图编制区遭遇30年一遇、50年一遇和100年一遇洪水情况。

2.巴音河防洪工程现状

（1）巴音河洪水风险图编制区上段。

该段河道左岸有简易的防洪堤800 m，主要为保护德令哈市和青海碱业的供水水源地修建，其防洪标准不达标。该河道的现状过流量为348 m^3/s时，为蓄集峡水利枢纽建成30年一遇标准；蓄集峡水利枢纽建成后，经水库调洪计算，加上区间来水，水源地河段50年一遇设计洪峰流量将为332 m^3/s，因此河道的过流能力将超过50年一遇。

(2)巴音河洪水风险图编制区下段。

巴音河河道整治时,蓄集峡水利枢纽尚未开工,河道整治工程设防流量仅考虑黑石山水库防洪作用。根据《青海省海西州巴音河河道(德令哈市区段)治理工程可行性研究报告》,巴音河黑石山水库出口至新青藏铁路桥河段,已建堤防防洪标准为现状50年一遇,设防流量为377 m^3/s;而规划的新青藏铁路至茶德高速公路段防洪标准为现状30年一遇,设防流量为312 m^3/s。

若考虑在建的蓄集峡水利枢纽的调洪作用,50年一遇设计洪水经过蓄集峡、黑石山联合调度后,可控制黑石山水库下泄流量223 m^3/s,加上白水河洪水后洪峰流量为312 m^3/s,黑石山水库出口至新青藏铁路桥河段防洪标准将超过50年一遇,新青藏铁路至茶德高速公路段防洪标准达50年一遇。

综上所述,蓄集峡水利枢纽建成后,巴音河风险图编制区(黑石山上、下段)内,干流防洪工程过流能力均等于或超过50年一遇。

另外,巴音河洪水风险图编制区下段河道设有八级拦河橡胶坝,根据调度运用规则,这个八级拦河橡胶坝在巴音河汛期或者上游发生标准以上洪水时将塌坝运行,以利于河道行洪。

3. 洪水量级

根据《青海省洪水风险图编制项目2015年度实施方案》要求和《青海省2015年洪水风险图技术大纲》专家咨询意见,结合巴音河流域水文情势特点、已建工程情况、在建工程情况,以及《洪水风险图编制技术细则(试行)》,最终确定巴音河洪水风险图洪水量级如下:

(1)考虑蓄集峡水利枢纽和黑石山水库联合调洪作用下,巴音河洪水风险图编制区遭遇50年一遇和100年一遇洪水情况;

(2)只考虑黑石山水库单独调洪作用下,巴音河洪水风险图编制区遭遇30年一遇、50年一遇和100年一遇洪水情况。

2.2.2.3　口门设置

巴音河洪水风险图编制区上段内山势陡峻,河谷深切,仅建有简易防洪堤约800 m,大部分河道尚未修建河道防洪工程,综合考虑计算方案后不再进行口门设置。

巴音河洪水风险图编制区下段新青藏铁路桥以上市区河段已治理,主要为护岸形式,护岸顶设置宽为6.0 m的防汛道路;新青藏铁路大桥至茶德高速公路段两岸均为防洪堤(规划),堤顶宽为6.0 m,堤防高度为2.0 m。根据历史口门位置、现状工程布置及河势变化、堤防重点段地质条件及洪水风险等因素进行综合分析,在巴音河老铁路桥(位于新青藏铁路桥上游约3 500 m处)断面左岸(长江路下穿隧道处)设置溃口1处。

1. 溃口位置

德令哈城区位于巴音河冲洪积扇,地势上窄下宽,北高南低,呈锥面形态,受地形影响,巴音河德令哈段上游比降大,较窄深;下游比降缓,河道宽浅散乱。

巴音河新青藏铁路桥以上已实施了河道治理工程,工程以砂砾石护岸为主。本段河道比降较大,洪水期水流流速大,河床多为砂砾石,易被水冲刷,在护岸底部形成冲坑,影响河道防洪工程的稳定。经现场勘查,旧铁路桥断面左岸堤外为长江路下穿铁路路段,该路段长度100余m，地势低洼（溃口位置见图2-2-7，溃口处断面见图2-2-8），该低洼地段河道防洪工程由护岸过渡为堤防，而且该处堤防临河侧建有8#橡胶坝，雍高水位后存在渗透破坏可能，如果发生大洪水，岸坡遭到冲刷破坏，可能形成溃口。根据地形条件一旦溃口，洪水经该处洼地涌入城区，向东南演进，主要淹没左岸下游青海碱业及德令哈工业园区。

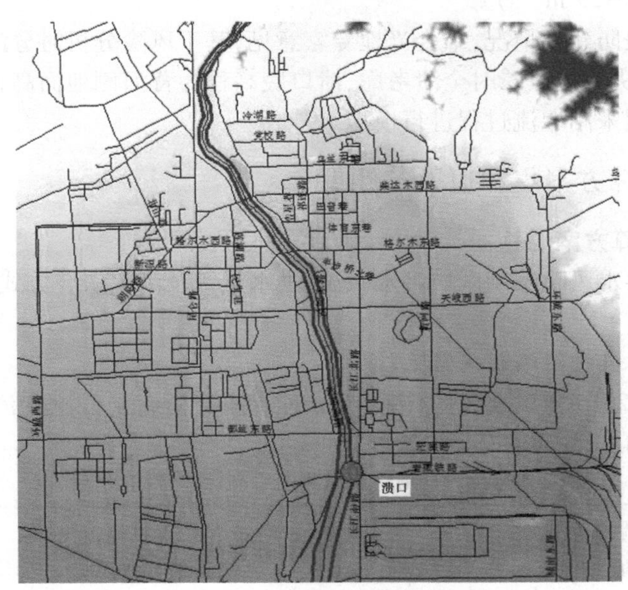

图2-2-7　巴音河下段旧铁路桥断面左岸溃口位置示意图

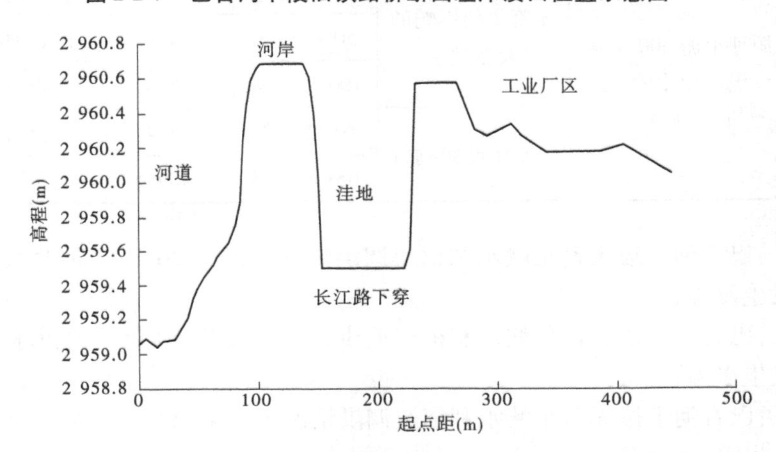

图2-2-8　巴音河下段旧铁路桥断面左岸溃口位置地形断面图

根据资料记载，在修建防洪工程之前，1971年大洪水此处曾发生过溃决。因此，此处存在一定的安全隐患，有溃决的可能性。根据河势及地势，拟在此处设置溃口。

2.溃口宽度

根据溃口河段平均河宽，按《洪水风险图编制技术细则（试行）》中溃口宽度的经验公式 $B_b = 1.9(\lg B)^{4.8} + 20$（$B_b$ 为溃口宽，m；B 为河宽，m）计算溃口宽度为150 m，根据实地调查及专家建议，考虑到下穿道路地势较低处长度约为 100 m，巴音河堤防溃口设为 100 m。此外，考虑堤防填筑土质条件，50 年一遇洪水溃口宽度也取 100 m。

3. 溃决方式及时机

溃决时机为溃口处所在河段达到 50 年一遇设计洪峰流量（左岸老铁路桥下溃口处洪峰坦化后流量 309.9 m^3/s）。

根据地形及堤防建设情况，结合当地专家意见，基于风险分析时分洪量应尽可能大的角度考虑，本次溃决方式按瞬时全溃考虑，溃口底高程为背河侧地面高程。

溃口进洪过程采用堰流过程进行模拟。

2.2.3　洪水计算方案集和边界条件

2.2.3.1　洪水计算方案汇总

根据巴音河洪水风险编制区域洪水来源、洪水量级及洪水组合方式，制订以下计算方案。

1. 巴音河洪水风险图编制范围上段

根据《青海省 2015 年洪水风险图技术大纲》，经分析后制订巴音河洪水风险图编制区上段计算方案如下，详见表 2-2-11。

表 2-2-11　巴音河洪水风险图编制计算方案（上段）

序号	计算区域	洪水来源	洪水量级	洪峰流量（m^3/s）	淹没影响
1	水源地上游 500 m 至黑石山水库回水末端	无蓄集峡影响的天然洪水	30 年一遇	356	巴音河干流两岸漫溢
2			50 年一遇	416	巴音河干流两岸漫溢
3			100 年一遇	500	巴音河干流两岸漫溢
4		经蓄集峡影响后	50 年一遇	324	巴音河干流两岸漫溢
5			100 年一遇	409.5	巴音河干流两岸漫溢

方案一：巴音河上段无蓄集峡水利枢纽调洪情况下发生 30 年一遇洪水，巴音河上段干流两岸发生漫溢；

方案二：巴音河上段无蓄集峡水利枢纽调洪情况下发生 50 年一遇洪水，巴音河上段干流两岸发生漫溢；

方案三：巴音河上段无蓄集峡水利枢纽调洪情况下发生 100 年一遇洪水，巴音河上段干流两岸发生漫溢；

方案四：巴音河上段有蓄集峡水利枢纽调洪情况下发生 50 年一遇洪水，巴音河上段干流两岸发生漫溢；

方案五：巴音河上段有蓄集峡水利枢纽调洪情况下发生 100 年一遇洪水，巴音河上段干流两岸发生漫溢。

2. 巴音河洪水风险图编制范围下段

根据《青海省 2015 年度洪水风险图编制项目技术大纲》中初步制订的巴音河洪水风

险图编制区下段的计算方案，进行了巴音河下段发生30年一遇、50年一遇、100年一遇洪水时巴音河干流发生漫溢情况的模型计算，结果表明在这三种量级洪水下巴音河下段干流河道洪水皆不出漕，河道两岸皆不发生漫溢情况，防洪保护区内无淹没情况，无法进行洪灾损失计算。因此，在巴音河洪水风险图编制区下段不再设置河道漫溢情况，仅对河道发生溃决情况制订计算方案。

经分析后制订巴音河洪水风险图编制区下段计算方案如下，详见表2-2-12。

表2-2-12　巴音河洪水风险图编制计算方案（下段）

序号	计算区域	洪水来源	洪水量级	洪峰流量（m^3/s）	淹没影响	溃口设置		
						口门位置	口门宽度（m）	溃决时机
6	黑石山水库溢洪道出口至茶德高速	蓄集峡和黑石山水库联合调控后黑石山水库下泄与白水河洪水同频遭遇	50年一遇	312.3	巴音河左岸溃决淹没	巴音河老铁桥下游	100	达到50年一遇设计洪峰流量
7			100年一遇	460	巴音河左岸溃决淹没	巴音河老铁桥下游	100	达到50年一遇设计洪峰流量
8		黑石山水库单独调洪作用下，黑石山水库下泄与白水河洪水同频遭遇	50年一遇	377	巴音河左岸溃决淹没	巴音河老铁桥下游	100	达到50年一遇设计洪峰流量
9			100年一遇	462	巴音河左岸溃决淹没	巴音河老铁桥下游	100	达到50年一遇设计洪峰流量

注：溃决时机中洪峰流量为巴音河左岸老铁路桥下溃口处的50年一遇洪峰坦化后流量。

方案六：巴音河下段无蓄集峡水利枢纽调洪情况下，巴音河干流黑石山水库50年一遇下泄设计流量与白水河洪水同频洪水叠加，左岸老铁路桥下发生溃决，模拟时间为120 h；

方案七：巴音河下段无蓄集峡水利枢纽调洪情况下，巴音河干流黑石山水库50年一遇下泄设计流量与白水河洪水同频洪水叠加，左岸老铁路桥下发生溃决，模拟时间为120 h；

方案八：巴音河下段有蓄集峡水利枢纽调洪情况下，巴音河干流黑石山水库50年一遇下泄设计流量与白水河洪水同频洪水叠加，左岸老铁路桥下发生溃决，模拟时间为120 h；

方案九：巴音河下段有蓄集峡水利枢纽调洪情况下，巴音河干流黑石山水库50年一遇下泄设计流量与白水河洪水同频洪水叠加，左岸老铁路桥下发生溃决，模拟时间为120 h。

2.2.3.2　边界条件

1.一维模型边界

MIKE11一维水动力学模型边界条件包括6种不同的自然边界条件，分别为开边界、点源、分布源、全域、建筑物和闭边界。结合巴音河洪水风险图编制区特点，需设置开边界和建筑物边界两种边界条件。

1）开边界

开边界可设置在模型的上游或者下游自由端点处。根据水力学模型定解条件，开边界类型包括给定流量过程线、给定水位过程线或水位流量关系。

(1)巴音河洪水风险图编制范围上段：一维模型上游开边界为水源地上游 500 m 断面的设计流量过程线，下游开边界为黑石山水库回水末端断面水位流量关系(详见图 2-2-9)，其根据实测河道大断面及德令哈水文站的实测资料按照曼宁公式计算得到。

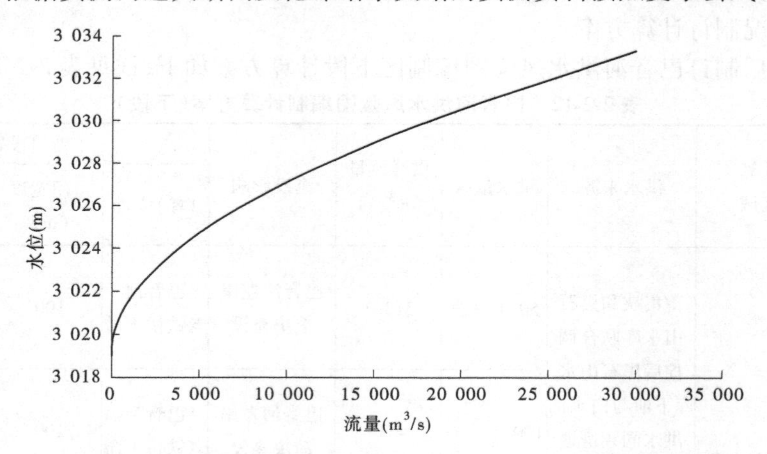

图 2-2-9　巴音河上段下边界黑石山水库回水末端断面水位流量关系

巴音河水源地上游断面设计流量过程线，分为无蓄集峡方案和有蓄集峡方案。

无蓄集峡方案洪水过程线采用《青海省蓄集峡水利枢纽工程初步设计》中黑石山水库天然入库设计洪水成果，根据德令哈水文站实测洪水过程线推求，并根据 MIKE11 软件中所需数据格式制作生成设计洪水过程时间序列文件，详见图 2-2-10。

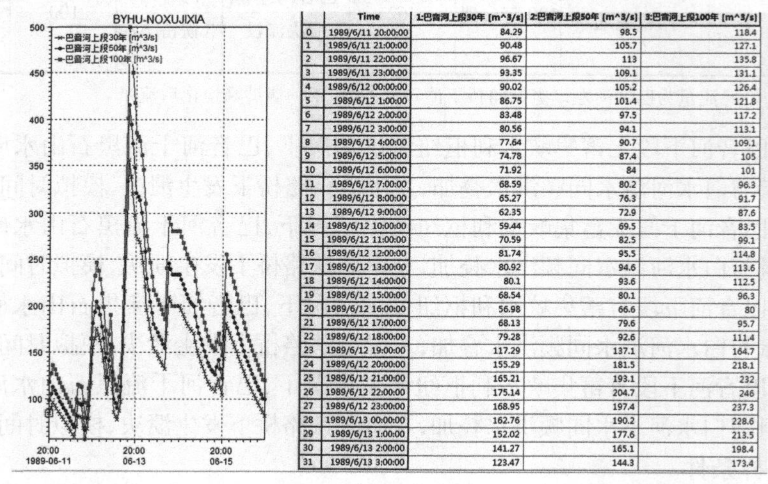

	Time	1:巴音河上段30年 [m^3/s]	2:巴音河上段50年 [m^3/s]	3:巴音河上段100年 [m^3/s]
0	1989/6/11 20:00:00	84.29	98.5	118.4
1	1989/6/11 21:00:00	90.48	105.7	127.1
2	1989/6/11 22:00:00	96.67	113	135.8
3	1989/6/11 23:00:00	93.35	109.1	131.1
4	1989/6/12 00:00:00	90.02	105.2	126.4
5	1989/6/12 1:00:00	86.75	101.4	121.8
6	1989/6/12 2:00:00	83.48	97.5	117.2
7	1989/6/12 3:00:00	80.56	94.1	113.1
8	1989/6/12 4:00:00	77.64	90.7	109.1
9	1989/6/12 5:00:00	74.78	87.4	105
10	1989/6/12 6:00:00	71.92	84	101
11	1989/6/12 7:00:00	68.59	80.2	96.3
12	1989/6/12 8:00:00	65.27	76.3	91.7
13	1989/6/12 9:00:00	62.35	72.9	87.6
14	1989/6/12 10:00:00	59.44	69.5	83.5
15	1989/6/12 11:00:00	70.59	82.5	99.1
16	1989/6/12 12:00:00	81.74	95.5	114.8
17	1989/6/12 13:00:00	80.92	94.6	113.6
18	1989/6/12 14:00:00	80.1	93.6	112.5
19	1989/6/12 15:00:00	68.54	80.1	96.3
20	1989/6/12 16:00:00	56.98	66.6	80
21	1989/6/12 17:00:00	68.13	79.6	95.7
22	1989/6/12 18:00:00	79.28	92.6	111.4
23	1989/6/12 19:00:00	117.29	137.1	164.7
24	1989/6/12 20:00:00	155.29	181.5	218.1
25	1989/6/12 21:00:00	165.21	193.1	232
26	1989/6/12 22:00:00	175.14	204.7	246
27	1989/6/12 23:00:00	168.95	197.4	237.3
28	1989/6/13 00:00:00	162.76	190.2	228.6
29	1989/6/13 1:00:00	152.02	177.6	213.5
30	1989/6/13 2:00:00	141.27	165.1	198.4
31	1989/6/13 3:00:00	123.47	144.3	173.4

图 2-2-10　巴音河上段上边界无蓄集峡方案洪水过程线

有蓄集峡水库方案的过程线，采用《青海省蓄集峡水利枢纽工程初步设计》中确定的两库联合运用的调度运行方式，对蓄集峡洪水调洪计算，叠加蓄集峡—黑石山水库区间的洪水过程，最终得到本河段设计洪水过程线，并根据 MIKE11 软件中所需数据格式制作生成设计洪水过程时间序列文件，详见图 2-2-11。

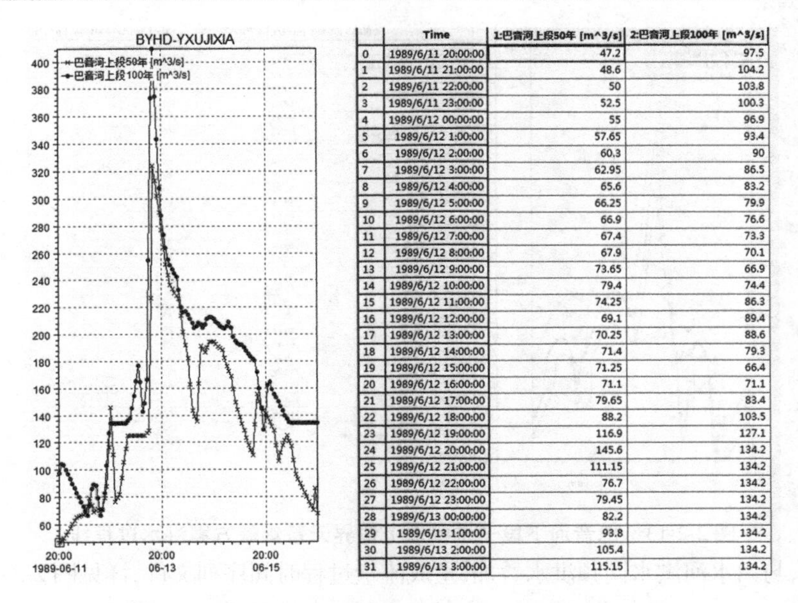

	Time	1:巴音河上段50年 [m^3/s]	2:巴音河上段100年 [m^3/s]
0	1989/6/11 20:00:00	47.2	97.5
1	1989/6/11 21:00:00	48.6	104.2
2	1989/6/11 22:00:00	50	103.8
3	1989/6/11 23:00:00	52.5	100.3
4	1989/6/12 00:00:00	55	96.9
5	1989/6/12 1:00:00	57.65	93.4
6	1989/6/12 2:00:00	60.3	90
7	1989/6/12 3:00:00	62.95	86.5
8	1989/6/12 4:00:00	65.6	83.2
9	1989/6/12 5:00:00	66.25	79.9
10	1989/6/12 6:00:00	66.9	76.6
11	1989/6/12 7:00:00	67.4	73.3
12	1989/6/12 8:00:00	67.9	70.1
13	1989/6/12 9:00:00	73.65	66.9
14	1989/6/12 10:00:00	79.4	74.4
15	1989/6/12 11:00:00	74.25	86.3
16	1989/6/12 12:00:00	69.1	89.4
17	1989/6/12 13:00:00	70.25	88.6
18	1989/6/12 14:00:00	71.4	79.3
19	1989/6/12 15:00:00	71.25	66.4
20	1989/6/12 16:00:00	71.1	71.1
21	1989/6/12 17:00:00	79.65	83.4
22	1989/6/12 18:00:00	88.2	103.5
23	1989/6/12 19:00:00	116.9	127.1
24	1989/6/12 20:00:00	145.6	134.2
25	1989/6/12 21:00:00	111.15	134.2
26	1989/6/12 22:00:00	76.7	134.2
27	1989/6/12 23:00:00	79.45	134.2
28	1989/6/13 00:00:00	82.2	134.2
29	1989/6/13 1:00:00	93.8	134.2
30	1989/6/13 2:00:00	105.4	134.2
31	1989/6/13 3:00:00	115.15	134.2

图 2-2-11　巴音河上段上边界有蓄集峡方案洪水过程线

(2)巴音河洪水风险图编制范围下段:一维模型上游开边界为黑石山水库出库设计洪水过程线,下游开边界为茶德高速水位流量关系(详见图 2-2-12),其根据实测河道大断面及德令哈水文站的实测资料按照曼宁公式计算得到。

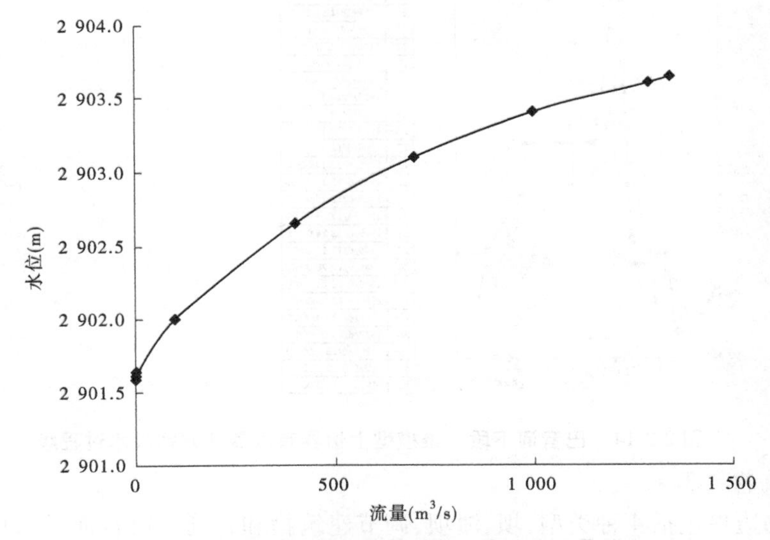

图 2-2-12　巴音河下段一维模型下边界水位流量关系

黑石山水库出库设计洪水过程线,分为无蓄集峡方案和有蓄集峡方案。

无蓄集峡方案中上游开边界流量过程线是巴音河下段无蓄集峡水利枢纽调洪作用,只考虑黑石山水库单独调洪运用下,巴音河干流黑石山水库下泄设计流量与白水河洪水同频洪水叠加,生成流量过程时间序列文件,详见图 2-2-13。

有蓄集峡方案中上游开边界流量过程线是蓄集峡水利枢纽和黑石山水库联合调度后的出

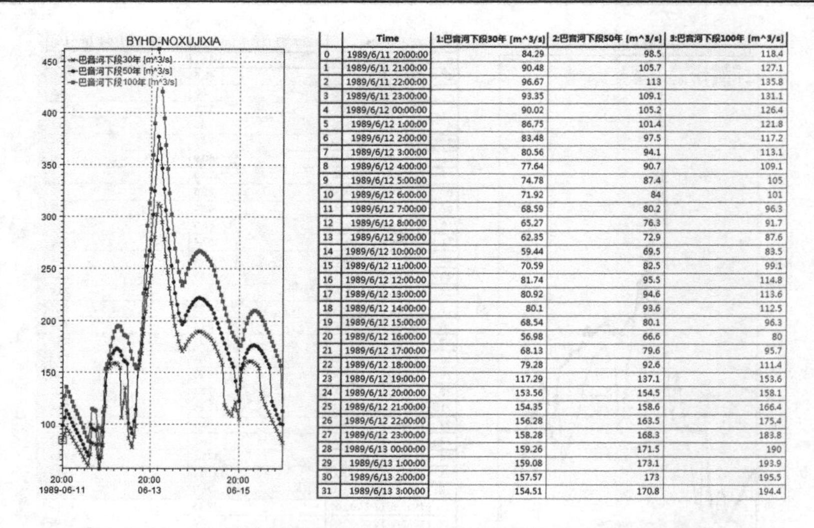

	Time	1:巴音河下段30年 [m^3/s]	2:巴音河下段50年 [m^3/s]	3:巴音河下段100年 [m^3/s]
0	1989/6/11 20:00:00	84.29	98.5	118.4
1	1989/6/11 21:00:00	90.48	105.7	127.1
2	1989/6/11 22:00:00	96.67	113	135.8
3	1989/6/11 23:00:00	93.35	109.1	131.1
4	1989/6/12 00:00:00	90.02	105.2	126.4
5	1989/6/12 1:00:00	86.75	101.4	121.8
6	1989/6/12 2:00:00	83.48	97.5	117.2
7	1989/6/12 3:00:00	80.56	94.1	113.1
8	1989/6/12 4:00:00	77.64	90.7	109.1
9	1989/6/12 5:00:00	74.78	87.4	105
10	1989/6/12 6:00:00	71.92	84	101
11	1989/6/12 7:00:00	68.59	80.2	96.3
12	1989/6/12 8:00:00	65.27	76.3	91.7
13	1989/6/12 9:00:00	62.35	72.9	87.6
14	1989/6/12 10:00:00	59.44	69.5	83.5
15	1989/6/12 11:00:00	70.59	82.5	99.1
16	1989/6/12 12:00:00	81.74	95.5	114.8
17	1989/6/12 13:00:00	80.92	94.6	113.6
18	1989/6/12 14:00:00	80.1	93.6	112.5
19	1989/6/12 15:00:00	68.54	80.1	96.3
20	1989/6/12 16:00:00	56.98	66.6	80
21	1989/6/12 17:00:00	68.13	79.6	95.7
22	1989/6/12 18:00:00	79.28	92.6	111.4
23	1989/6/12 19:00:00	117.29	137.1	153.6
24	1989/6/12 20:00:00	153.56	154.5	158.1
25	1989/6/12 21:00:00	154.35	158.6	166.4
26	1989/6/12 22:00:00	156.28	163.5	175.4
27	1989/6/12 23:00:00	158.28	168.3	183.8
28	1989/6/13 00:00:00	159.26	171.5	190
29	1989/6/13 1:00:00	159.08	173.1	193.9
30	1989/6/13 2:00:00	157.57	173	195.5
31	1989/6/13 3:00:00	154.51	170.8	194.4

图 2-2-13　巴音河下段一维模型上边界无蓄集峡方案洪水过程线

库洪水过程,与白水河洪水同频洪水叠加,生成流量过程时间序列文件,详见图 2-2-14。

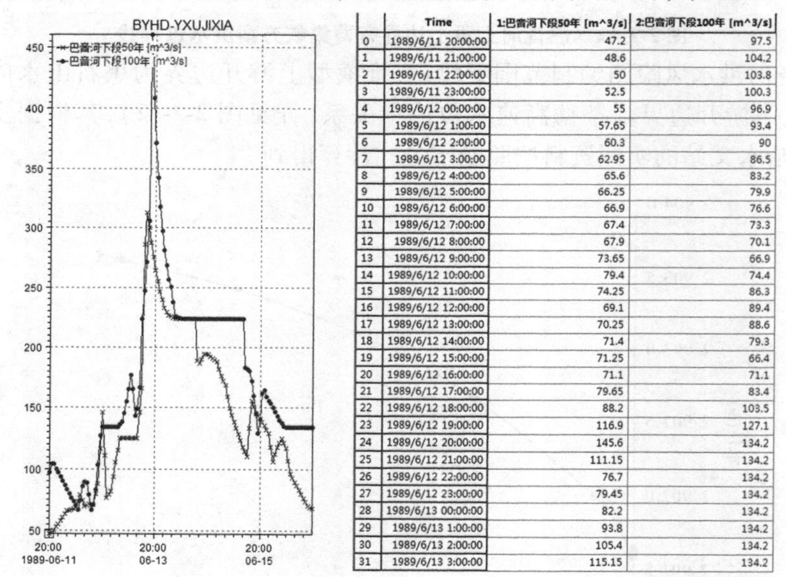

	Time	1:巴音河下段50年 [m^3/s]	2:巴音河下段100年 [m^3/s]
0	1989/6/11 20:00:00	47.2	97.5
1	1989/6/11 21:00:00	48.6	104.2
2	1989/6/11 22:00:00	50	103.8
3	1989/6/11 23:00:00	52.5	100.3
4	1989/6/12 00:00:00	55	96.9
5	1989/6/12 1:00:00	57.65	93.4
6	1989/6/12 2:00:00	60.3	90
7	1989/6/12 3:00:00	62.95	86.5
8	1989/6/12 4:00:00	65.6	83.2
9	1989/6/12 5:00:00	66.25	79.9
10	1989/6/12 6:00:00	66.9	76.6
11	1989/6/12 7:00:00	67.4	73.3
12	1989/6/12 8:00:00	67.9	70.1
13	1989/6/12 9:00:00	73.65	66.9
14	1989/6/12 10:00:00	79.4	74.4
15	1989/6/12 11:00:00	74.25	86.3
16	1989/6/12 12:00:00	69.1	89.4
17	1989/6/12 13:00:00	70.25	88.6
18	1989/6/12 14:00:00	71.4	79.3
19	1989/6/12 15:00:00	71.25	66.4
20	1989/6/12 16:00:00	71.1	71.1
21	1989/6/12 17:00:00	79.65	83.4
22	1989/6/12 18:00:00	88.2	103.5
23	1989/6/12 19:00:00	116.9	127.1
24	1989/6/12 20:00:00	145.6	134.2
25	1989/6/12 21:00:00	111.15	134.2
26	1989/6/12 22:00:00	76.7	134.2
27	1989/6/12 23:00:00	79.45	134.2
28	1989/6/13 00:00:00	82.2	134.2
29	1989/6/13 1:00:00	93.8	134.2
30	1989/6/13 2:00:00	105.4	134.2
31	1989/6/13 3:00:00	115.15	134.2

图 2-2-14　巴音河下段一维模型上边界有蓄集峡方案洪水过程线

2)建筑物边界

建筑物边界包括 4 种类型,坝、溃坝、调节建筑物和管涌。巴音河洪水风险图编制区下段模型中溃口设置为调节建筑物。

根据溃口设置,需要在巴音河下段干流设置 1 处调节建筑物,位于巴音河老铁路桥断面左岸(长江路下穿处)。

2. 二维模型边界

巴音河洪水风险图编制区仅下段建模计算中涉及二维模型,因此二维模型边界设置只针对巴音河下段模型。

二维水动力学模型涉及的控制边界主要有开边界、固定边界和内边界三种。开边界通常指计算区的出流边界和入流边界；固定边界是指计算区与外界无水流交换的边界；而内边界则是指模型内对于道路、涵洞、沟道、灌区渠堤等各类点状或线状地物的概化边界。

在 MIKE21 二维水动力学模型里，对于开边界和固定边界提供了 6 种形态的边界条件设置，分别为：①陆地边界，即零垂向流速，但可以滑动的陆地边界；②陆地（零流速）；③速度边界和通量边界；④水位边界；⑤流量边界；⑥弗拉瑟条件。内边界在 MIKE21 二维水动力学模型“建筑物”中进行设置。此外，支流的汇入作为模型构建的边界条件在“源项”中进行设置。

1）开边界

开边界通常指计算区的出流边界和入流边界。由于在巴音河洪水风险图下段模型中设置有溃口，则该区域二维模型的入流为一维中的溃口流量过程，由模型自动计算。

巴音河下段编制区下边界至茶德高速，茶德高速在二维模型建模区域内有多处涵洞可过流。经过模型试算，根据试算结果中洪水演进流路，选取茶德高速中 5 处桥涵设置为下边界，其中 1 号桥涵位于右岸，2 ~ 5 号桥涵位于左岸，自河向外依次排列，详见图 2-2-15，其 Q—h 关系分别见图 2-2-16 ~ 图 2-2-20。

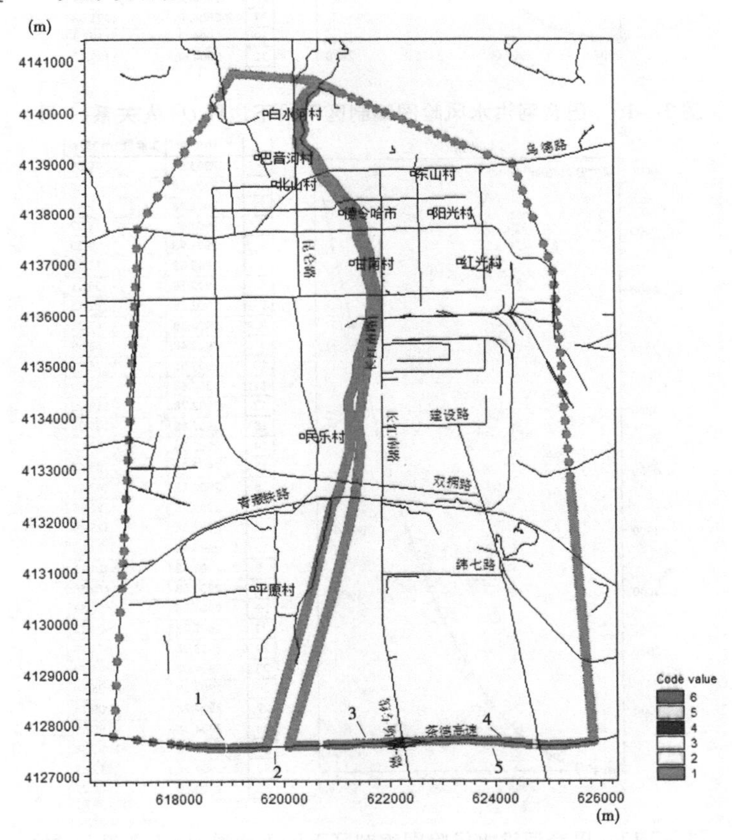

图 2-2-15　巴音河洪水风险图编制区下段下边界分布示意图

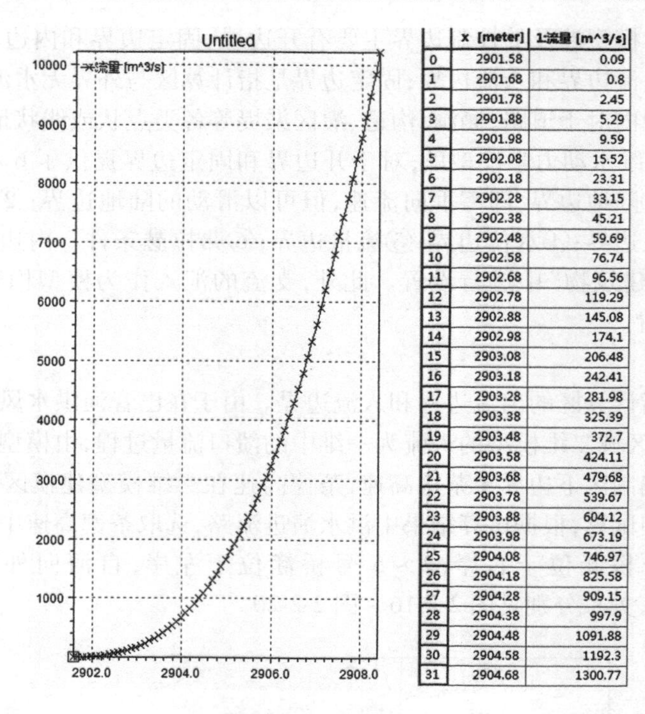

	x [meter]	1:流量 [m^3/s]
0	2901.58	0.09
1	2901.68	0.8
2	2901.78	2.45
3	2901.88	5.29
4	2901.98	9.59
5	2902.08	15.52
6	2902.18	23.31
7	2902.28	33.15
8	2902.38	45.21
9	2902.48	59.69
10	2902.58	76.74
11	2902.68	96.56
12	2902.78	119.29
13	2902.88	145.08
14	2902.98	174.1
15	2903.08	206.48
16	2903.18	242.41
17	2903.28	281.98
18	2903.38	325.39
19	2903.48	372.7
20	2903.58	424.11
21	2903.68	479.68
22	2903.78	539.67
23	2903.88	604.12
24	2903.98	673.19
25	2904.08	746.97
26	2904.18	825.58
27	2904.28	909.15
28	2904.38	997.9
29	2904.48	1091.88
30	2904.58	1192.3
31	2904.68	1300.77

图 2-2-16　巴音河洪水风险图编制区下段下边界 $Q—h$ 关系(1 号)

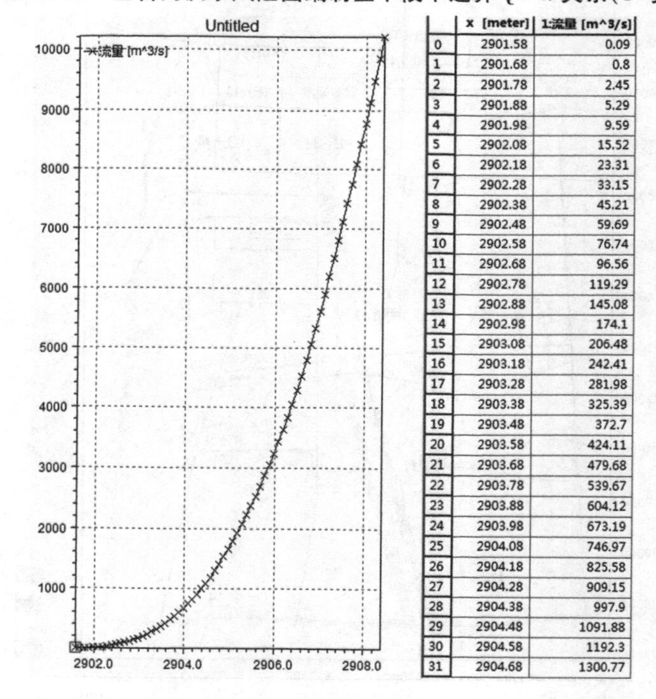

	x [meter]	1:流量 [m^3/s]
0	2901.58	0.09
1	2901.68	0.8
2	2901.78	2.45
3	2901.88	5.29
4	2901.98	9.59
5	2902.08	15.52
6	2902.18	23.31
7	2902.28	33.15
8	2902.38	45.21
9	2902.48	59.69
10	2902.58	76.74
11	2902.68	96.56
12	2902.78	119.29
13	2902.88	145.08
14	2902.98	174.1
15	2903.08	206.48
16	2903.18	242.41
17	2903.28	281.98
18	2903.38	325.39
19	2903.48	372.7
20	2903.58	424.11
21	2903.68	479.68
22	2903.78	539.67
23	2903.88	604.12
24	2903.98	673.19
25	2904.08	746.97
26	2904.18	825.58
27	2904.28	909.15
28	2904.38	997.9
29	2904.48	1091.88
30	2904.58	1192.3
31	2904.68	1300.77

图 2-2-17　巴音河洪水风险图编制区下段下边界 $Q—h$ 关系(2 号)

2)固定边界

固定边界是指计算区与外界无水流交换的边界。对于二维模型各计算方案,除流量

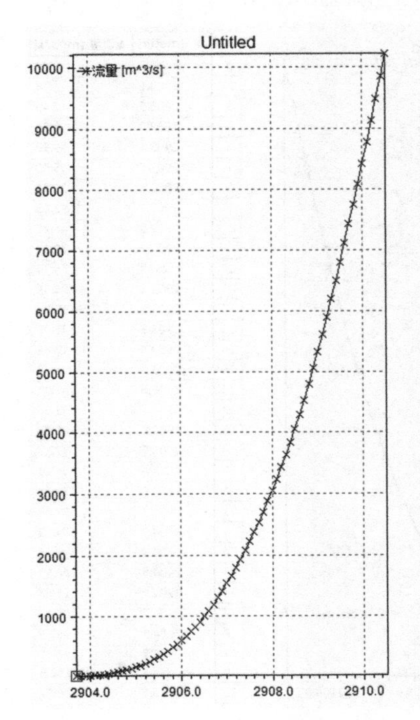

	x [meter]	1:流量 [m^3/s]
0	2903.7	0.09
1	2903.8	0.8
2	2903.9	2.45
3	2904	5.29
4	2904.1	9.59
5	2904.2	15.52
6	2904.3	23.31
7	2904.4	33.15
8	2904.5	45.21
9	2904.6	59.69
10	2904.7	76.74
11	2904.8	96.56
12	2904.9	119.29
13	2905	145.08
14	2905.1	174.1
15	2905.2	206.48
16	2905.3	242.41
17	2905.4	281.98
18	2905.5	325.39
19	2905.6	372.7
20	2905.7	424.11
21	2905.8	479.68
22	2905.9	539.67
23	2906	604.12
24	2906.1	673.19
25	2906.2	746.97
26	2906.3	825.58
27	2906.4	909.15
28	2906.5	997.9
29	2906.6	1091.88
30	2906.7	1192.3
31	2906.8	1300.77

图 2-2-18　巴音河洪水风险图编制区下段下边界 $Q—h$ 关系(3 号)

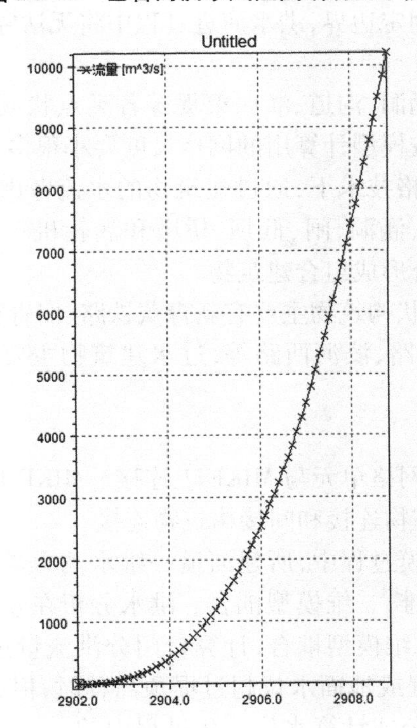

	x [meter]	1:流量 [m^3/s]
0	2902	0.09
1	2902.1	0.8
2	2902.2	2.45
3	2902.3	5.29
4	2902.4	9.59
5	2902.5	15.52
6	2902.6	23.31
7	2902.7	33.15
8	2902.8	45.21
9	2902.9	59.69
10	2903	76.74
11	2903.1	96.56
12	2903.2	119.29
13	2903.3	145.08
14	2903.4	174.1
15	2903.5	206.48
16	2903.6	242.41
17	2903.7	281.98
18	2903.8	325.39
19	2903.9	372.7
20	2904	424.11
21	2904.1	479.68
22	2904.2	539.67
23	2904.3	604.12
24	2904.4	673.19
25	2904.5	746.97
26	2904.6	825.58
27	2904.7	909.15
28	2904.8	997.9
29	2904.9	1091.88
30	2905	1192.3
31	2905.1	1300.77

图 2-2-19　巴音河洪水风险图编制区下段下边界 $Q—h$ 关系(4 号)

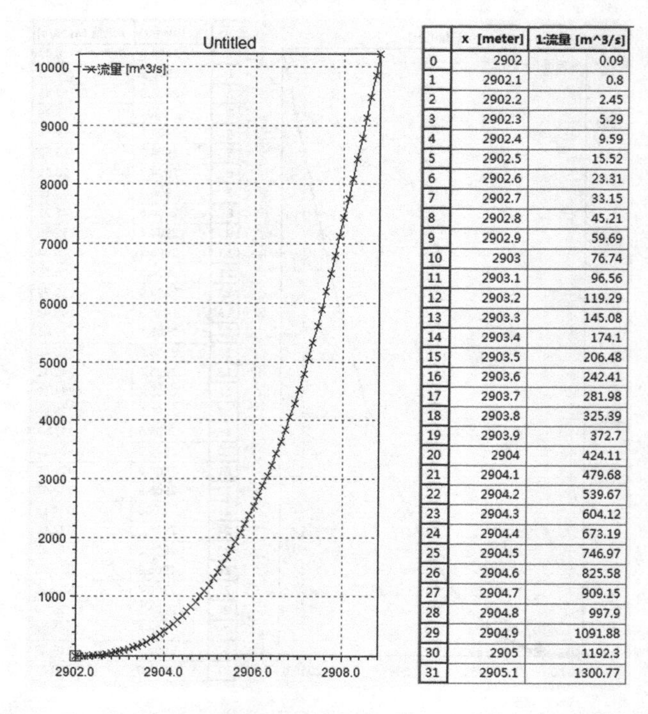

	x [meter]	1:流量 [m^3/s]
0	2902	0.09
1	2902.1	0.8
2	2902.2	2.45
3	2902.3	5.29
4	2902.4	9.59
5	2902.5	15.52
6	2902.6	23.31
7	2902.7	33.15
8	2902.8	45.21
9	2902.9	59.69
10	2903	76.74
11	2903.1	96.56
12	2903.2	119.29
13	2903.3	145.08
14	2903.4	174.1
15	2903.5	206.48
16	2903.6	242.41
17	2903.7	281.98
18	2903.8	325.39
19	2903.9	372.7
20	2904	424.11
21	2904.1	479.68
22	2904.2	539.67
23	2904.3	604.12
24	2904.4	673.19
25	2904.5	746.97
26	2904.6	825.58
27	2904.7	909.15
28	2904.8	997.9
29	2904.9	1091.88
30	2905	1192.3
31	2905.1	1300.77

图 2-2-20　巴音河洪水风险图编制区下段下边界 $Q—h$ 关系(5 号)

边界外,计算分区外围其他地方均为固定边界,洪水演进过程中将无法穿越闭边界。

3) 内边界

内边界则是指模型内对于道路、涵洞、沟道、灌区渠堤等各类点状或线状地物的概化边界。在平面上,建筑物的尺度通常较模型计算用的网格尺度要小很多,因此建筑物的影响通常使用亚网格技术来模拟。亚网格技术下,通过建筑物的水流考虑上下游水位来模拟。MIKE21 水动力模型中包含了堰、涵洞、闸、低坝、桥墩和涡轮机等 6 种不同的建筑物,还可以将以上几种建筑物进行组合形成组合建筑物。

巴音河洪水风险图编制区内的线状构筑物主要有新青藏铁路、旧青藏铁路、茶德高速 G315、长江路、长江南路、滨河路、昆仑路、滨河西路等,过水建筑物主要有跨巴音河大桥及 8 级拦河橡胶坝。

3. 模型耦合条件

MIKE Flood 可以建立从 MIKE21 网格单元与 MIKE11 连接。MIKE Flood 中共有 4 种连接,即侧向连接、标准连接、侧向建筑物连接和间接构筑物连接。

巴音河洪水风险图编制区下段建模过程中,所建河道一维水动力学模型与所建防洪保护区二维水动力学模型之间进行一维、二维模型耦合。洪水分析在左岸老铁路桥溃口位置设置侧向建筑物连接进行一维、二维模型耦合,计算口门分洪流量过程;其余河段采用侧向连接,当河道水位超过堤顶高程或地面水位超过堤顶高程时,根据 MIKE Flood 模型中一、二维侧向耦合模式,采用堰流公式计算水位变化过程中的一、二维之间的水量交换。

溃决方案口门流量过程详见洪水分析计算成果。

根据上述分析，一维、二维模型计算的边界条件概化如图 2-2-21 所示。

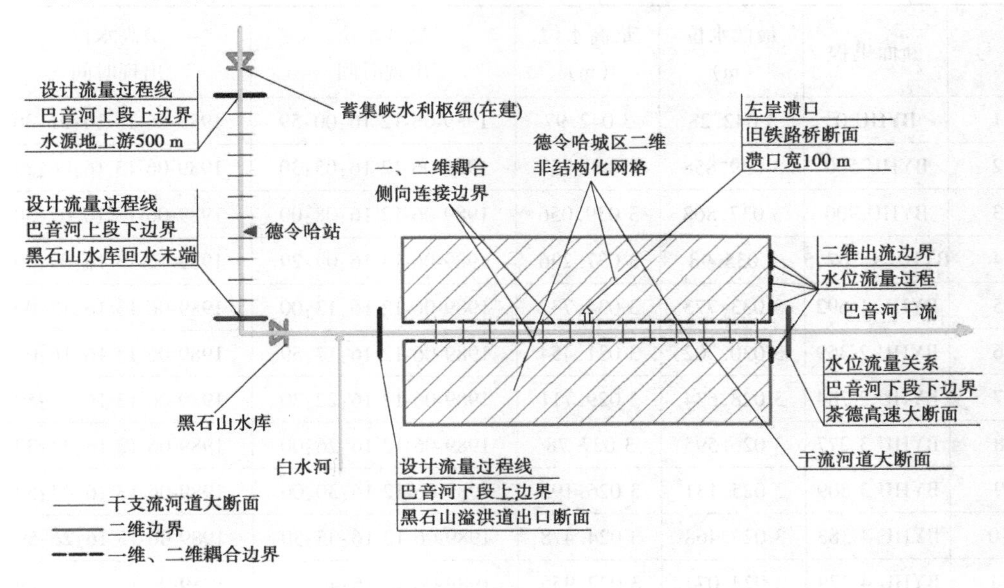

图 2-2-21　巴音河洪水分析边界条件设置概化图

2.2.4　洪水计算成果主要内容

对于一维水动力学模型，输入各类参数、初始条件及各类边界条件，调试、验证、运行模型后得到各方案一维模型计算结果，主要包括模型各断面处水位、流量等风险要素信息，通过 MIKE 软件相关功能可将一维模型计算结果转为二维形式进行展示，从而到最大水深、淹没范围等洪水风险相关统计信息。

根据所建的计算区一维、二维耦合水动力学模型，输入各类参数、初始条件及多种控制边界，构建完整洪水计算模型，运行模型获得各方案不同时刻对应的洪水淹没信息，包括洪水淹没水深、洪水流速等多种风险要素信息，以及洪水风险相关统计信息（包括最大水深、最大水深出现的时间、最大流速、最大流速出现的时间、淹没历时）。

2.2.4.1　计算结果

1. 巴音河上段

巴音河洪水风险图编制区上段所建模型为一维水动力学模型，其模型计算结果只涉及各断面处水位与流量，通过 MIKE 软件相关功能转化后得到的二维计算结果可反映计算范围的最大淹没水深与淹没范围，一维水动力学模型不能直接得到平面洪水演进过程、淹没历时等洪水风险信息。

(1)方案一：无蓄集峡调洪 30 年一遇洪水。

巴音河洪水风险图编制区上段无蓄集峡水利枢纽调洪情况下发生 30 年一遇洪水，巴音河上段干流两岸发生漫溢，模拟时间为 120 h。巴音河洪水风险图编制区上段一维水动力学模型 13 处断面最高水位自上游至下游逐渐降低，详见表 2-2-13，一维模型中各流量计算点处流量过程（详见图 2-2-22）与一维模型上边界洪水流量过程相协调。

表 2-2-13　巴音河上段无蓄集峡调洪 30 年一遇洪水一维模型水位计算成果

序号	断面里程	最低水位 (m)	最高水位 (m)	最低水位 出现时间	最高水位 出现时间
1	BYHU 0	3 042.28	3 042.97	1989-06-12 16:00:59	1989-06-13 16:01:30
2	BYHU 500	3 039.858	3 040.757	1989-06-12 16:05:30	1989-06-13 16:06:29
3	BYHU 900	3 037.868	3 039.056	1989-06-12 16:08:00	1989-06-13 16:07:30
4	BYHU 1 167.5	3 035.98	3 037.236	1989-06-12 16:09:29	1989-06-13 16:09:00
5	BYHU 1 692	3 033.773	3 034.732	1989-06-12 16:13:00	1989-06-13 16:13:00
6	BYHU 2 359	3 030.302	3 031.454	1989-06-12 16:17:59	1989-06-13 16:16:00
7	BYHU 2 784	3 028.634	3 029.711	1989-06-12 16:22:30	1989-06-13 16:20:59
8	BYHU 3 277	3 026.595	3 027.78	1989-06-12 16:26:00	1989-06-13 16:22:30
9	BYHU 3 809	3 025.131	3 026.195	1989-06-12 16:30:00	1989-06-13 16:24:59
10	BYHU 4 383	3 023.468	3 024.478	1989-06-12 16:35:30	1989-06-13 16:26:59
11	BYHU 4 779	3 022.073	3 022.955	1989-06-12 16:40:29	1989-06-13 16:30:29
12	BYHU 4 994	3 021.259	3 022.063	1989-06-12 16:42:00	1989-06-13 16:30:29
13	BYHU 5 329.43	3 019.696	3 020.574	1989-06-12 16:44:00	1989-06-13 16:31:30

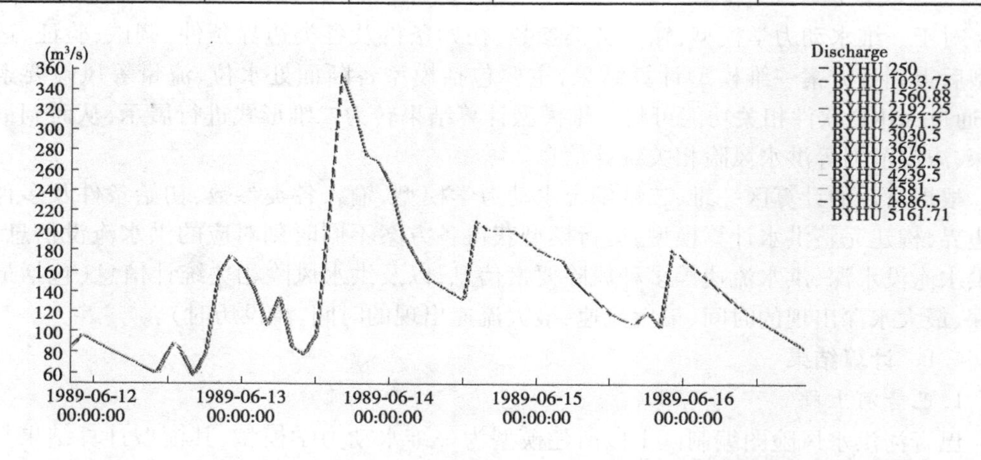

图 2-2-22　巴音河上段无蓄集峡调洪 30 年一遇洪水一维模型各流量计算点流量过程线

巴音河洪水风险图编制区上段仅在德令哈市和青海碱业供水水源地河段左岸有简易的防洪堤 800 m,其余河段处于自然形态尚未治理。巴音河上段发生无蓄集峡调洪 30 年一遇洪水时,简易防洪堤可抵御该量级下洪峰流量(356 m^3/s),但水位已接近简易防洪堤堤顶,简易防洪堤河段两处河道断面(4 + 383、4 + 779)最高水位如图 2-2-23、图 2-2-24 所示;其余河段无河道工程,河段洪水自然漫溢,如图 2-2-25 所示为断面 3 + 809 洪水最高水位;断面1 + 167.5至断面 2 + 784 之间河段左岸临近乌德路,乌德路路基具有一定挡水作用,此方案下,河道洪水均没有漫过乌德路路基,如图 2-2-26、图 2-2-27 所示为断面1 + 692

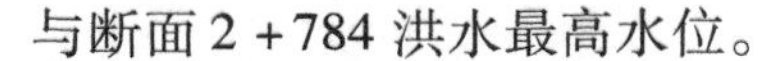
与断面 2 +784 洪水最高水位。

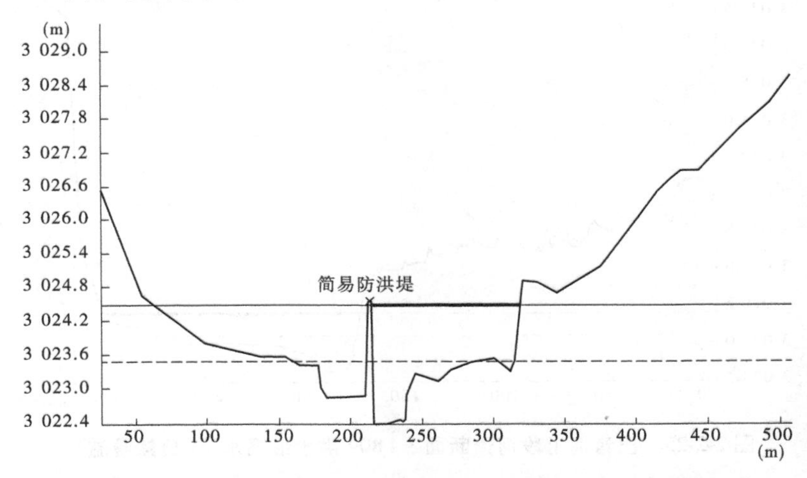

图 2-2-23　巴音河上段河道断面 4 +383 洪水最高水位(简易防洪堤)

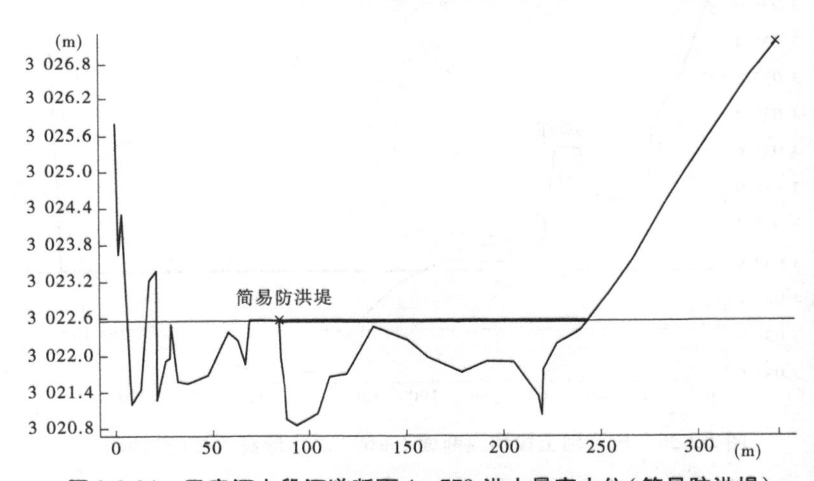

图 2-2-24　巴音河上段河道断面 4 +779 洪水最高水位(简易防洪堤)

巴音河上段水源地断面 4 +000 至断面 4 +800 之间河段由于简易防洪堤的防护,未造成该处取水口淹没(认为简易防洪堤可抵御巴音河无蓄集峡调洪情况下 30 年一遇洪水);其余河段虽有洪水自然漫溢,但洪水最大水位未达到取水口站房台堆顶高,不造成淹没。因此,此方案下,巴音河上段水源地取水口没有被淹没。

此方案下,一维模型计算结果转为二维成果,可得到最大淹没水深与淹没范围图,详见图 2-2-28。淹没面积为 0.45 km^2,平均最大淹没水深为 0.98 m。

(2)方案二:无蓄集峡调洪 50 年一遇洪水。

巴音河洪水风险图编制区上段无蓄集峡水利枢纽调洪情况下发生 50 年一遇洪水,巴音河上段干流两岸发生漫溢,模拟时间为 120 h。巴音河洪水风险图编制区上段一维水动力学模型 13 处断面最高水位自上游至下游逐渐降低,各断面最高水位较方案一有所增大,详见表 2-2-14,一维模型中各流量计算点处流量过程(详见图 2-2-29)与一维模型上边界洪水流量过程相协调。

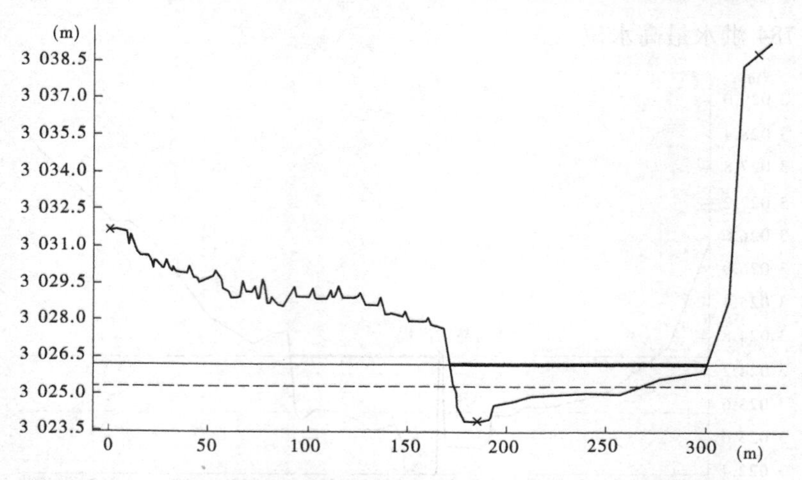

图 2-2-25　巴音河上段河道断面 3 + 809 洪水最高水位(自然漫溢)

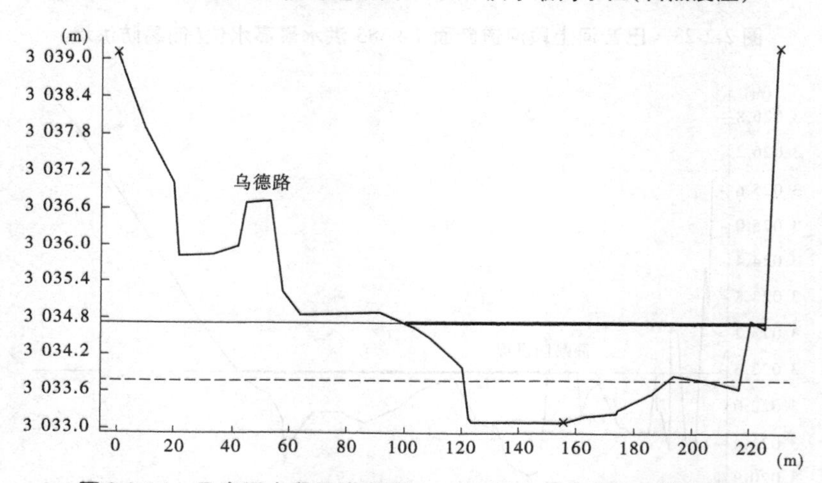

图 2-2-26　巴音河上段河道断面 1 + 692 洪水最高水位(乌德路)

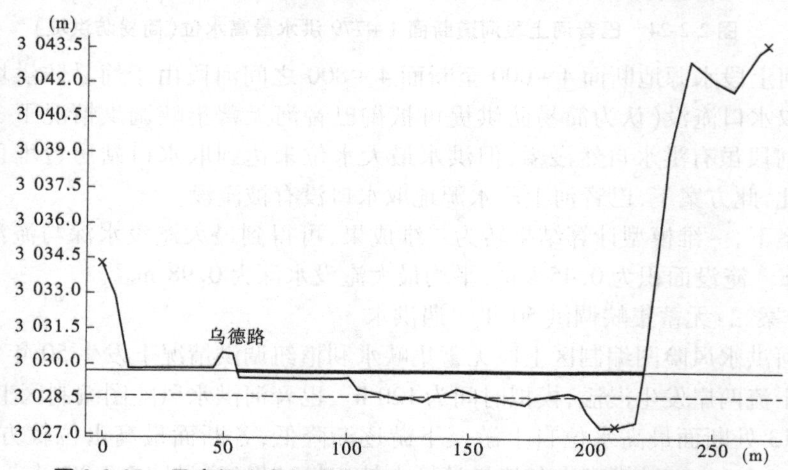

图 2-2-27　巴音河上段河道断面 2 + 784 洪水最高水位(乌德路)

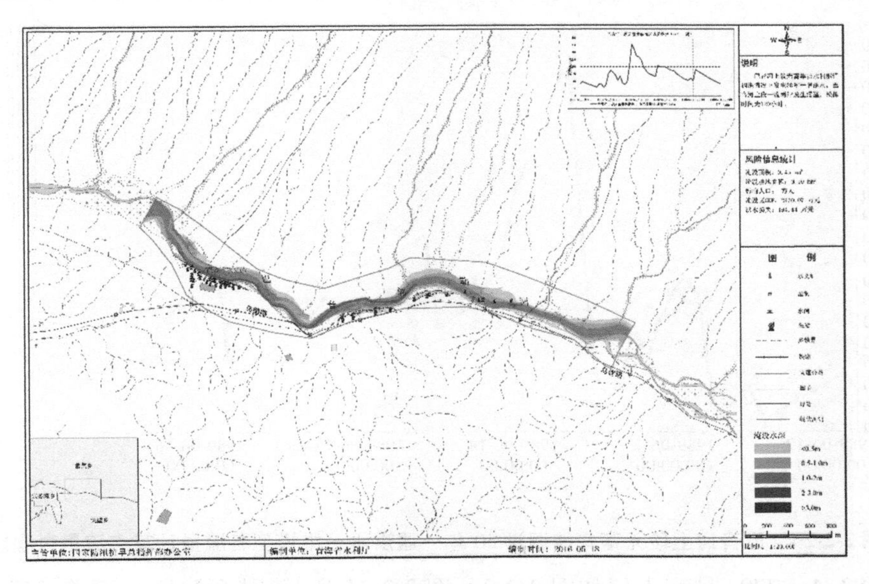

图 2-2-28　巴音河上段无蓄集峡调洪 30 年一遇最大淹没水深与淹没范围图

表 2-2-14　巴音河上段无蓄集峡调洪 50 年一遇洪水一维模型水位计算成果

序号	断面里程	最低水位（m）	最高水位（m）	最低水位出现时间	最高水位出现时间
1	BYHU 0	3 042.322	3 043.055	1989-06-12 16:00:30	1989-06-13 16:01:59
2	BYHU 500	3 039.925	3 040.863	1989-06-12 16:04:30	1989-06-13 16:05:00
3	BYHU 900	3 037.927	3 039.177	1989-06-12 16:05:59	1989-06-13 16:05:59
4	BYHU 1 167.5	3 036.05	3 037.388	1989-06-12 16:08:00	1989-06-13 16:07:59
5	BYHU 1 692	3 033.828	3 034.861	1989-06-12 16:10:29	1989-06-13 16:11:29
6	BYHU 2 359	3 030.376	3 031.587	1989-06-12 16:15:59	1989-06-13 16:16:00
7	BYHU 2 784	3 028.737	3 029.824	1989-06-12 16:21:30	1989-06-13 16:18:00
8	BYHU 3 277	3 026.682	3 027.93	1989-06-12 16:23:29	1989-06-13 16:22:30
9	BYHU 3 809	3 025.186	3 026.308	1989-06-12 16:27:29	1989-06-13 16:24:00
10	BYHU 4 383	3 023.393	3 024.233	1989-06-12 16:32:30	1989-06-13 16:27:30
11	BYHU 4 779	3 022.08	3 022.954	1989-06-12 16:38:00	1989-06-13 16:28:59
12	BYHU 4 994	3 021.31	3 022.172	1989-06-12 16:38:29	1989-06-13 16:30:00
13	BYHU 5 329.43	3 019.739	3 020.695	1989-06-12 16:41:29	1989-06-13 16:31:59

巴音河洪水风险图编制区上段仅在德令哈市和青海碱业供水水源地河段左岸有简易的防洪堤 800 m，其余河段处于自然形态尚未治理。此方案下，巴音河上段发生无蓄集峡调洪 50 年一遇洪水（洪峰流量 416 m^3/s）时，洪水最高水位在该河段已超过简易防洪堤堤顶高程，认为该简易防洪堤已经破坏，造成临河滩地淹没，简易防洪堤河段两处河道断

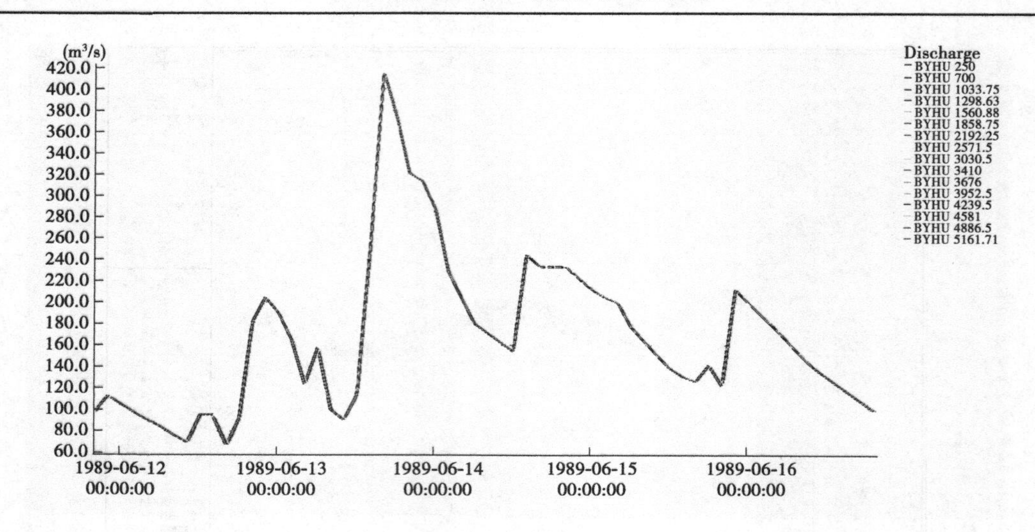

图 2-2-29 巴音河上段无蓄集峡调洪 50 年一遇洪水一维模型各流量计算点流量过程线

面(4+383、4+779)最高水位如图 2-2-30、图 2-2-31 所示;其余河段无河道工程,河段洪水自然漫溢,如图 2-2-32 所示为断面 3+809 洪水最高水位;断面 1+167.5 至断面 2+784 之间河段左岸临近乌德路,乌德路路基具有一定挡水作用,此方案下,河道洪水均没有漫过乌德路路基,如图 2-2-33、图 2-2-34 所示为断面 1+692 与断面 2+784 洪水最高水位。

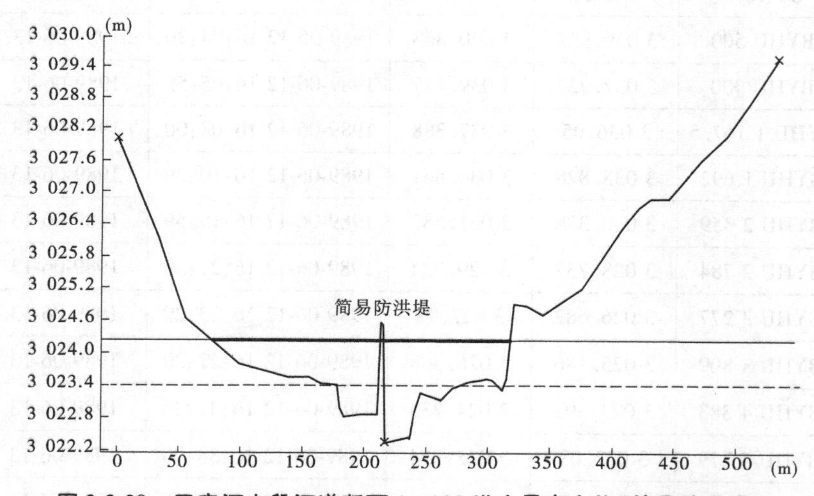

图 2-2-30 巴音河上段河道断面 4+383 洪水最高水位(简易防洪堤)

巴音河上段水源地断面 4+000 至断面 4+800 之间河段虽建有简易防洪堤,但在此方案下河段洪水最高水位已超过简易防洪堤堤顶,造成此处水源地取水口部分淹没;其余河段虽有洪水自然漫溢,但洪水最大水位未达到取水口泵房房台顶高,不造成淹没。因此,此方案下,巴音河上段水源地取水口泵房发生淹没 16 处,其中泵房淹没水深 0~0.5 m 有 14 处,泵房淹没水深 0.5 m 以上有 2 处,详见表 2-2-15。

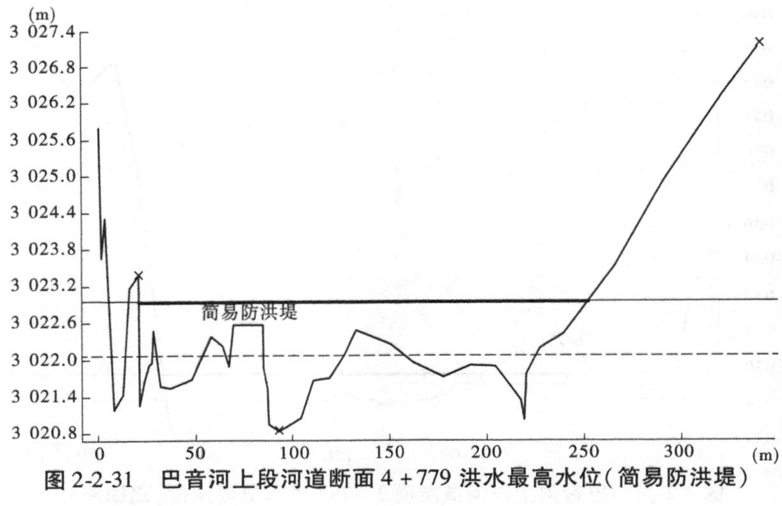

图 2-2-31　巴音河上段河道断面 4 + 779 洪水最高水位(简易防洪堤)

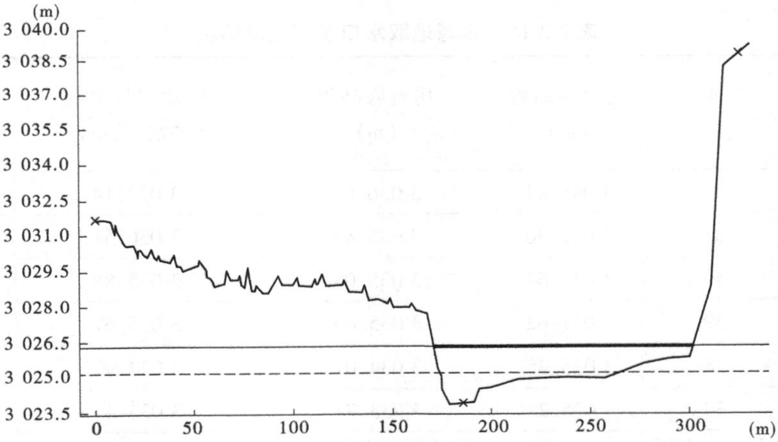

图 2-2-32　巴音河上段河道断面 3 + 809 洪水最高水位(自然漫溢)

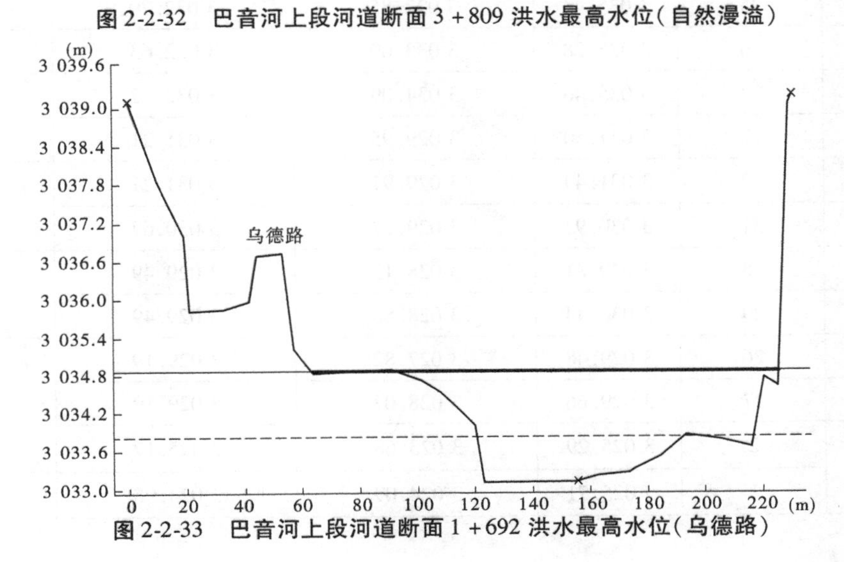

图 2-2-33　巴音河上段河道断面 1 + 692 洪水最高水位(乌德路)

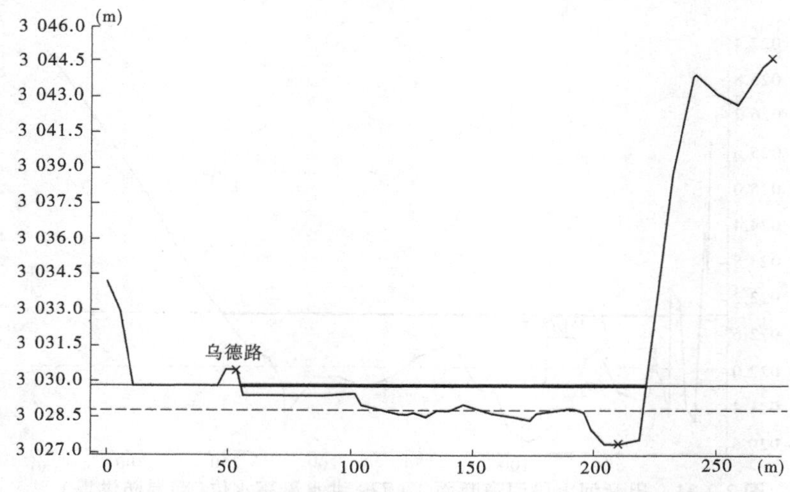

图 2-2-34　巴音河上段河道断面 2 + 784 洪水最高水位(乌德路)

表 2-2-15　水源地取水口泵房淹没情况

取水口桩号	取水口编号	房台顶高程(m)	房台底高程(m)	取水口处最高洪水位(m)	房台顶淹没水深(m)
1 + 220	42	3 041.41	3 036.86	3 037.14	
1 + 350	41	3 039.36	3 035.84	3 036.51	
1 + 480	40	3 037.67	3 035.08	3 035.88	
1 + 525	39	3 037.62	3 035.03	3 035.67	
1 + 680	38	3 035.45	3 034.01	3 034.92	
1 + 800	34	3 035.22	3 033.71	3 033.47	
2 + 000	35	3 035.44	3 033.85	3 032.79	
2 + 050	36	3 035.28	3 033.69	3 032.63	
2 + 200	37	3 035.46	3 034.09	3 032.12	
2 + 450	32	3 031.50	3 029.95	3 031.21	
2 + 450	33	3 031.49	3 029.91	3 031.21	
2 + 580	31	3 030.93	3 029.37	3 030.67	
2 + 870	28	3 029.81	3 028.13	3 029.49	
2 + 870	29	3 030.44	3 028.88	3 029.49	
2 + 950	26	3 029.48	3 027.82	3 029.19	
2 + 950	27	3 029.66	3 028.07	3 029.19	
4 + 125	2	3 025.29	3 023.68	3 025.17	
4 + 175	1	3 025.71	3 024.09	3 024.98	

续表 2-2-15

取水口桩号	取水口编号	房台顶高程（m）	房台底高程（m）	取水口处最高洪水位（m）	房台顶淹没水深（m）
4+180	3	3 025.66	3 023.98	3 024.97	
4+210	5	3 024.49	3 022.89	3 024.86	0.37
4+230	4	3 024.28	3 022.77	3 024.79	0.51
4+240	6	3 025.18	3 023.57	3 024.75	
4+250	10	3 024.18	3 022.53	3 024.71	0.53
4+275	11	3 024.13	3 022.41	3 024.62	0.49
4+280	8	3 025.07	3 023.39	3 024.61	
4+290	7	3 024.38	3 022.74	3 024.57	0.19
4+325	9	3 025.04	3 023.37	3 024.44	
4+340	13	3 024.06	3 022.37	3 024.39	0.33
4+360	14	3 024.05	3 022.34	3 024.32	0.27
4+370	12	3 024.61	3 022.83	3 024.28	
4+400	15	3 023.70	3 022.10	3 024.18	0.48
4+410	16	3 024.46	3 022.94	3 024.15	
4+470	17	3 023.65	3 022.14	3 023.95	0.30
4+500	0	3 024.16	3 022.36	3 023.86	
4+500	18	3 023.58	3 022.05	3 023.86	0.28
4+510	25	3 023.85	3 022.19	3 023.82	
4+540	24	3 023.73	3 022.15	3 023.73	0.01
4+550	19	3 023.63	3 022.03	3 023.69	0.06
4+550	23	3 023.65	3 022.13	3 023.69	0.04
4+600	20	3 023.24	3 021.58	3 023.53	0.29
4+600	22	3 023.53	3 022.11	3 023.53	0.02
4+650	21	3 023.18	3 021.38	3 023.37	0.19

此方案下，一维模型计算结果转为二维成果，可得到最大淹没水深与淹没范围图，详见图 2-2-35。淹没面积为 0.77 km^2，平均最大淹没水深为 1.02 m。

（3）方案三：无蓄集峡调洪 100 年一遇洪水。

巴音河洪水风险图编制区上段无蓄集峡水利枢纽调洪情况下发生 100 年一遇洪水，巴音河上段干流两岸发生漫溢，模拟时间为 120 h。巴音河洪水风险图编制区上段一维水

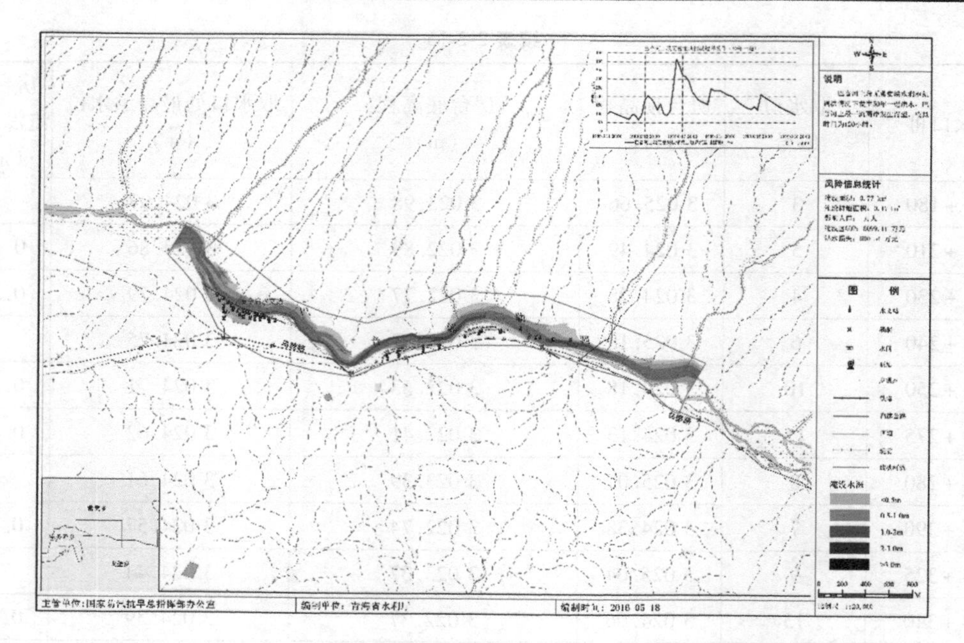

图 2-2-35　巴音河上段无蓄集峡调洪 50 年一遇最大淹没水深与淹没范围图

动力学模型 13 处断面最高水位自上游至下游逐渐降低，各断面最高水位较方案二进一步增大，详见表 2-2-16，一维模型中各流量计算点处流量过程（详见图 2-2-36）与一维模型上边界洪水流量过程相协调。

表 2-2-16　巴音河上段无蓄集峡调洪 100 年一遇洪水一维模型水位计算成果

序号	断面里程	最低水位（m）	最高水位（m）	最低水位出现时间	最高水位出现时间
1	BYHU 0	3 042.371	3 043.166	1989-06-12 16:01:30	1989-06-13 16:01:30
2	BYHU 500	3 039.978	3 041.001	1989-06-12 16:04:30	1989-06-13 16:05:00
3	BYHU 900	3 038.006	3 039.328	1989-06-12 16:06:30	1989-06-13 16:06:29
4	BYHU 1 167.5	3 036.143	3 037.559	1989-06-12 16:07:30	1989-06-13 16:07:59
5	BYHU 1 692	3 033.89	3 034.993	1989-06-12 16:11:00	1989-06-13 16:11:59
6	BYHU 2 359	3 030.466	3 031.72	1989-06-12 16:15:30	1989-06-13 16:15:29
7	BYHU 2 784	3 028.834	3 029.98	1989-06-12 16:19:59	1989-06-13 16:19:29
8	BYHU 3 277	3 026.792	3 028.125	1989-06-12 16:23:29	1989-06-13 16:21:29
9	BYHU 3 809	3 025.194	3 026.377	1989-06-12 16:27:00	1989-06-13 16:23:30
10	BYHU 4 383	3 023.456	3 024.347	1989-06-12 16:31:30	1989-06-13 16:26:00
11	BYHU 4 779	3 022.117	3 023.046	1989-06-12 16:35:59	1989-06-13 16:29:30
12	BYHU 4 994	3 021.367	3 022.271	1989-06-12 16:36:59	1989-06-13 16:30:00
13	BYHU 5 329.43	3 019.799	3 020.85	1989-06-12 16:41:29	1989-06-13 16:31:00

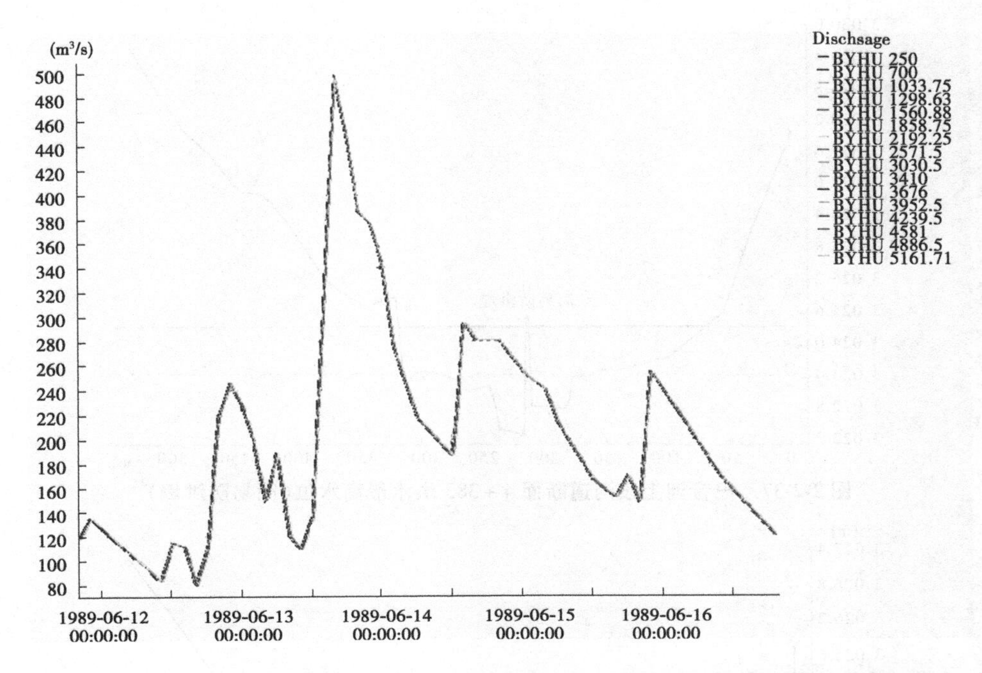

图 2-2-36　巴音河上段无蓄集峡调洪 100 年一遇洪水一维模型各流量计算点流量过程线

巴音河洪水风险图编制区上段仅在德令哈市和青海碱业供水水源地河段左岸有简易的防洪堤 800 m，其余河段处于自然形态尚未治理。此方案下，巴音河上段发生无蓄集峡调洪 100 年一遇洪水（洪峰流量 500 m^3/s）时，洪水最高水位在该河段已超过简易防洪堤堤顶高程，认为该简易防洪堤已经破坏，造成临河滩地淹没，简易防洪堤河段两处河道断面（4 + 383、4 + 779）最高水位如图 2-2-37、图 2-2-38 所示；其余河段无河道工程，河段洪水自然漫溢，如图 2-2-39 所示为断面 3 + 809 洪水最高水位；断面 1 + 167.5 至断面 2 + 784 之间河段左岸临近乌德路，乌德路路基具有一定挡水作用，此方案下，该河段内部分乌德路路基被淹没，如断面 2 + 359 与断面 2 + 784 洪水最高水位超过乌德路路基，造成路基背河侧淹没，如图 2-2-40、图 2-2-41 所示，而断面 1 + 692 处洪水最高水位依然低于该断面处乌德路路基，如图 2-2-42 所示。

巴音河上段水源地断面 4 + 000 至断面 4 + 800 之间河段虽建有简易防洪堤，但在此方案下河段洪水最高水位已超过简易防洪堤堤顶高程，造成此处水源地取水口部分淹没；其余河段洪水自然漫溢，洪水最大水位达到部分取水口泵房房台顶高，造成一定淹没。因此，此方案下，巴音河上段水源地取水口泵房发生淹没 17 处，其中泵房淹没水深 0 ~ 0.5 m 有 13 处，泵房淹没水深 0.5 m 以上有 4 处，详见表 2-2-17。

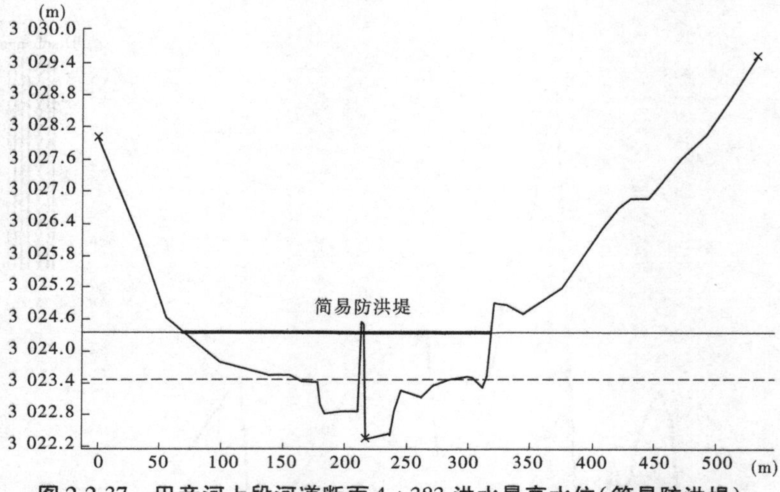

图 2-2-37　巴音河上段河道断面 4+383 洪水最高水位(简易防洪堤)

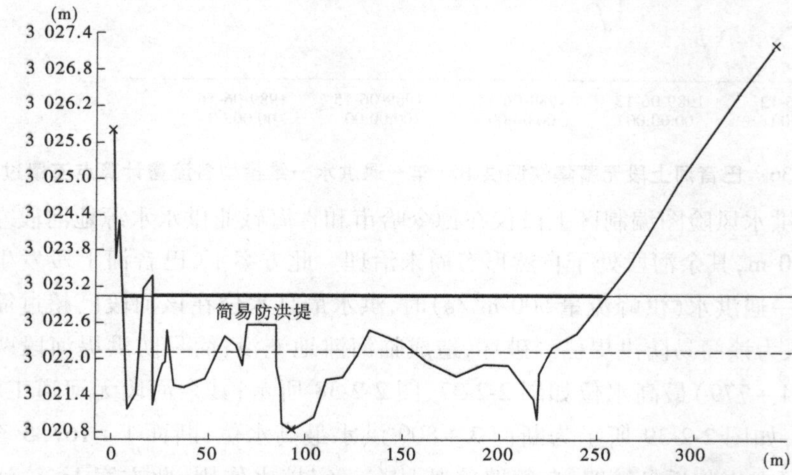

图 2-2-38　巴音河上段河道断面 4+779 洪水最高水位(简易防洪堤)

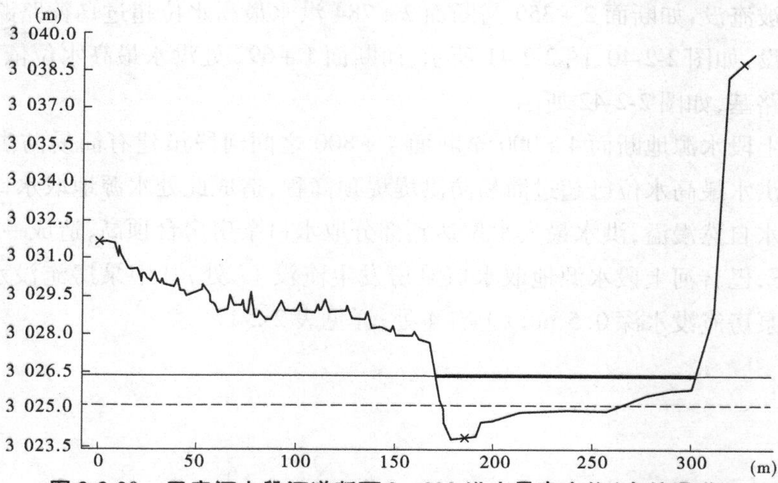

图 2-2-39　巴音河上段河道断面 3+809 洪水最高水位(自然漫溢)

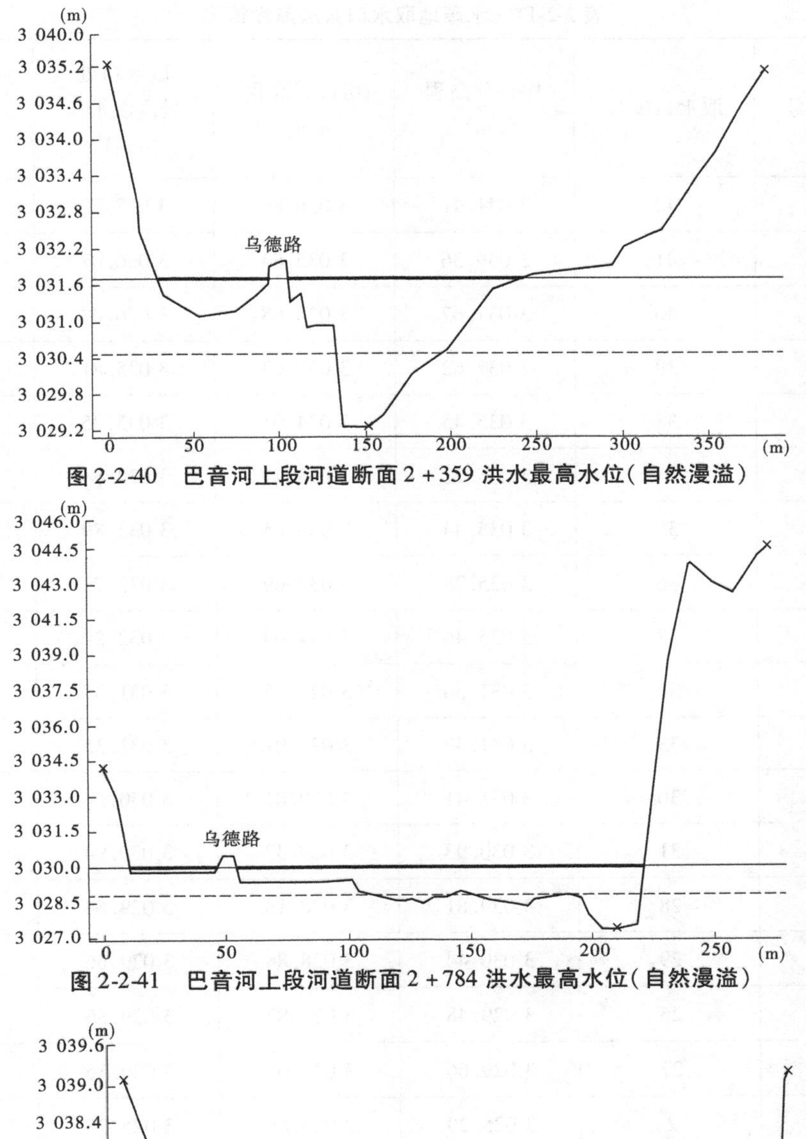

图 2-2-40　巴音河上段河道断面 2 + 359 洪水最高水位(自然漫溢)

图 2-2-41　巴音河上段河道断面 2 + 784 洪水最高水位(自然漫溢)

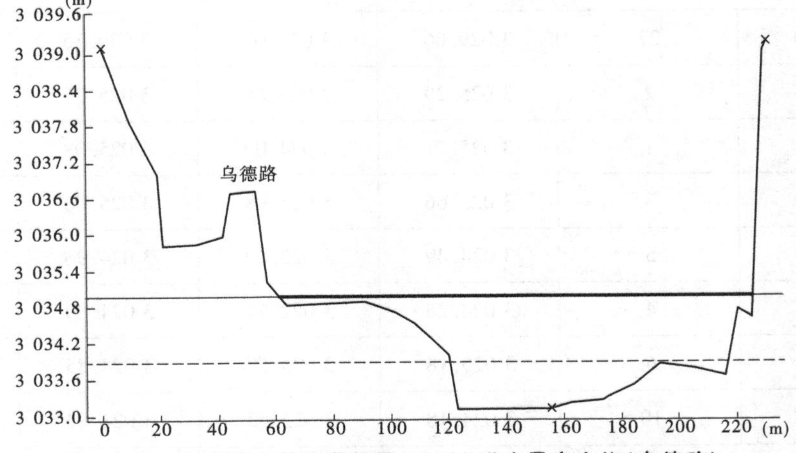

图 2-2-42　巴音河上段河道断面 1 + 692 洪水最高水位(乌德路)

表 2-2-17　水源地取水口泵房淹没情况

取水口桩号	取水口编号	房台顶高程（m）	房台底高程（m）	取水口处最高洪水位（m）	房台顶淹没水深（m）
1 +220	42	3 041.41	3 036.86	3 037.30	
1 +350	41	3 039.36	3 035.84	3 036.67	
1 +480	40	3 037.67	3 035.08	3 036.03	
1 +525	39	3 037.62	3 035.03	3 035.81	
1 +680	38	3 035.45	3 034.01	3 035.05	
1 +800	34	3 035.22	3 033.71	3 033.54	
2 +000	35	3 035.44	3 033.85	3 032.89	
2 +050	36	3 035.28	3 033.69	3 032.73	
2 +200	37	3 035.46	3 034.09	3 032.24	
2 +450	32	3 031.50	3 029.95	3 031.35	
2 +450	33	3 031.49	3 029.91	3 031.35	
2 +580	30	3 031.41	3 029.81	3 030.94	
2 +580	31	3 030.93	3 029.37	3 030.94	0.01
2 +870	28	3 029.81	3 028.13	3 029.66	
2 +870	29	3 030.44	3 028.88	3 029.66	
2 +950	26	3 029.48	3 027.82	3 029.36	
2 +950	27	3 029.66	3 028.07	3 029.36	
4 +125	2	3 025.29	3 023.68	3 025.26	
4 +175	1	3 025.71	3 024.09	3 025.08	
4 +180	3	3 025.66	3 023.98	3 025.06	
4 +210	5	3 024.49	3 022.89	3 024.96	0.47
4 +230	4	3 024.28	3 022.77	3 024.89	0.61
4 +240	6	3 025.18	3 023.57	3 024.85	
4 +250	10	3 024.18	3 022.53	3 024.82	0.64

续表 2-2-17

取水口桩号	取水口编号	房台顶高程（m）	房台底高程（m）	取水口处最高洪水位（m）	房台顶淹没水深（m）
4+275	11	3 024.13	3 022.41	3 024.73	0.60
4+280	8	3 025.07	3 023.39	3 024.71	
4+290	7	3 024.38	3 022.74	3 024.68	0.30
4+325	9	3 025.04	3 023.37	3 024.55	
4+340	13	3 024.06	3 022.37	3 024.50	0.44
4+360	14	3 024.05	3 022.34	3 024.43	0.38
4+370	12	3 024.61	3 022.83	3 024.39	
4+400	15	3 023.70	3 022.10	3 024.29	0.59
4+410	16	3 024.46	3 022.94	3 024.26	
4+500	0	3 024.16	3 022.36	3 023.96	
4+500	18	3 023.58	3 022.05	3 023.96	0.38
4+510	25	3 023.85	3 022.19	3 023.93	0.08
4+540	24	3 023.73	3 022.15	3 023.83	0.10
4+550	19	3 023.63	3 022.03	3 023.80	0.17
4+550	23	3 023.65	3 022.13	3 023.80	0.15
4+600	20	3 023.24	3 021.58	3 023.63	0.39
4+600	22	3 023.53	3 022.11	3 023.63	0.10
4+650	21	3 023.18	3 021.38	3 023.47	0.29

此方案下，一维模型计算结果转为二维成果，可得到最大淹没水深与淹没范围图，详见图 2-2-43。淹没面积为 0.91 km^2，平均最大淹没水深为 1.06 m。

（4）方案四：有蓄集峡调洪 50 年一遇洪水。

巴音河洪水风险图编制区上段有蓄集峡水利枢纽调洪情况下发生 50 年一遇洪水，巴音河上段干流两岸发生漫溢，模拟时间为 120 h。巴音河洪水风险图编制区上段一维水动力学模型 13 处断面最高水位自上游至下游逐渐降低，详见表 2-2-18，各断面水位相对于方案一（无蓄集峡调洪 30 年一遇）有所降低。一维模型中各流量计算点处流量过程（详见图 2-2-44）与一维模型上边界洪水流量过程相协调。

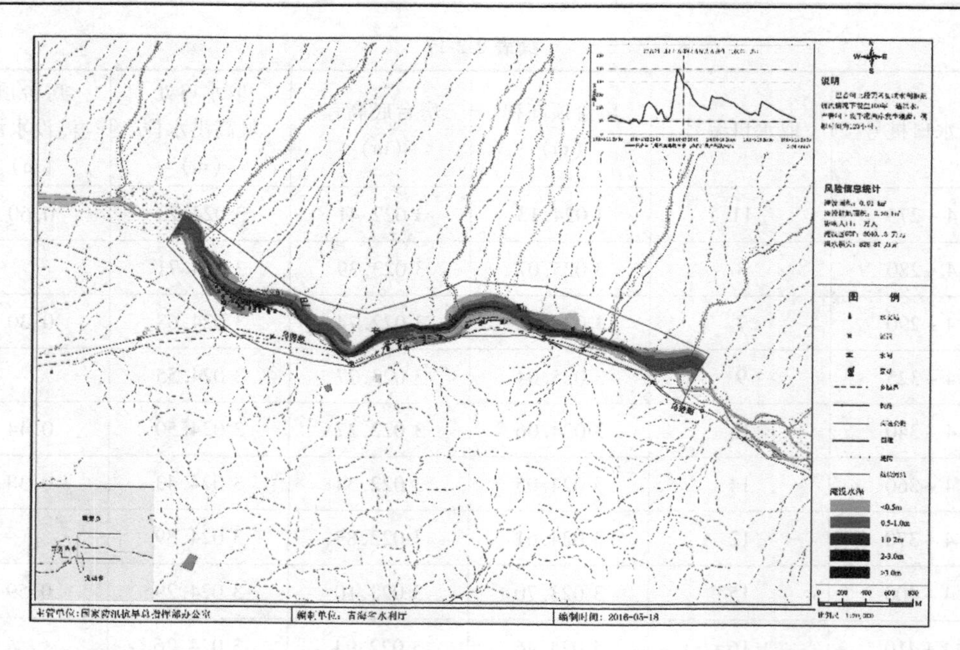

图 2-2-43　巴音河上段无蓄集峡调洪 100 年一遇最大淹没水深与淹没范围图

表 2-2-18　巴音河上段有蓄集峡调洪 50 年一遇洪水一维模型水位计算成果

序号	断面里程	最低水位(m)	最高水位(m)	最低水位出现时间	最高水位出现时间
1	BYHU 0	3 042.171	3 042.923	1989-06-11 20:00:00	1989-06-13 16:02:29
2	BYHU 500	3 039.755	3 040.695	1989-06-11 20:04:00	1989-06-13 16:08:30
3	BYHU 900	3 037.771	3 038.971	1989-06-11 20:00:00	1989-06-13 16:09:59
4	BYHU 1 167.5	3 035.874	3 037.149	1989-06-11 20:06:30	1989-06-13 16:11:59
5	BYHU 1 692	3 033.688	3 034.659	1989-06-11 20:09:29	1989-06-13 16:13:59
6	BYHU 2 359	3 030.179	3 031.376	1989-06-11 20:15:59	1989-06-13 16:18:00
7	BYHU 2 784	3 028.5	3 029.646	1989-06-11 20:20:30	1989-06-13 16:22:30
8	BYHU 3 277	3 026.454	3 027.7	1989-06-11 20:22:59	1989-06-13 16:24:29
9	BYHU 3 809	3 025.042	3 026.119	1989-06-11 20:28:00	1989-06-13 16:28:59
10	BYHU 4 383	3 023.36	3 024.404	1989-06-11 20:33:29	1989-06-13 16:30:00
11	BYHU 4 779	3 021.985	3 022.891	1989-06-11 20:37:59	1989-06-13 16:33:00
12	BYHU 4 994	3 021.171	3 022.003	1989-06-11 20:00:00	1989-06-13 16:33:30
13	BYHU 5 329.43	3 019.628	3 020.51	1989-06-11 20:43:30	1989-06-13 16:35:59

巴音河洪水风险图编制区上段仅在德令哈市和青海碱业供水水源地河段左岸有简易防洪堤 800 m,其余河段处于自然形态尚未治理。巴音河上段发生有蓄集峡调洪 50 年一

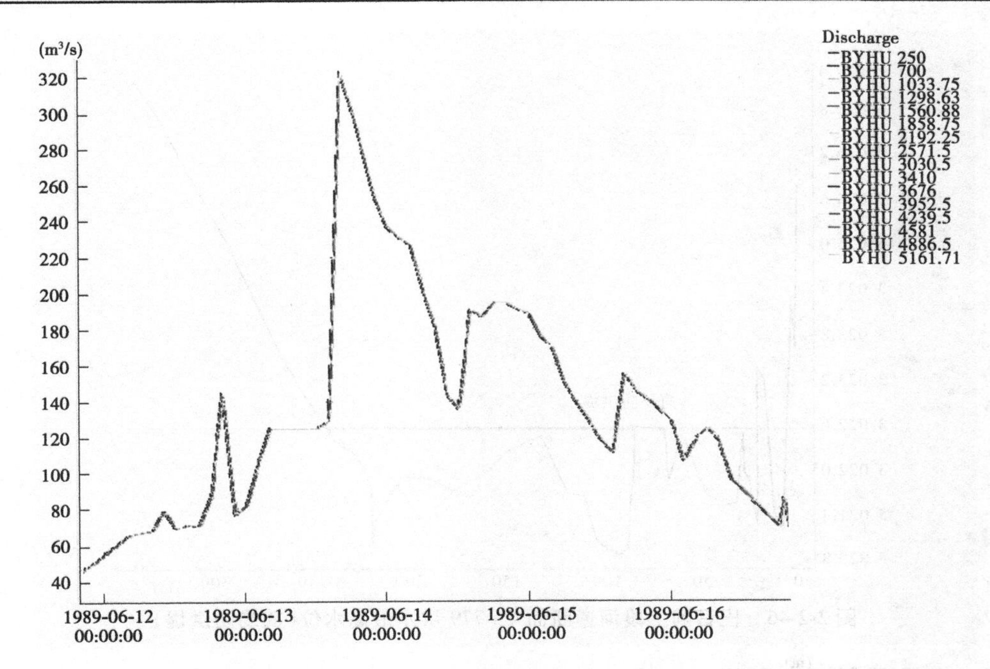

图 2-2-44　巴音河上段有蓄集峡调洪 50 年一遇洪水一维模型各流量计算点流量过程线

遇洪水时，在此方案下，简易防洪堤可抵御该量级下洪峰流量(324.1 m^3/s)，但洪水最高水位已接近简易防洪堤堤顶高程，简易防洪堤河段两处河道断面(4+383、4+779)最高水位如图2-2-45、图2-2-46 所示；其余河段无河道工程，河段洪水自然漫溢，如图2-2-47 所示为断面3+809 洪水最高水位；断面1+167.5 至断面2+784 之间河段左岸临近乌德路，乌德路路基具有一定挡水作用，此方案下，河道洪水均没有漫过乌德路路基，如图2-2-48、图2-2-49 所示为断面1+692 与断面2+784 洪水最高水位。

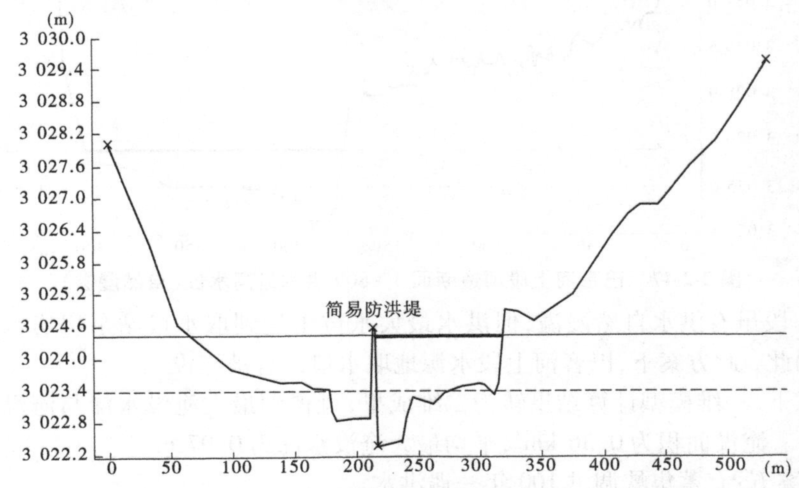

图 2-2-45　巴音河上段河道断面 4+383 洪水最高水位(简易防洪堤)

巴音河上段水源地断面4+000 至断面4+800 之间河段由于简易防洪堤的防护，未造成该处取水口淹没(认为简易防洪堤可抵御巴音河有蓄集峡调洪情况下 50 年一遇洪

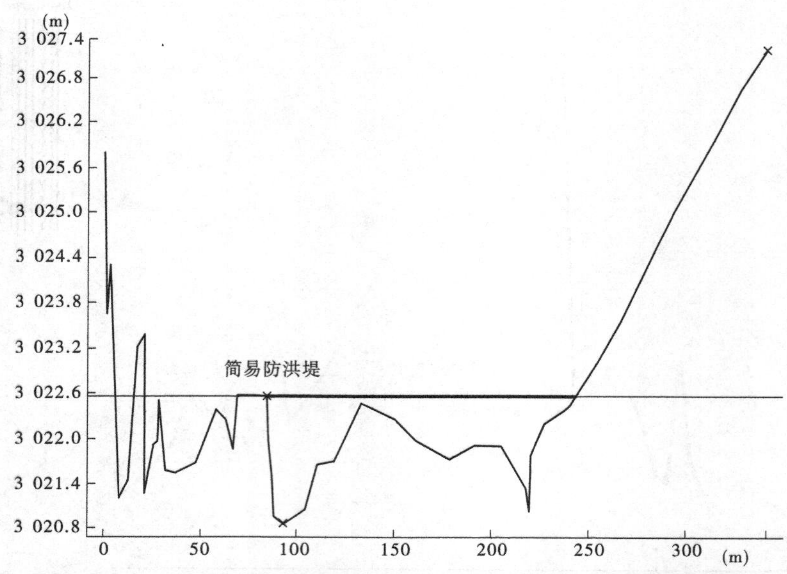

图 2-2-46　巴音河上段河道断面 4+779 洪水最高水位(简易防洪堤)

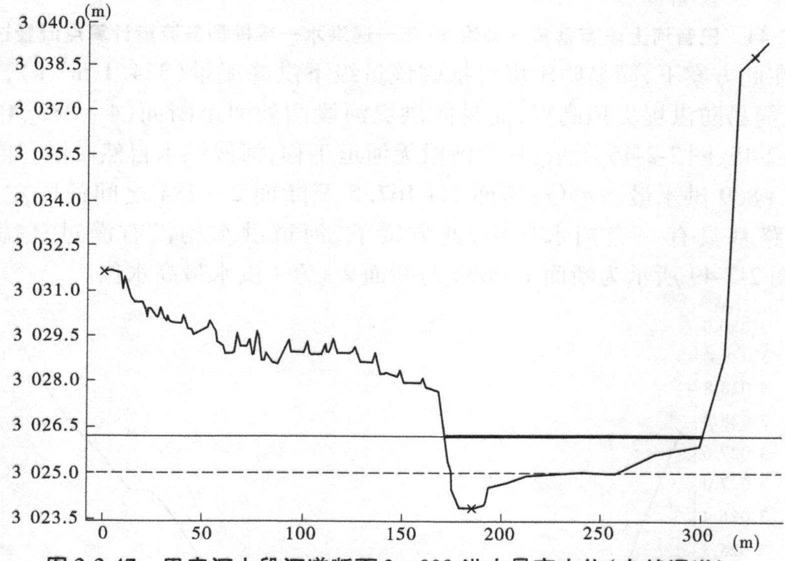

图 2-2-47　巴音河上段河道断面 3+809 洪水最高水位(自然漫溢)

水);其余河段虽有洪水自然漫溢,但洪水最大水位未达到取水口站泵房房台顶高,不造成淹没。因此,此方案下,巴音河上段水源地取水口没有被淹没。

此方案下,一维模型计算结果转为二维成果,可得到最大淹没水深与淹没范围图,详见图 2-2-50。淹没面积为 0.36 km^2,平均最大淹没水深为 0.97 m。

(5)方案五:有蓄集峡调洪 100 年一遇洪水。

巴音河洪水风险图编制区上段有蓄集峡水利枢纽调洪情况下发生 100 年一遇洪水,巴音河上段干流两岸发生漫溢,模拟时间为 120 h。巴音河洪水风险图编制区上段一维水动力学模型 13 处断面最高水位自上游至下游逐渐降低,各断面最高水位较方案四有所增

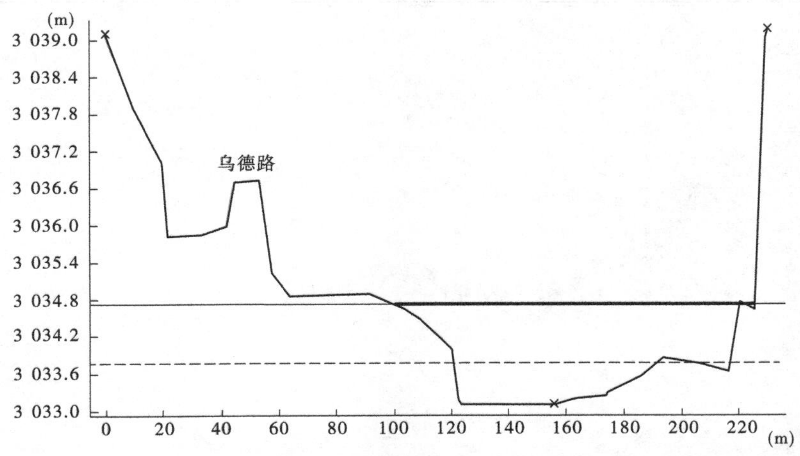

图 2-2-48　巴音河上段河道断面 1 +692 洪水最高水位(乌德路)

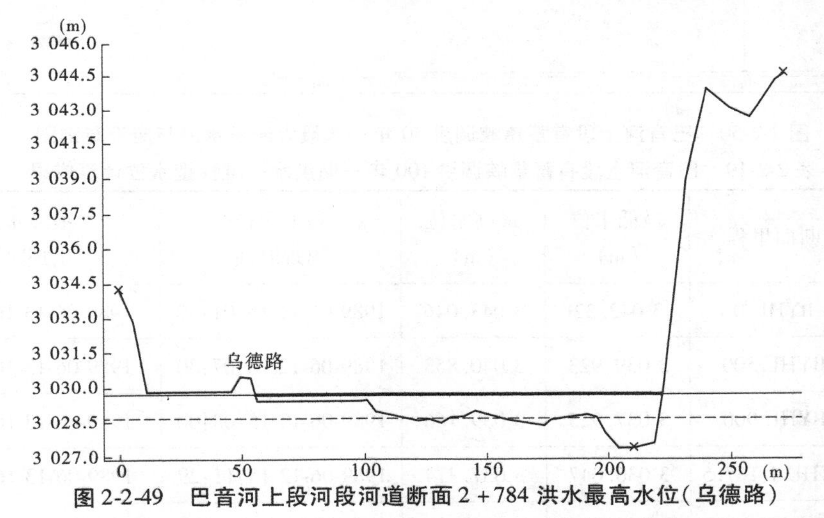

图 2-2-49　巴音河上段河段河道断面 2 +784 洪水最高水位(乌德路)

大,但略低于方案二,详见表 2-2-19,一维模型中各流量计算点处流量过程(详见图 2-2-51)与一维模型上边界洪水流量过程相协调。

巴音河洪水风险图编制区上段仅在德令哈市和青海碱业供水水源地河段左岸有简易防洪堤 800 m,其余河段处于自然形态尚未治理。此方案下,巴音河上段发生有蓄集峡调洪 100 年一遇洪水(洪峰流量 409.5 m^3/s)时,洪水最高水位在该河段已超过简易防洪堤堤顶高程,认为该简易防洪堤已经破坏,造成临河滩地淹没。简易防洪堤河段两处河道断面(4 +383、4 +779)最高水位如图 2-2-52、图 2-2-53 所示;其余河段无河道工程,河段洪水自然漫溢,如图 2-2-54 所示为断面 3 +809 洪水最高水位;断面 1 +167.5 至断面 2 +784 之间河段左岸临近乌德路,乌德路路基具有一定挡水作用,此方案下,河道洪水均没有漫过乌德路路基,如图 2-2-55、图 2-2-56 所示为断面 1 +692 与断面 2 +784 洪水最高水位。

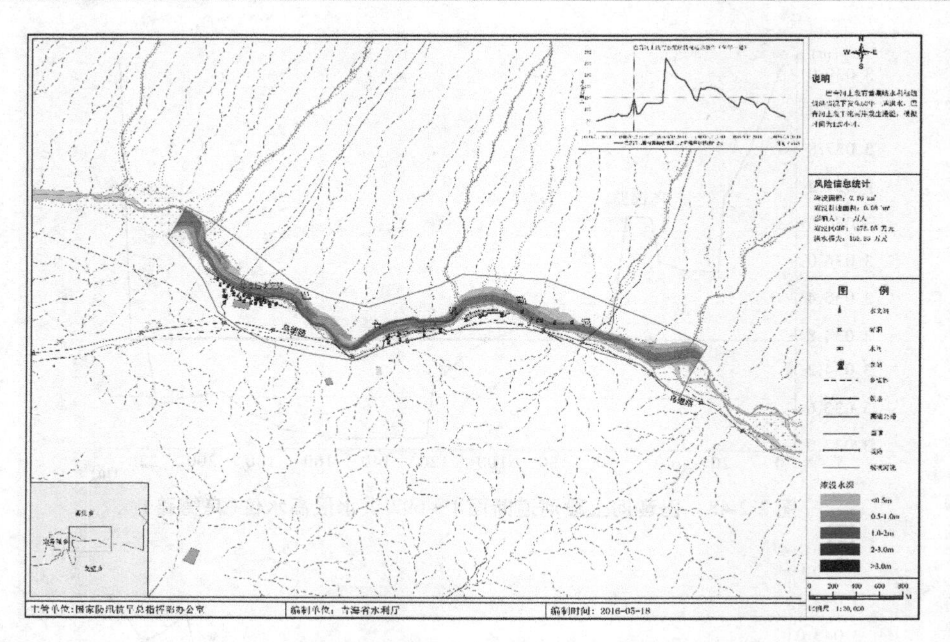

图 2-2-50　巴音河上段有蓄集峡调洪 50 年一遇最大淹没水深与淹没范围图

表 2-2-19　巴音河上段有蓄集峡调洪 100 年一遇洪水一维模型水位计算成果

序号	断面里程	最低水位（m）	最高水位（m）	最低水位出现时间	最高水位出现时间
1	BYHU 0	3 042.32	3 043.046	1989-06-12 15:01:30	1989-06-13 16:00:29
2	BYHU 500	3 039.923	3 040.853	1989-06-12 15:07:30	1989-06-13 16:03:00
3	BYHU 900	3 037.925	3 039.166	1989-06-12 15:08:00	1989-06-13 16:03:30
4	BYHU 1 167.5	3 036.047	3 037.374	1989-06-12 15:11:29	1989-06-13 16:05:30
5	BYHU 1 692	3 033.825	3 034.848	1989-06-12 15:15:30	1989-06-13 16:09:00
6	BYHU 2 359	3 030.372	3 031.573	1989-06-12 15:18:59	1989-06-13 16:11:59
7	BYHU 2 784	3 028.731	3 029.812	1989-06-12 15:26:00	1989-06-13 16:13:29
8	BYHU 3 277	3 026.676	3 027.915	1989-06-12 15:28:00	1989-06-13 16:16:30
9	BYHU 3 809	3 025.181	3 026.295	1989-06-12 15:32:30	1989-06-13 16:18:30
10	BYHU 4 383	3 023.388	3 024.223	1989-06-12 15:37:30	1989-06-13 16:21:29
11	BYHU 4 779	3 022.076	3 022.943	1989-06-12 15:43:00	1989-06-13 16:23:30
12	BYHU 4 994	3 021.306	3 022.161	1989-06-12 15:43:29	1989-06-13 16:24:29
13	BYHU 5 329.43	3 019.734	3 020.682	1989-06-12 15:47:59	1989-06-13 16:26:00

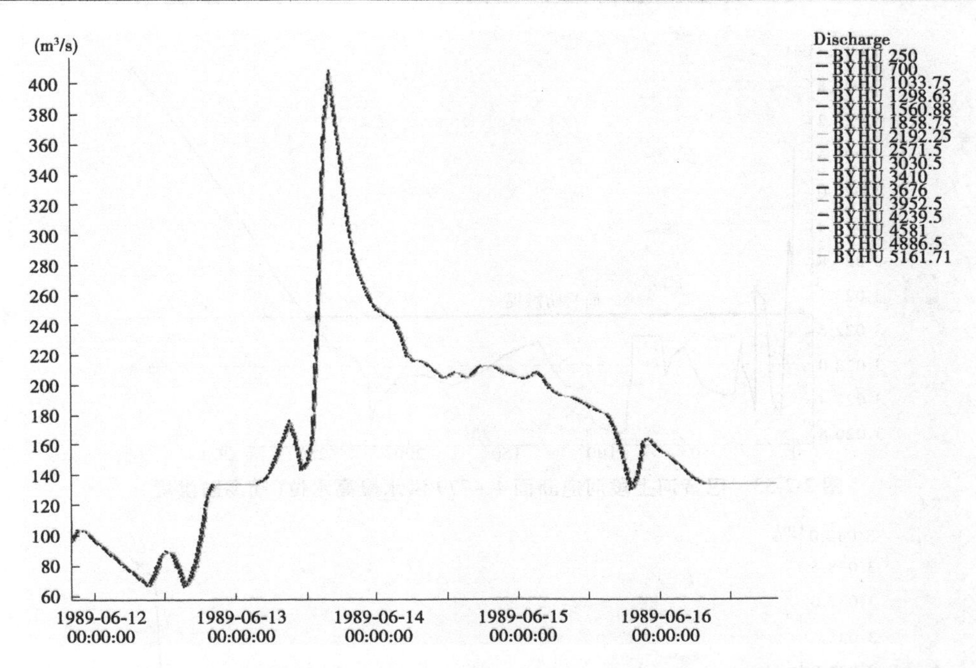

图 2-2-51　巴音河上段有蓄集峡调洪 100 年一遇洪水一维模型各流量计算点流量过程线

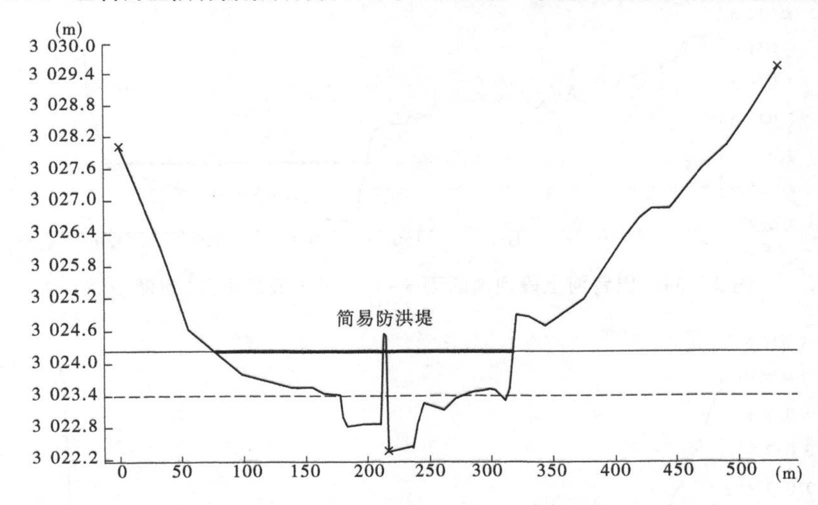

图 2-2-52　巴音河上段河道断面 4 + 383 洪水最高水位(简易防洪堤)

巴音河上段水源地断面 4 + 000 至断面 4 + 800 之间河段虽建有简易防洪堤,但在此方案下河段洪水最高水位已超过简易防洪堤堤顶,造成此处水源地取水口部分淹没;其余河段虽有洪水自然漫溢,但洪水最大水位未达到取水口泵房房台顶高,不造成淹没。因此,此方案下,巴音河上段水源地取水口泵房发生淹没 14 处,其中泵房淹没水深 0 ~ 0.5 m 有 12 处,泵房淹没水深 0.5 m 以上有 2 处,详见表 2-2-20。

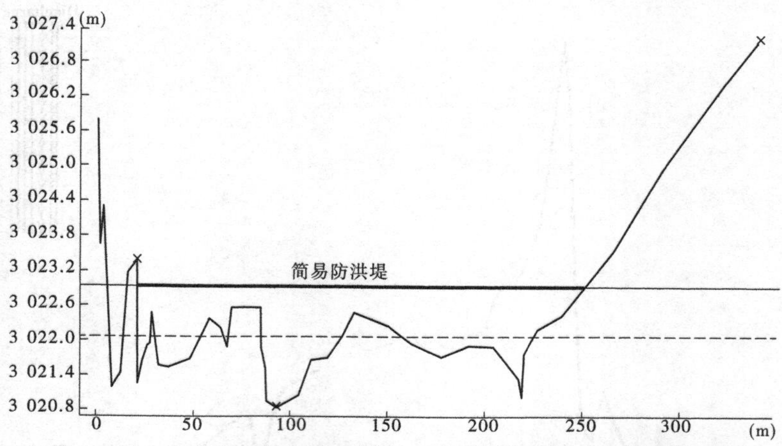

图 2-2-53　巴音河上段河道断面 4 + 779 洪水最高水位(简易防洪堤)

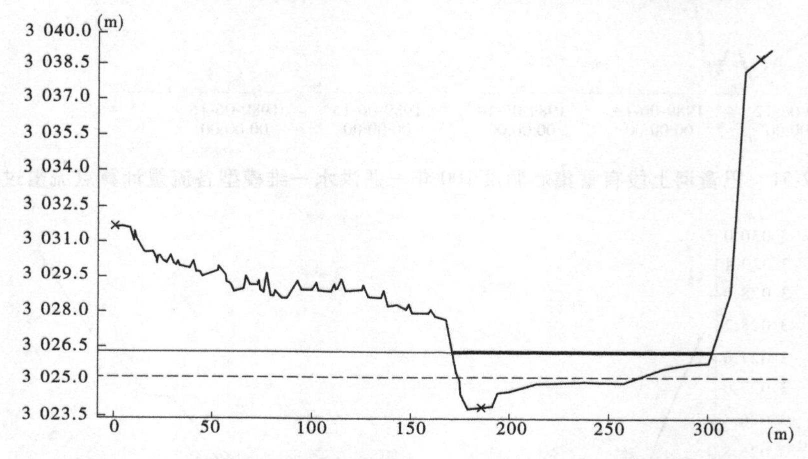

图 2-2-54　巴音河上段河道断面 3 + 809 洪水最高水位(自然漫溢)

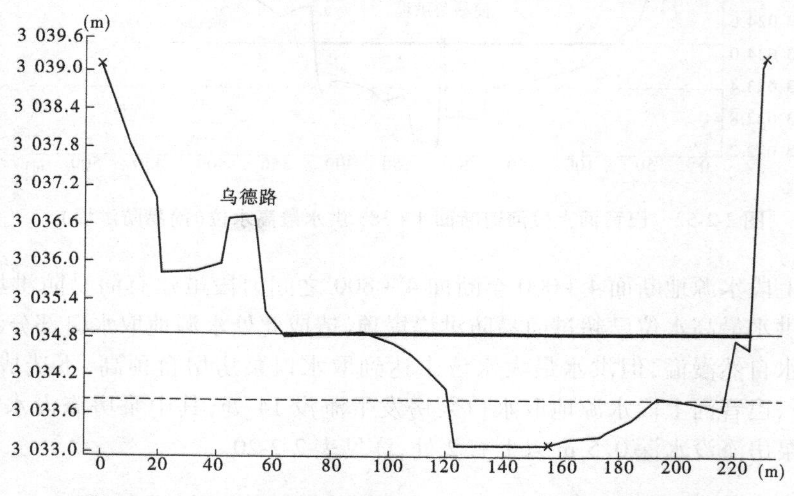

图 2-2-55　巴音河上段河道断面 1 + 692 洪水最高水位(乌德路)

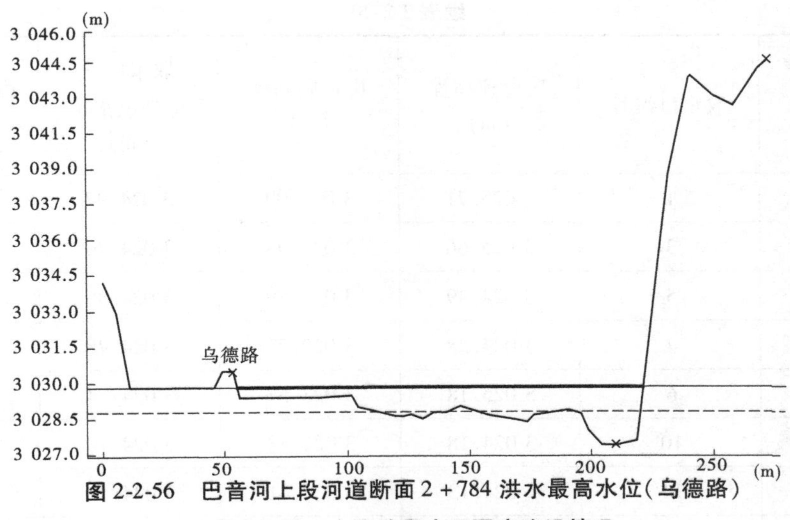

图 2-2-56 巴音河上段河道断面 2+784 洪水最高水位(乌德路)

表 2-2-20 水源地取水口泵房淹没情况

取水口桩号	取水口编号	房台顶高程(m)	房台底高程(m)	取水口处最高洪水位(m)	房台顶淹没水深(m)
1+220	42	3 041.41	3 036.86	3 037.12	
1+350	41	3 039.36	3 035.84	3 036.50	
1+480	40	3 037.67	3 035.08	3 035.87	
1+525	39	3 037.62	3 035.03	3 035.65	
1+680	38	3 035.45	3 034.01	3 034.91	
1+800	34	3 035.22	3 033.71	3 033.46	
2+000	35	3 035.44	3 033.85	3 032.79	
2+050	36	3 035.28	3 033.69	3 032.62	
2+200	37	3 035.46	3 034.09	3 032.11	
2+450	32	3 031.50	3 029.95	3 031.20	
2+580	30	3 031.41	3 029.81	3 030.66	
2+580	31	3 030.93	3 029.37	3 030.66	
2+870	28	3 029.81	3 028.13	3 029.48	
2+870	29	3 030.44	3 028.88	3 029.48	
2+950	26	3 029.48	3 027.82	3 029.17	
2+950	27	3 029.66	3 028.07	3 029.17	
4+125	2	3 025.29	3 023.68	3 025.15	

续表 2-2-20

取水口桩号	取水口编号	房台顶高程(m)	房台底高程(m)	取水口处最高洪水位(m)	房台顶淹没水深(m)
4 + 175	1	3 025.71	3 024.09	3 024.97	
4 + 180	3	3 025.66	3 023.98	3 024.96	
4 + 210	5	3 024.49	3 022.89	3 024.85	0.36
4 + 230	4	3 024.28	3 022.77	3 024.78	0.50
4 + 240	6	3 025.18	3 023.57	3 024.74	
4 + 250	10	3 024.18	3 022.53	3 024.70	0.52
4 + 275	11	3 024.13	3 022.41	3 024.61	0.48
4 + 280	8	3 025.07	3 023.39	3 024.59	
4 + 290	7	3 024.38	3 022.74	3 024.56	0.18
4 + 325	9	3 025.04	3 023.37	3 024.43	
4 + 340	13	3 024.06	3 022.37	3 024.38	0.32
4 + 360	14	3 024.05	3 022.34	3 024.31	0.26
4 + 370	12	3 024.61	3 022.83	3 024.27	
4 + 400	15	3 023.70	3 022.10	3 024.17	0.47
4 + 410	16	3 024.46	3 022.94	3 024.14	
4 + 470	17	3 023.65	3 022.14	3 023.94	0.29
4 + 500	0	3 024.16	3 022.36	3 023.84	
4 + 500	18	3 023.58	3 022.05	3 023.84	0.26
4 + 510	25	3 023.85	3 022.19	3 023.81	
4 + 540	24	3 023.73	3 022.15	3 023.72	
4 + 550	19	3 023.63	3 022.03	3 023.68	0.05
4 + 550	23	3 023.65	3 022.13	3 023.68	0.03
4 + 600	20	3 023.24	3 021.58	3 023.52	0.28
4 + 600	22	3 023.53	3 022.11	3 023.52	
4 + 650	21	3 023.18	3 021.38	3 023.36	0.18

此方案下，一维模型计算结果转为二维成果，可得到最大淹没水深与淹没范围图，详见图 2-2-57。淹没面积为 0.64 km^2，平均最大淹没水深为 1.01 m。

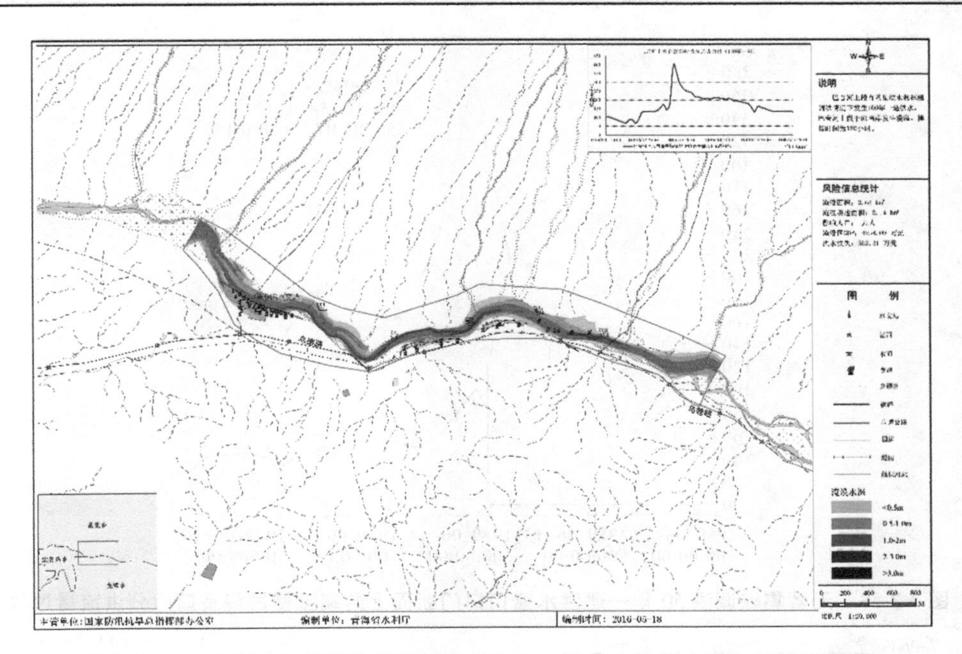

图 2-2-57　巴音河上段有蓄集峡调洪 100 年一遇最大淹没水深与淹没范围图

2. 巴音河下段

(1)方案六:无蓄集峡调洪 50 年一遇洪水溃决。

巴音河下段无蓄集峡水利枢纽调洪情况下,巴音河干流黑石山水库 50 年一遇下泄设计流量与白水河洪水同频洪水叠加,左岸老铁路桥下(桩号 5 +680)发生溃决。

根据设定的洪水分析计算方案,一维模型设置的堤防决口条件为:溃决时机为溃口处所在河段达到 50 年一遇设计洪峰流量[左岸老铁路桥下(桩号 5 +680)溃口处洪峰坦化后流量 309.9 m^3/s],决口方式为瞬间全溃,口门宽度 100 m,口门底高程为 2 960.1 m,进洪水位 2 961.12 m,水位差 1.02 m,计算时间从 1989 年 6 月 11 日 20:00 至 1989 年 6 月 16 日 20:00,历时 120 h。

根据一维模型计算结果,口门分洪时间为 1989 年 6 月 13 日 21:50:00,分洪过程一直持续到洪水过程结束,最大分洪流量为 100.6 m^3/s,占河道洪峰流量的 26.8%。口门断面上游端流量过程及口门分洪流量过程见图 2-2-58。

左岸老铁路桥下(桩号 5 +680)发生溃决后,洪水自溃口涌入长江路下穿老铁路桥(旧青藏铁路)低洼路段,洪水淤满该低洼地段后分两路进入巴音河左岸防洪保护区。洪水根据地形演进,一路沿长江路顺主河方向向南方下游演进,由于溃口以下至新青藏铁路桥以上河段河道工程为护岸形式,该路洪水在向下游演进期间有部分水量重新流回主河道,详见图 2-2-59;溃决 3 h 后该路洪水演进至双拥路,短暂阻水后经由站前桥引桥下和新青藏铁路引桥下通过,继续沿河岸向下游演进,由于新青藏铁路以下至茶德高速之间河段为规划建设堤防河段,该路洪水沿堤防背河侧演进,不再汇入主河道;该路洪水演进范围大致在长江南路与巴音河河岸,溃决 7 h 后,演进至茶德高速,即防洪保护区二维模型下边界,经由 2 号桥涵流出模型范围。

溃决后洪水根据地形演进,另一路洪水漫过长江路向东南方向演进,进入青海省投资

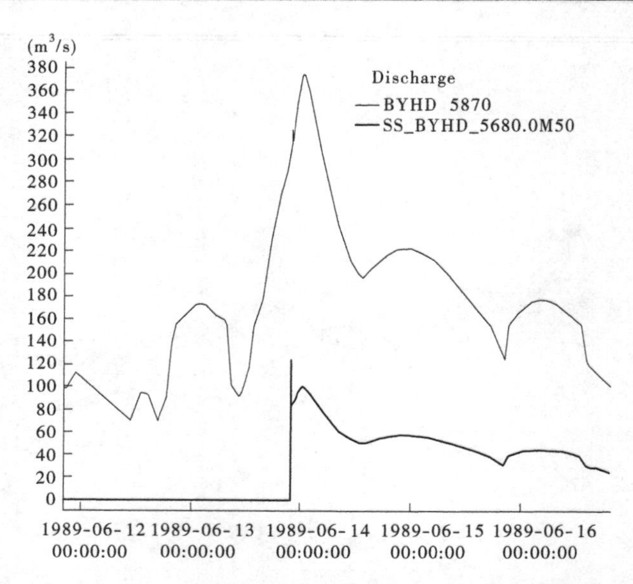

图 2-2-58　无蓄集峡调洪 50 年一遇洪水溃口口门断面上游端流量过程及口门分洪流量过程

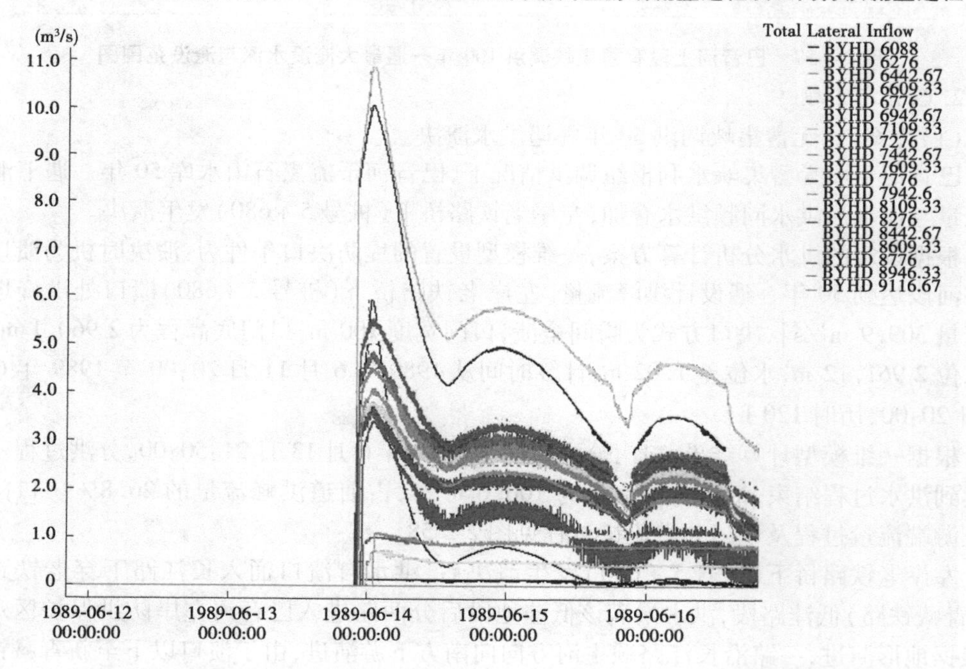

图 2-2-59　溃口至新青藏铁路桥河段各计算断面溃决洪水回流主河道流量过程线

公司碱业分公司厂区，溃决仅 0.5 h 就造成厂区大面积淹没；之后洪水继续向南演进，大致在长江路与城南东路之间，溃决 1.5 h 后，洪水演进至建设路，由于建设路路基阻水作用，洪水分为两股，一股经短暂阻水后漫过建设路继续向南演进，另一股向西流至环城东路后又折向南流，在流至双拥路后与前一股汇合；溃决 2.5 h 后，该路洪水抵达双拥路，由于地形阻隔，洪水逐渐自由漫开，双拥路南侧 280 m 的新青藏铁路路基高 5 ~ 8 m，阻水作用显著，洪水逐渐向东西两侧漫流，漫入德令哈火车站；洪水逐渐从新青藏铁路东西两侧桥涵下通过,东侧一股沿德尕线向南演进,溃决 6.5 h 后,洪水演进至茶德高速,经由 4 号、5 号桥涵流出模型范围,西侧一股自新青藏铁路桥引桥桥涵下通过,沿长江南路向南演进,溃决 8 h 后,洪水演进至茶德高速,经由 3 号桥涵流出模型范围。本溃口方案淹没面积为 13.93 km^2,淹没水深普遍较浅,平均最大淹没水深为 0.15 m。

巴音河洪水风险图编制区下段无蓄集峡调洪 50 年一遇溃决方案各时段淹没水深分布、最大水深分布和淹没历时见图 2-2-60 ~ 图 2-2-62。

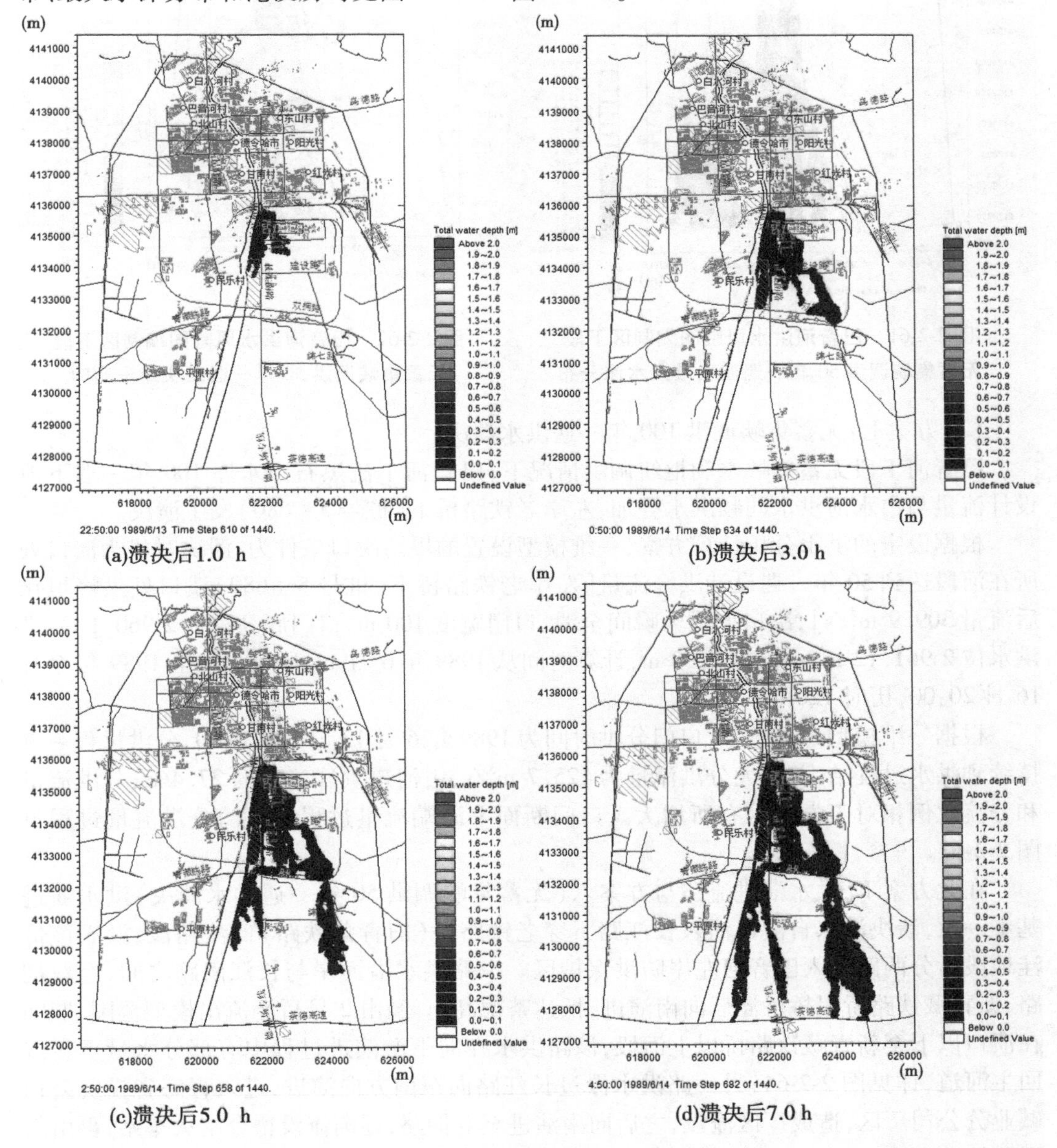

(a)溃决后1.0 h　(b)溃决后3.0 h

(c)溃决后5.0 h　(d)溃决后7.0 h

图 2-2-60　巴音河洪水风险图编制区下段无蓄集峡调洪 50 年一遇溃决各时段淹没水深分布

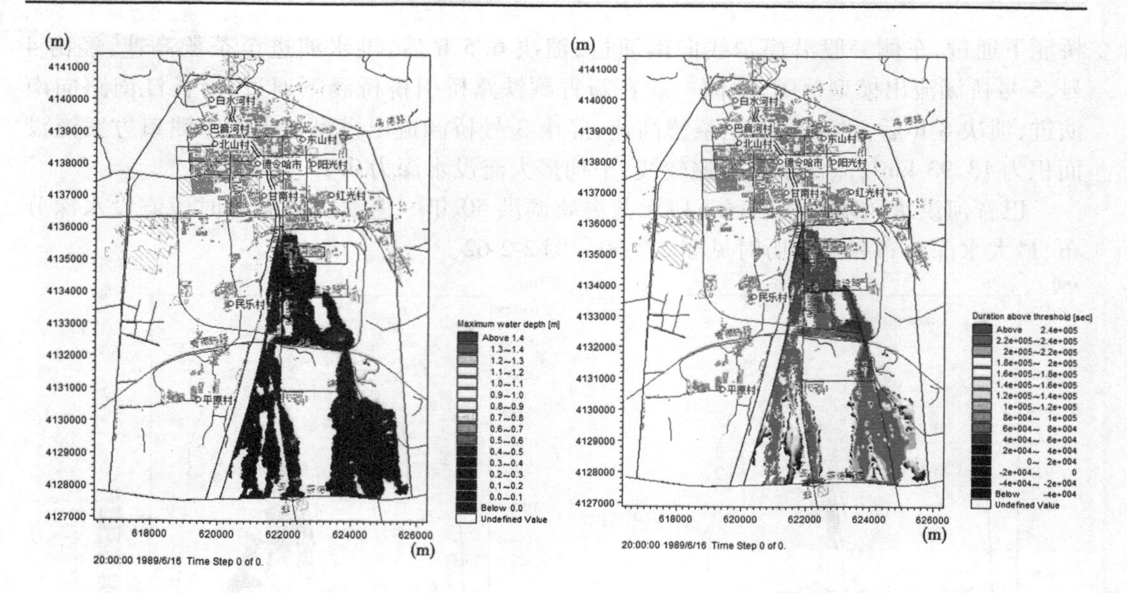

图 2-2-61 巴音河洪水风险图编制区下段无蓄集峡调洪 50 年一遇溃决最大水深分布

图 2-2-62 巴音河洪水风险图编制区下段无蓄集峡调洪 50 年一遇溃决淹没历时

(2)方案七:无蓄集峡调洪 100 年一遇洪水溃决。

巴音河下段无蓄集峡水利枢纽调洪情况下,巴音河干流黑石山水库 100 年一遇下泄设计流量与白水河洪水同频洪水叠加,左岸老铁路桥下(桩号 5 +680)发生溃决。

根据设定的洪水分析计算方案,一维模型设置的堤防决口条件为:溃决时机为溃口处所在河段达到 50 年一遇设计洪峰流量[左岸老铁路桥下(桩号 5 +680)溃口处洪峰坦化后流量 309.9 m^3/s],决口方式为瞬间全溃,口门宽度 100 m,口门底高程为 2 960.1 m,进洪水位 2 961.12 m,水位差 1.02 m,计算时间从 1989 年 6 月 11 日 20:00 至 1989 年 6 月 16 日 20:00,历时 120 h。

根据一维模型计算结果,口门分洪时间为 1989 年 6 月 13 日 19:20:00,分洪过程一直持续到洪水过程结束,最大分洪流量为 125.7 m^3/s,占河道洪峰流量的 27.4%,分洪流量和分流比例相对于方案六有所增大。口门断面上游端流量过程及口门分洪流量过程见图 2-2-63。

在此方案下,洪水演进流路与方案六(无蓄集峡调洪 50 年一遇洪水溃决)洪水演进基本一致,溃决洪水自溃口涌入长江路下穿老铁路桥(旧青藏铁路)低洼路段,淤满该低洼地段后分两路进入巴音河左岸防洪保护区。一路洪水沿河岸与长江南路之间,经双拥路、新青藏铁路桥引桥桥涵后向南演进,抵达茶德高速,经由 2 号桥涵流出模型范围,期间在溃口以下至新青藏铁路桥以上河段,该路洪水在向下游演进过程中有部分水量重新流回主河道,详见图 2-2-64;另一路洪水漫过长江路向东南方向演进,进入青海省投资公司碱业分公司厂区,造成厂区淹没,之后向南演进至双拥路,逐渐淹没德令哈火车站,再由新青藏铁路东西侧桥涵分两股向南演进,抵达茶德高速,经由 3 号、4 号、5 号桥涵流出模型范围。本溃口方案淹没面积为 14.18 km^2,淹没水深普遍较浅,平均最大淹没水深为 0.16 m,淹没面积与最大淹没水深情况较方案六有所增大。

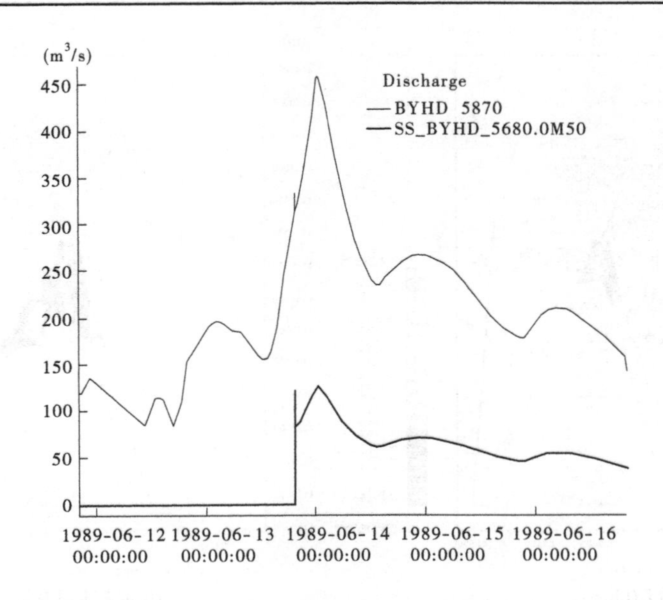

图 2-2-63　无蓄集峡调洪 100 年一遇洪水溃口口门断面上游端流量过程及口门分洪流量过程

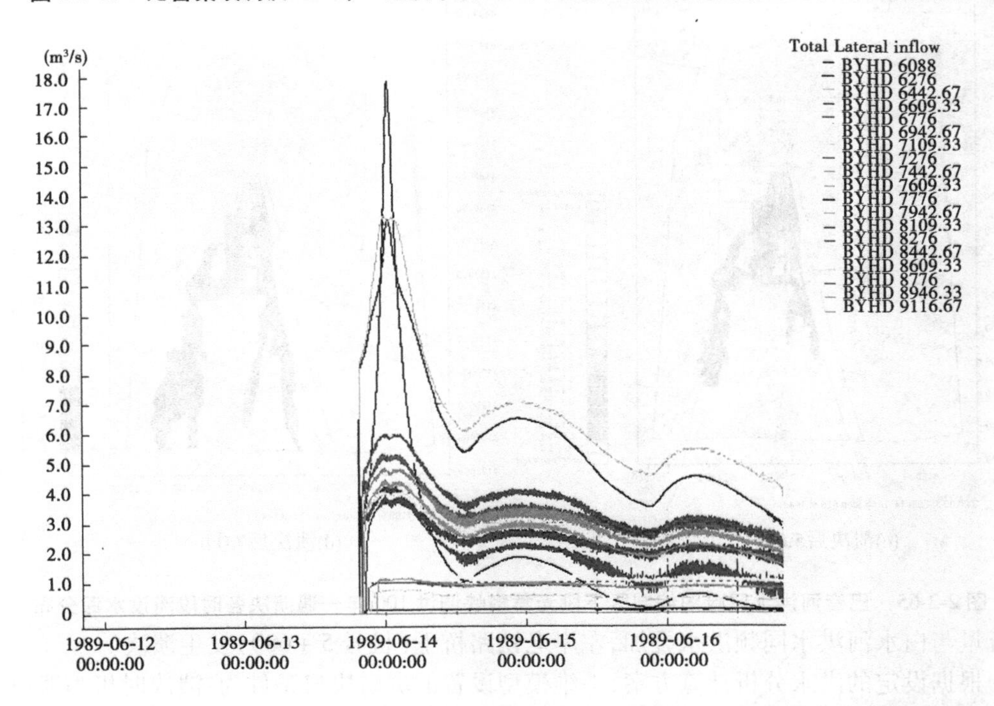

图 2-2-64　溃口至新青藏铁路桥河段各计算断面溃决洪水回流主河道流量过程线

巴音河洪水风险图编制区下段无蓄集峡调洪 100 年一遇溃决方案各时段淹没水深分布、最大水深分布和淹没历时见图 2-2-65 ~ 图 2-2-67。

(3)方案八:有蓄集峡调洪 50 年一遇洪水溃决。

巴音河下段有蓄集峡水利枢纽调洪情况下,巴音河干流黑石山水库 50 年一遇下泄设

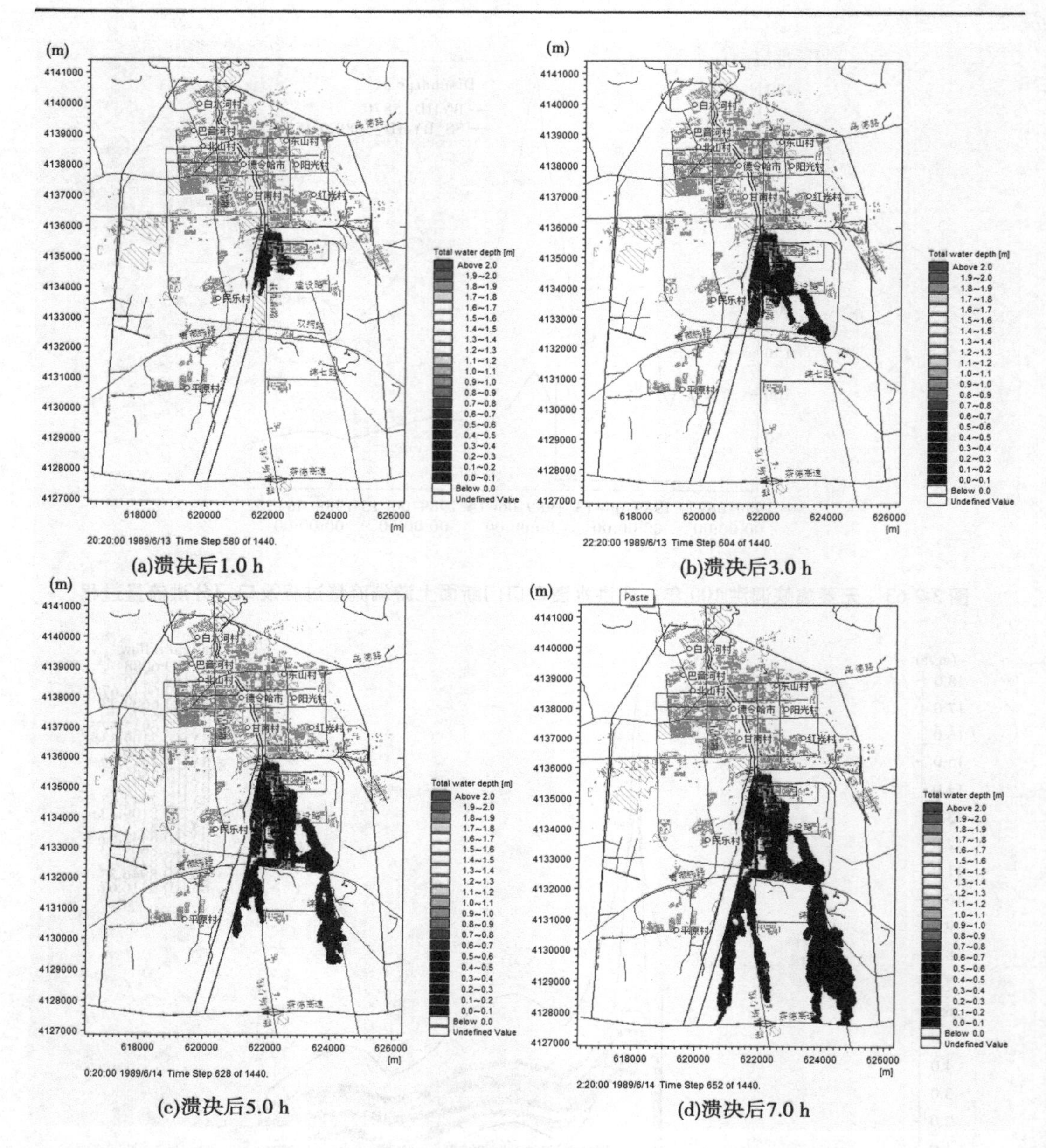

(a)溃决后1.0 h　　(b)溃决后3.0 h

(c)溃决后5.0 h　　(d)溃决后7.0 h

图 2-2-65　巴音河洪水风险图编制区下段无蓄集峡调洪 100 年一遇溃决各时段淹没水深分布

计流量与白水河洪水同频洪水叠加，左岸老铁路桥下（桩号 5 +680）发生溃决。

根据设定的洪水分析计算方案，一维模型设置的堤防决口条件为：溃决时机为溃口处所在河段达到 50 年一遇设计洪峰流量[左岸老铁路桥下（桩号 5 +680）溃口处洪峰坦化后流量 309.9 m³/s]，决口方式为瞬间全溃，口门宽度 100 m，口门底高程为 2 960.1 m，进洪水位 2 961.12 m，水位差 1.02 m，计算时间从 1989 年 6 月 11 日 20:00 至 1989 年 6 月 16 日 20:00，历时 120 h。

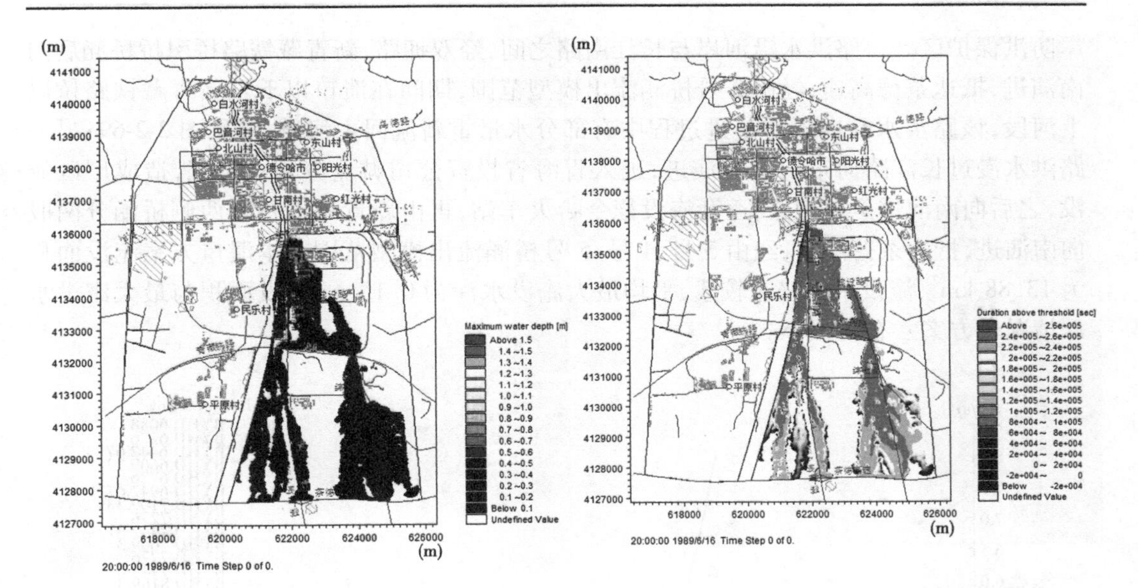

图 2-2-66　巴音河洪水风险图编制区下段无蓄集峡调洪 100 年一遇溃决最大水深分布

图 2-2-67　巴音河洪水风险图编制区下段无蓄集峡调洪 100 年一遇溃决淹没历时

根据一维模型计算结果，口门分洪时间为 1989 年 6 月 13 日 16:24:00，分洪过程一直持续到洪水过程结束，最大分洪流量为 82.4 m^3/s，占河道洪峰流量的 26.6%，分洪流量和分流比例相对于方案六有所减小。口门断面上游端流量过程及口门分洪流量过程见图 2-2-68。

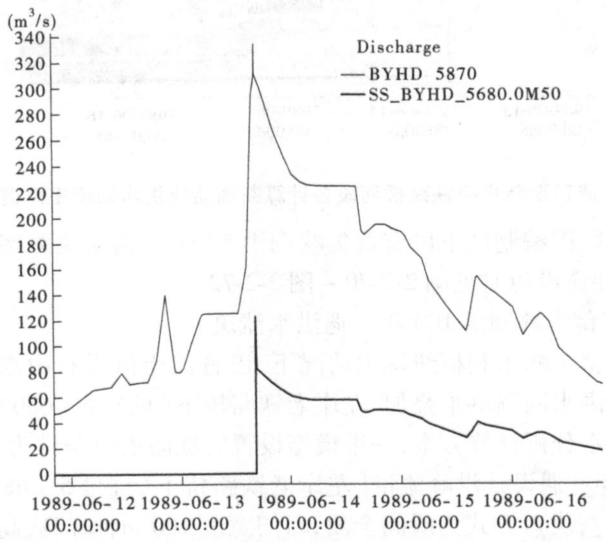

图 2-2-68　有蓄集峡调洪 50 年一遇洪水溃口口门断面上游端流量过程及口门分洪流量过程

在此方案下，洪水演进流路与方案六、方案七洪水演进基本一致，溃决洪水自溃口涌入长江路下穿老铁路桥（旧青藏铁路）低洼路段，淤满该低洼地段后分两路进入巴音河左岸防洪保护区。一路洪水沿河岸与长江南路之间，经双拥路、新青藏铁路桥引桥桥涵后向南演进，抵达茶德高速，经由2号桥涵流出模型范围，期间在溃口以下至新青藏铁路桥以上河段，该路洪水在向下游演进过程中有部分水量重新流回主河道，详见图2-2-69；另一路洪水漫过长江路向东南方向演进，进入青海省投资公司碱业分公司厂区，造成厂区淹没，之后向南演进至双拥路，逐渐淹没德令哈火车站，再由新青藏铁路东西侧桥涵分两股向南演进，抵达茶德高速，经由3号、4号、5号桥涵流出模型范围。本溃口方案淹没面积为13.88 km²，淹没水深普遍较浅，平均最大淹没水深为0.15 m，淹没面积与最大淹没水深情况较方案六有所减小。

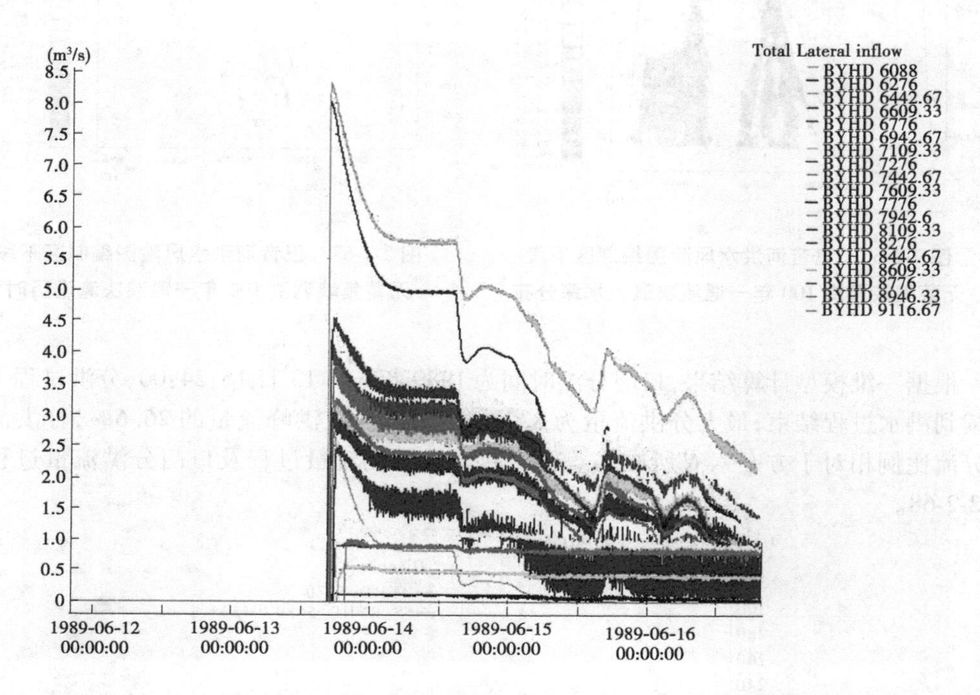

图2-2-69　溃口至新青藏铁路桥河段各计算断面溃决洪水回流主河道流量过程线

巴音河洪水风险图编制区下段有蓄集峡调洪50年一遇溃决方案各时段淹没水深分布、最大水深分布和淹没历时见图2-2-70～图2-2-72。

（4）方案九：有蓄集峡调洪100年一遇洪水溃决。

巴音河下段有蓄集峡水利枢纽调洪情况下，巴音河干流黑石山水库100年一遇下泄设计流量与白水河洪水同频洪水叠加，左岸老铁路桥下（桩号5+680）发生溃决。

根据设定的洪水分析计算方案，一维模型设置的堤防决口条件为：溃决时机为溃口处所在河段达到50年一遇设计洪峰流量[左岸老铁路桥下（桩号5+680）溃口处洪峰坦化后流量309.9 m³/s]，决口方式为瞬间全溃，口门宽度100 m，口门底高程为2 960.1 m，进洪水位2 961.12 m，水位差1.02 m，计算时间从1989年6月11日20:00至1989年6月16日20:00，历时120 h。

根据一维模型计算结果，口门分洪时间为1989年6月13日17:28:00，分洪过程一直

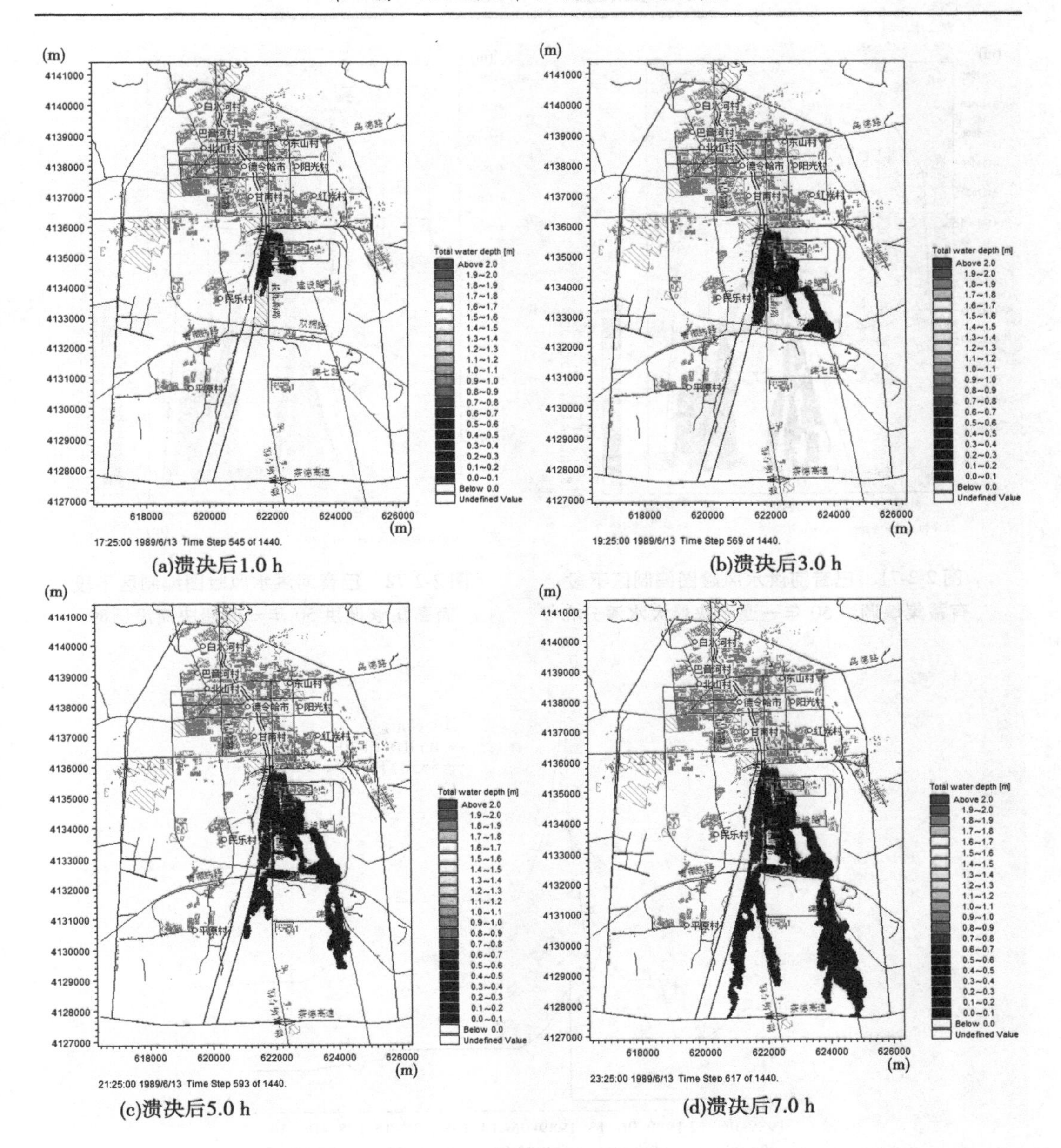

(a)溃决后1.0 h　(b)溃决后3.0 h

(c)溃决后5.0 h　(d)溃决后7.0 h

图 2-2-70　巴音河洪水风险图编制区下段有蓄集峡调洪 50 年一遇溃决各时段淹没水深分布

持续到洪水过程结束,最大分洪流量为 122.75 m^3/s,占河道洪峰流量的 27.2%,分洪流量和分流比例相对于方案八有所增大,相对于方案七有所减小。口门断面上游端流量过程及口门分洪流量过程见图 2-2-73。

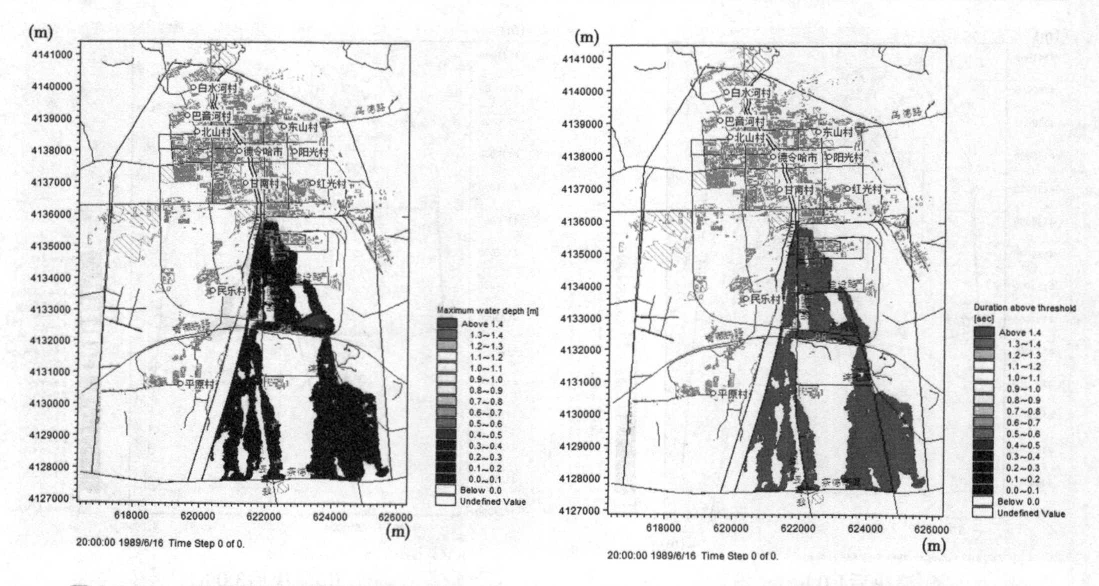

图 2-2-71　巴音河洪水风险图编制区下段有蓄集峡调洪 50 年一遇溃决最大水深分布

图 2-2-72　巴音河洪水风险图编制区下段有蓄集峡调洪 50 年一遇溃决淹没历时

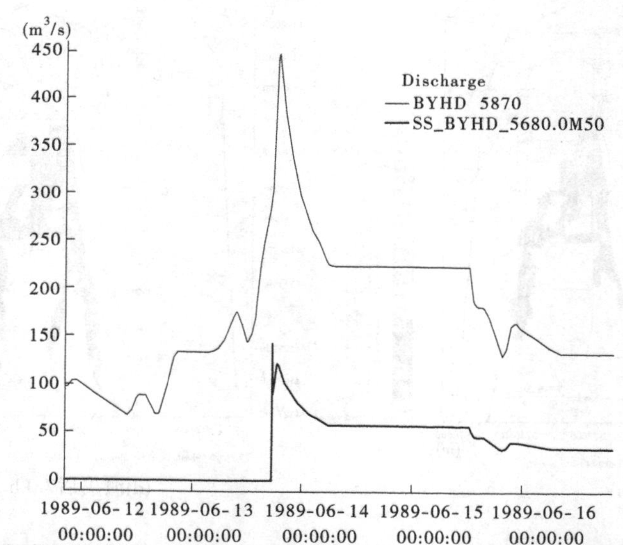

图 2-2-73　有蓄集峡调洪 100 年一遇洪水溃口口门断面上游端流量过程及口门分洪流量过程

在此方案下，洪水演进流路与方案六、方案七、方案八洪水演进基本一致，溃决洪水自溃口涌入长江路下穿老铁路桥（旧青藏铁路）低洼路段，淤满该低洼地段后分两路进入巴音河左岸防洪保护区。一路洪水沿河岸与长江南路之间，经双拥路、新青藏铁路桥引桥桥涵后向南演进，抵达茶德高速，经由 2 号桥涵流出模型范围，期间在溃口以下至新青藏铁路桥以上河段，该路洪水在向下游演进过程中有部分水量重新流回主河道，详见图 2-2-74；另一路洪水漫过长江路向东南方向演进，进入青海省投资公司碱业分公司厂区，造成厂区淹没，之后向南演进至双拥路，逐渐淹没德令哈火车站，再由新青藏铁路东西侧桥涵分两股向南演进，抵达茶德高速，经由3号、4号、5号桥涵流出模型范围。本溃口方案淹没面积为14.05 km^2，淹没水深普遍较浅，平均最大淹没水深为0.16 m，淹没面积与最大淹没水深情况较方案八有所增大，较方案七有所减小。

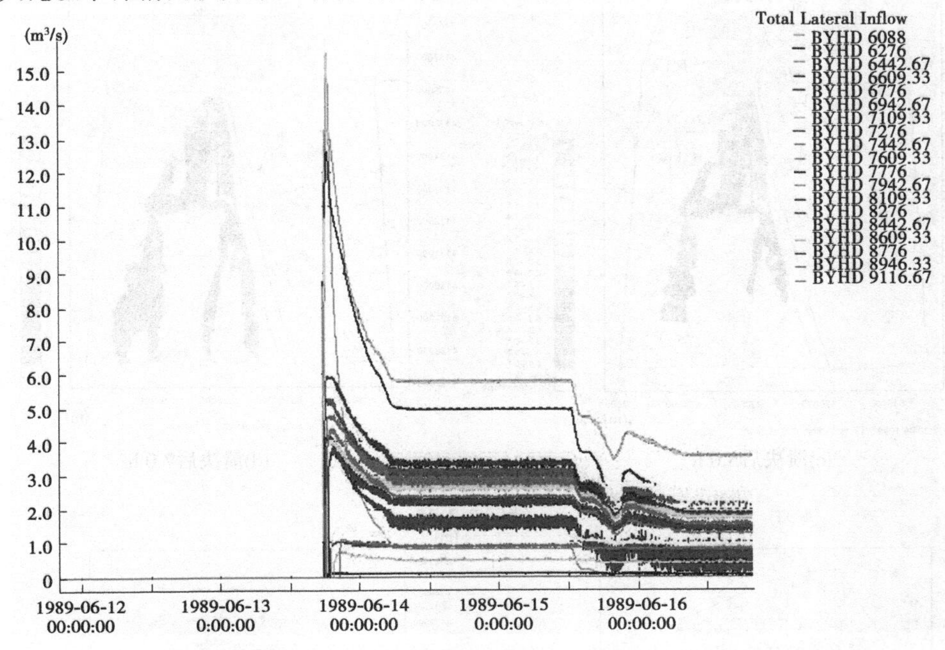

图2-2-74　溃口至新青藏铁路桥河段各计算断面溃决洪水回流主河道流量过程线

巴音河洪水风险图编制区下段有蓄集峡调洪100年一遇溃决方案各时段淹没水深分布、最大水深分布和淹没历时见图2-2-75～图2-2-77。

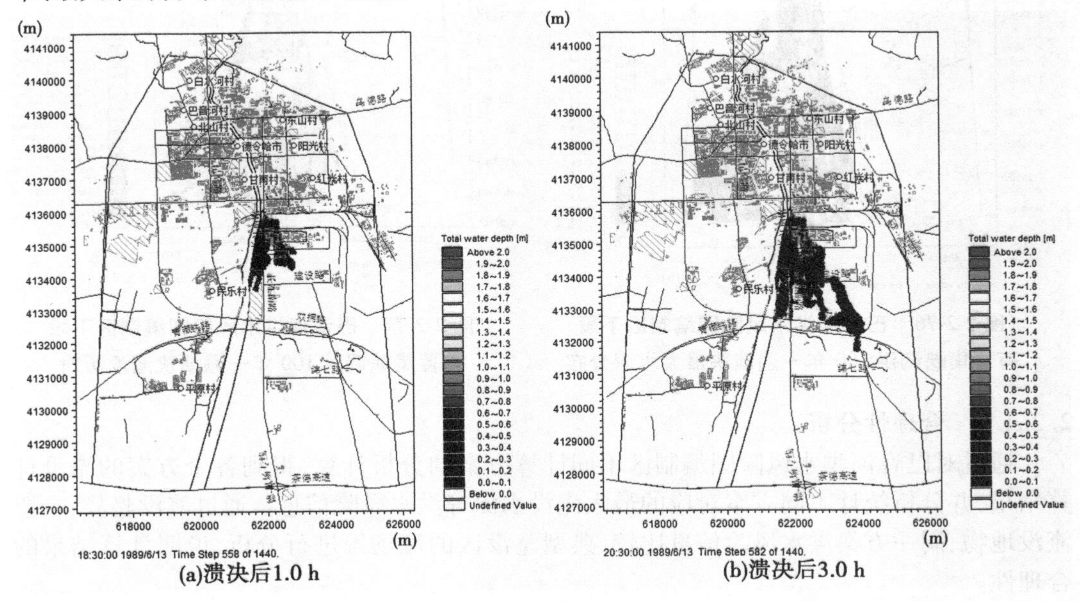

(a)溃决后1.0 h　(b)溃决后3.0 h

图2-2-75　巴音河洪水风险图编制区下段有蓄集峡调洪100年一遇溃决各时段淹没水深分布

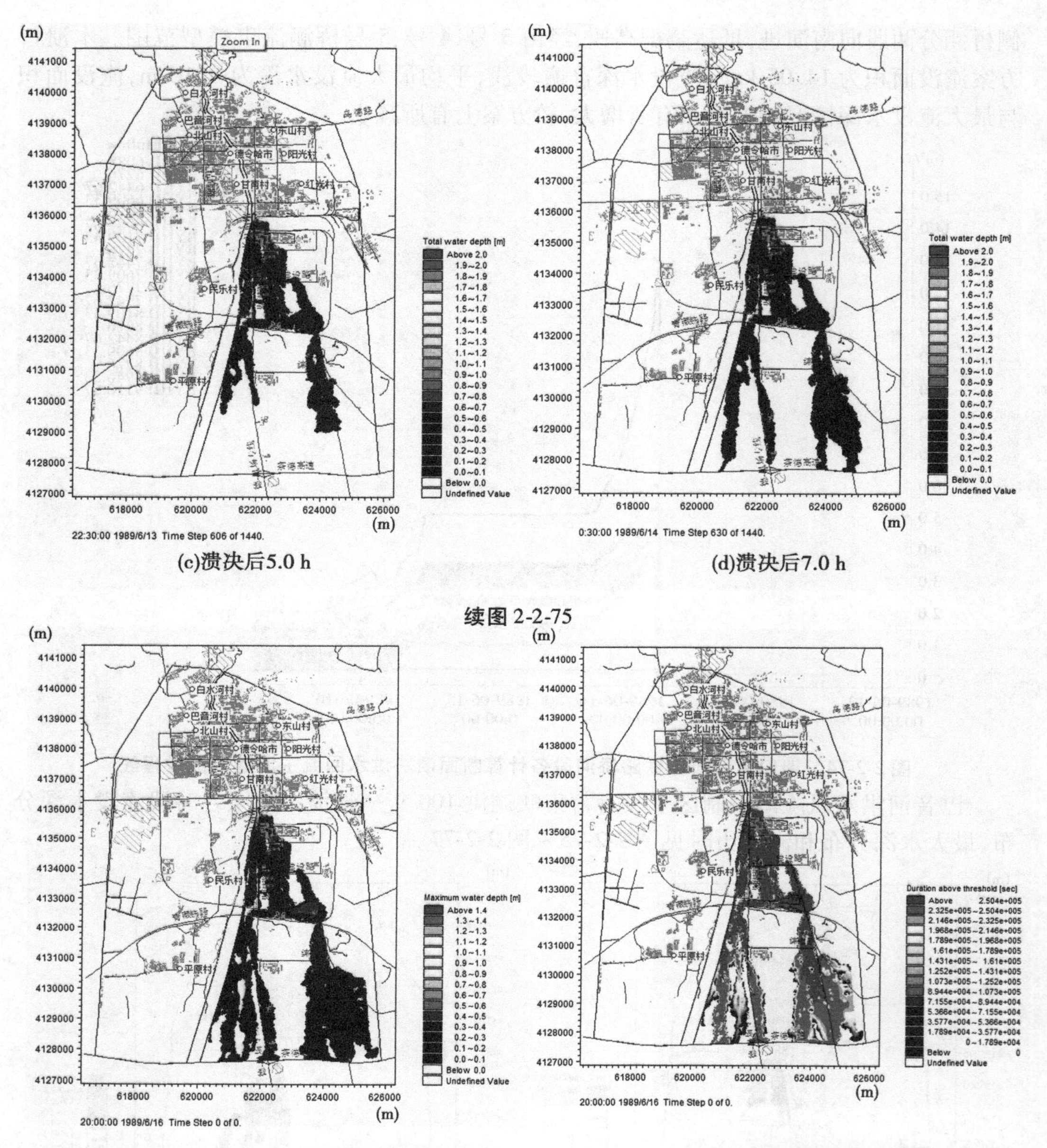

(c)溃决后5.0 h　　　　(d)溃决后7.0 h

续图 2-2-75

图 2-2-76　巴音河洪水风险图编制区下段有蓄集峡调洪 100 年一遇溃决最大水深分布

图 2-2-77　巴音河洪水风险图编制区下段有蓄集峡调洪 100 年一遇溃决淹没历时

2.2.4.2　合理性分析

通过对巴音河洪水风险图编制区不同计算方案的分析计算，得到各个方案的淹没计算结果，并分析统计不同方案对应的最大淹没水深等洪水风险信息。通过淹没趋势、主要淹没地物、同一方案洪水风险信息比较、典型淹没区的流场等进行分析，说明计算结果的合理性。

1. 淹没趋势

巴音河洪水风险图编制区上段位于黑石山水库回水末端以上山谷之中，河道未整治，呈自然形态，比降较大，东高西低。该编制区洪水自东向西演进，洪水整体流动和淹没情况与所测地形一致。编制区内线性构筑物如乌德路、简易防洪堤等地物影响洪水淹没情况，与实际相符。如无蓄集峡调洪30年一遇和有蓄集峡调洪50年一遇情况下，乌德路和简易防洪堤阻挡洪水作用显著，有效保护背河侧目标建筑物（水源地取水口）；但在高量级洪水下，乌德路和简易防洪堤难以抵御洪水，背河侧目标建筑物（水源地取水口）被大量淹没，最大淹没水深1 m以上。

巴音河洪水风险图编制区下段位于黑石山水库尾水以下河段，为巴音河出山口冲积扇，地形比降较大，地势整体北高南低。溃口洪水经溃口处向下游演进，洪水整体流向与地形地势一致。同时，项目区内道路如青藏铁路、茶德高速、长江路、滨河路等线状地物影响水流演进整体趋势。以无蓄集峡调洪100年一遇洪水溃决为例，溃决洪水自溃口涌入长江路下穿老铁路桥（旧青藏铁路）低洼路段，淤满该低洼地段后分两路进入巴音河左岸防洪保护区。一路洪水沿河岸与长江南路之间，经双拥路、新青藏铁路桥引桥桥涵后向南演进，抵达茶德高速，经由2号桥涵流出模型范围；另一路洪水漫过长江路向东南方向演进，进入青海省投资公司碱业分公司厂区，造成厂区淹没，之后向南演进至双拥路，逐渐淹没德令哈火车站，再由新青藏铁路东西侧桥涵分两股向南演进，抵达茶德高速，经由3号、4号、5号桥涵流出模型范围。本溃口方案淹没面积为14.18 km^2，淹没水深普遍较浅，平均最大淹没水深为0.16 m。分时段淹没趋势详见图2-2-65。

由此分析，巴音河巴音河洪水风险图编制区上下段淹没趋势符合实际情况，计算结果合理。

2. 流场分布

巴音河洪水风险图编制区上段采用一维水动力学模型计算，对二维平面流场展现能力有限，通过对一维河道纵断面水位动态分析，可从侧面反映河道洪水流态的合理性。河道纵断面水位变化过程与模型上边界洪水流量过程相协调，一致性良好，如图2-2-78所示。

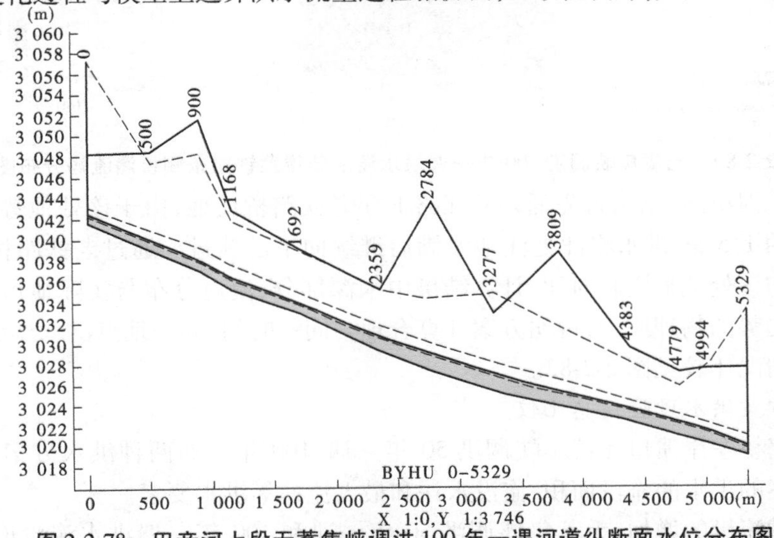

图2-2-78　巴音河上段无蓄集峡调洪100年一遇河道纵断面水位分布图

巴音河洪水风险图编制区下段流场分布整体上受地形地势影响,局部区域受道路、桥涵等构筑物影响。以无蓄集峡调洪100年一遇洪水溃决为例,巴音河下段洪水风险分析区北高南低,老铁路桥左岸溃决后,溃决洪水依照左岸防洪保护区实际地形向南逐渐演进,如图2-2-79所示为防洪保护区洪水流场分布情况。新青藏铁路阻水作用显著,其东侧桥涵对水流有明显约束,过桥涵后水流流速增加,洪水态势比较准确,如图2-2-80、图2-2-81所示。

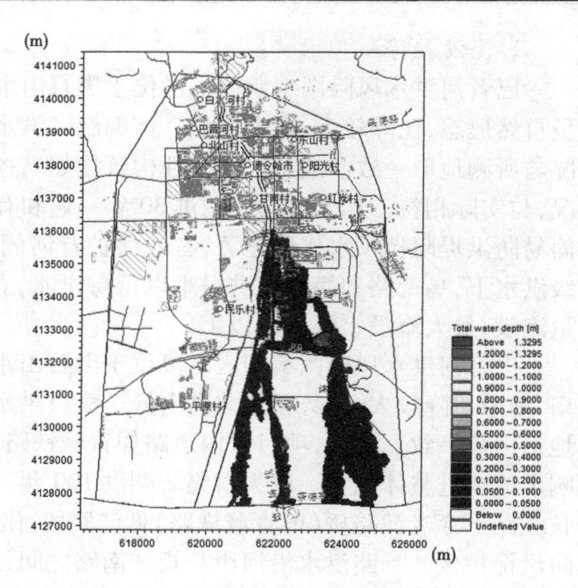

图2-2-79 无蓄集峡调洪100年一遇洪水溃决防洪保护区洪水流场分布图

3. 同一方案洪水风险信息比较

洪水演进除应匹配空间地势外,还应在流态上符合水力学规律。以无蓄集峡调洪100年一遇洪水溃决为例,老铁

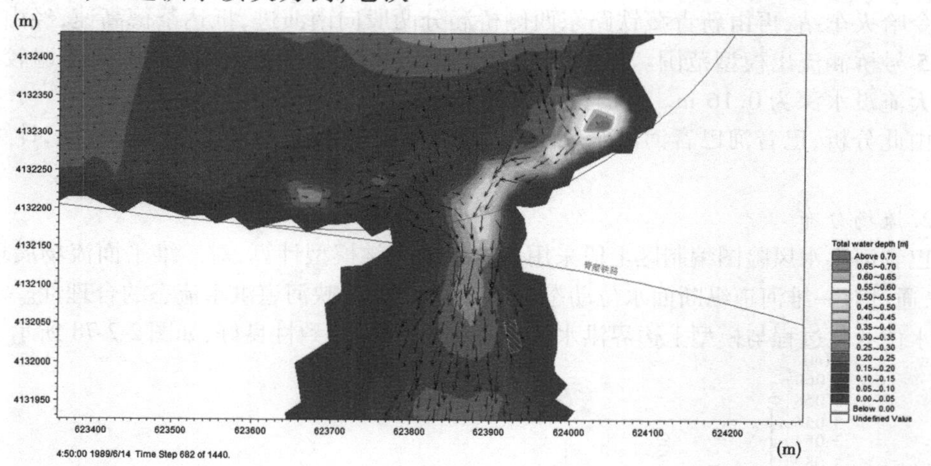

图2-2-80 无蓄集峡调洪100年一遇洪水溃决新青藏铁路东侧桥涵流场分布图

路桥左岸发生溃决后,洪水首先涌入长江路下穿老铁路桥洼地,由于该处地势低洼,最低处较四周低约1.5 m,洪水将此处洼地淤满后继续向下游演进。通过老铁路桥下洼地流场计算结果与该处地形资料对比,计算结果中水深部分、流速分布与实际地形相协调,符合洪水流动趋势的物理原理,说明方案计算合理。同一时间、同一地点洪水淹没水深分布情况与地形情况比较见图2-2-82。

4. 不同方案洪水风险信息比较

以老铁路桥左岸溃口无蓄集峡调洪50年一遇、100年一遇两种洪水方案为例,分析比较不同方案的洪水的淹没面积、淹没水深和最大流速等洪水要素。

随着分洪流量的增加,无蓄集峡调洪50年一遇和100年一遇洪水淹没面积逐渐增

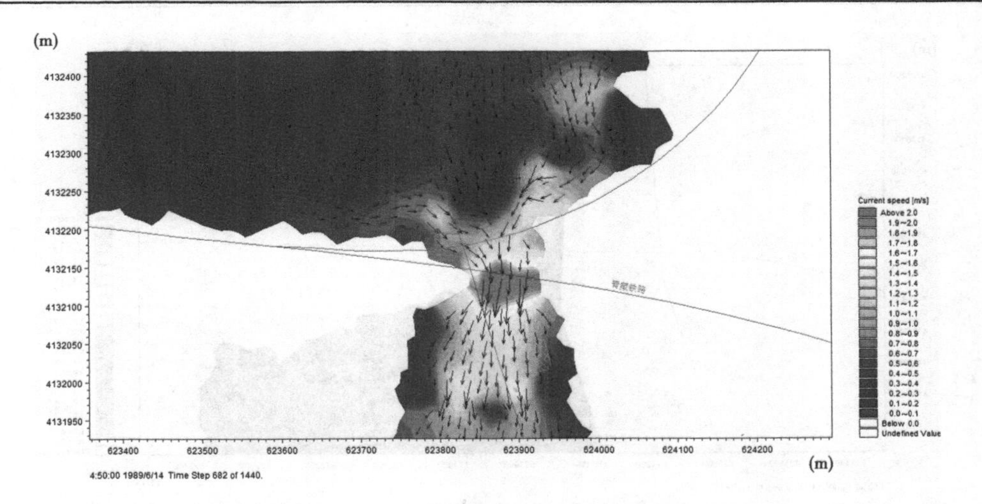

图 2-2-81　无蓄集峡调洪 100 年一遇洪水溃决新青藏铁路东侧桥涵流速分布图

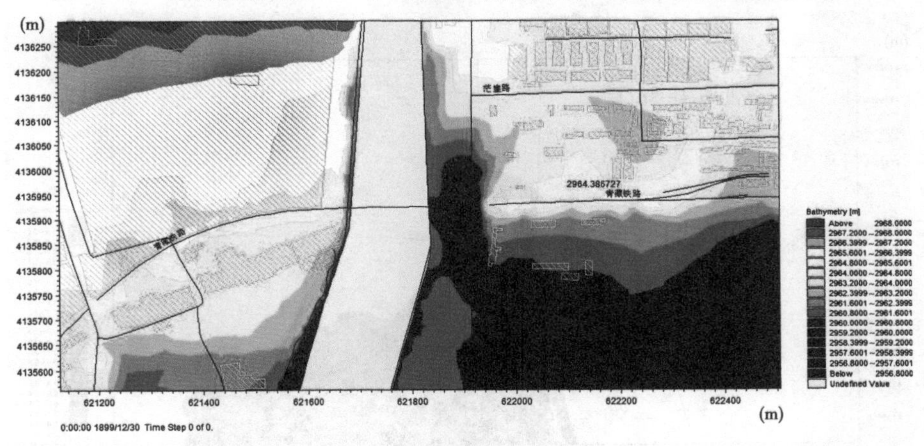

(a)基础DEM高程图

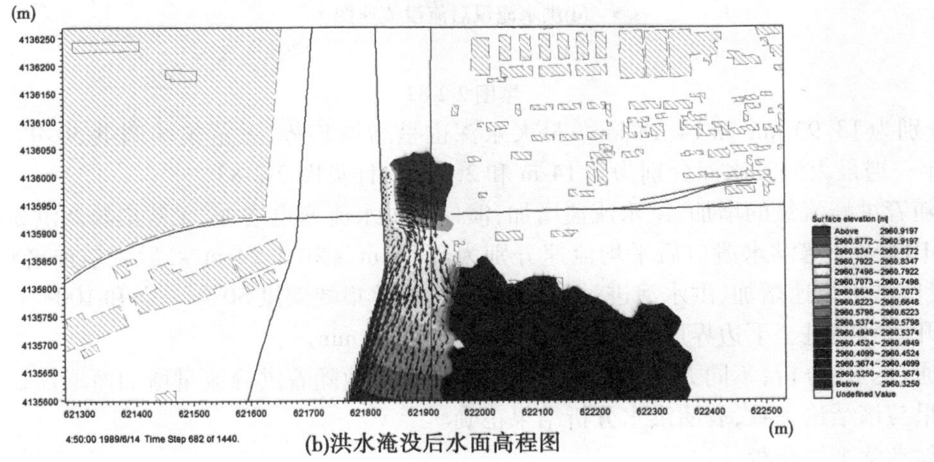

(b)洪水淹没后水面高程图

图 2-2-82　无蓄集峡调洪 100 年一遇洪水溃决同一地点同一时刻风险信息比较

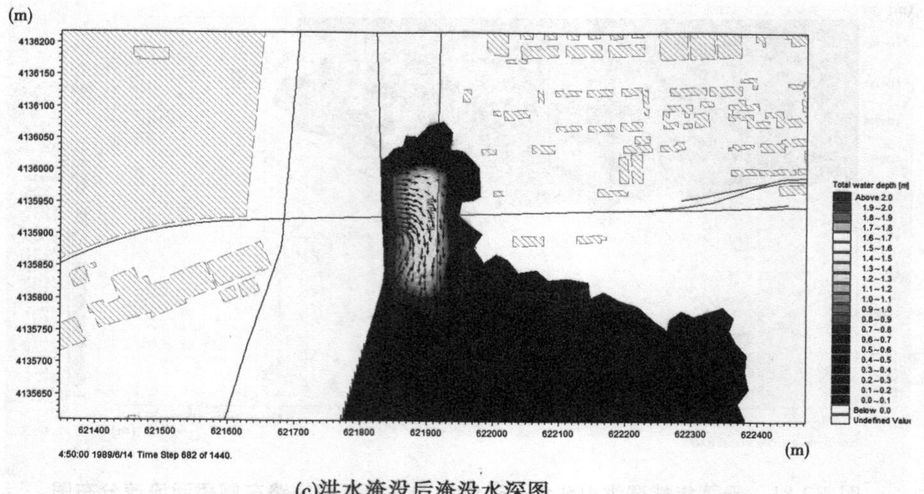

(c)洪水淹没后淹没水深图

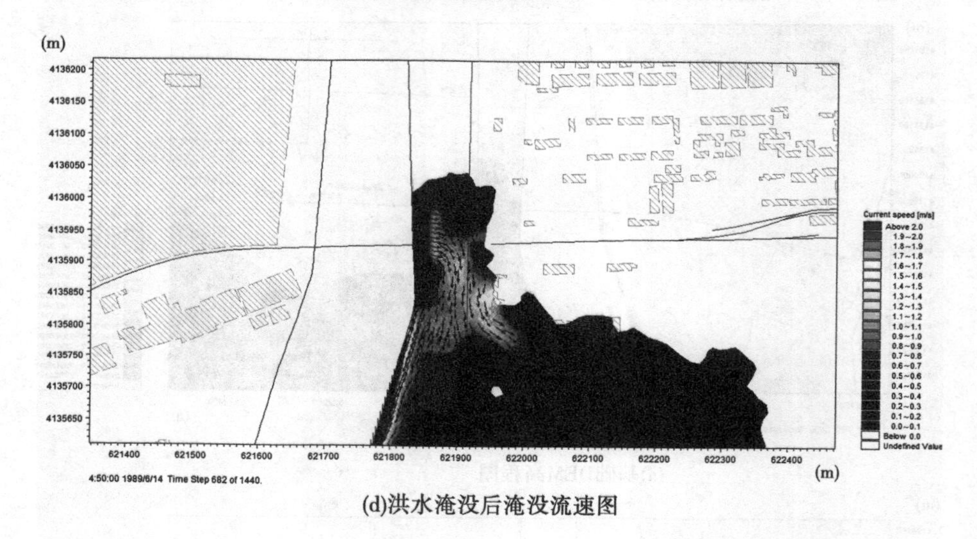

(d)洪水淹没后淹没流速图

续图 2-2-82

加，分别为 13.93 km^2 和 14.18 km^2；最大水深也呈增加趋势，无蓄集峡调洪 50 年一遇和 100 年一遇最大淹没水深分别为 2.14 m 和 2.16 m，详见图 2-2-83。

随着洪峰流量的增加，洪水流速增加，溃口后洪水流速也增加，无蓄集峡调洪 50 年一遇和 100 年一遇洪水溃口后平均流速分别为 0.23 m/s 和 0.24 m/s，后者较前者略大一点，溃口洪水流速增加，洪水演进过程相应加快，无蓄集峡调洪 50 年一遇和 100 年一遇从溃决开始到演进至下边界用时分别为 370 min 和 355 min。

通过上述分析，不同方案洪水淹没范围、水深、流速随着洪峰流量增加而增加，分析计算结果与该结论一致，表明洪水分析结果正确。

5. 水量平衡分析

巴音河洪水风险图编制区上段采用一维水动力学模型计算，模型自身除上下边界外

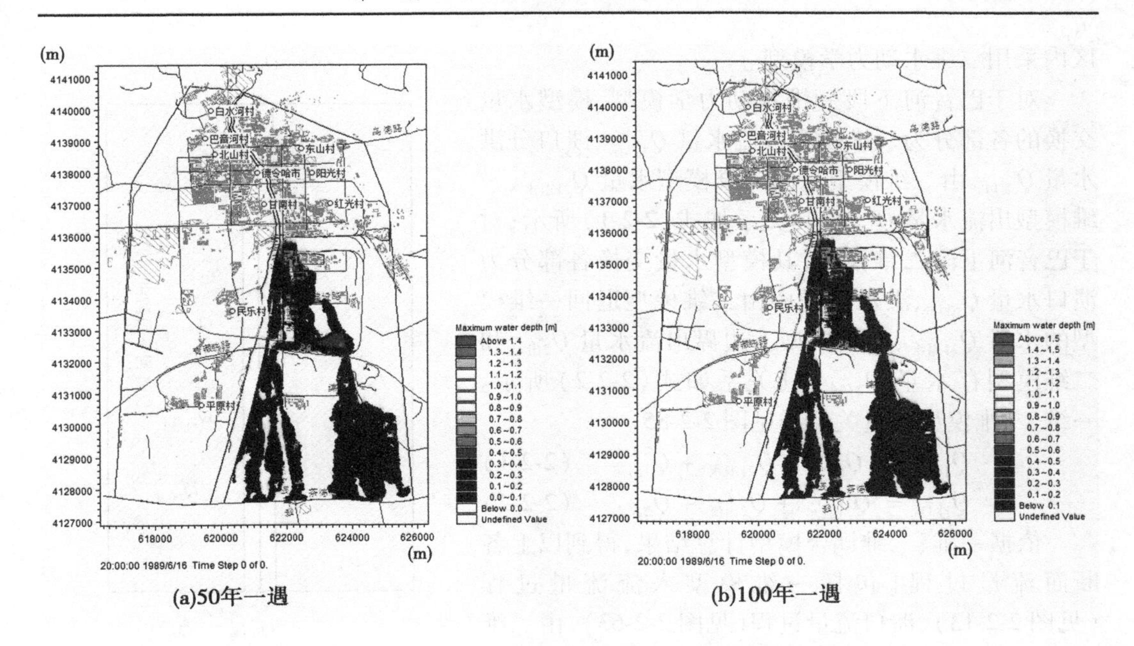

图 2-2-83　无蓄集峡调洪 50 年一遇、100 年一遇溃决洪水淹没范围比较

不存在其他边界与外界进行水量交换。为了验证一维模型水量平衡,将模型上边界断面和下边界断面流量过程提取出来,并计算出一维模型的入流水量和出流水量进行分析。以无蓄集峡情况 100 年一遇为例,模型上边界断面和下边界断面流量过程线如图 2-2-84 所示,通过计算得到模型入流水量为 8 762.33 万 m^3,模型出流水量为 8 761.75 万 m^3,两者水量相差 0.01%,详见表 2-2-21。因此,可以判断模型未发散,巴音河洪水风险图编制区上段模型水量平衡。

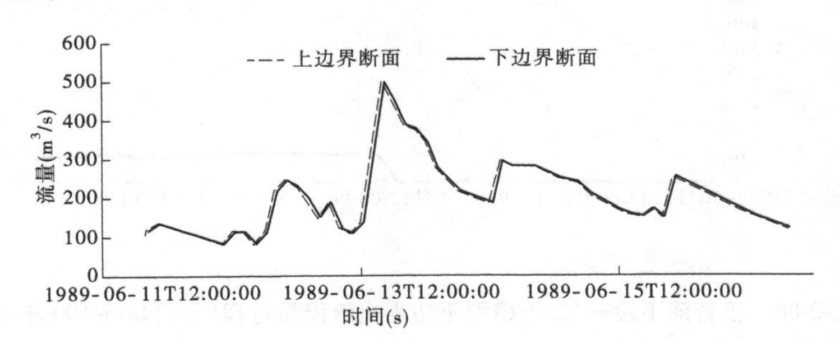

图 2-2-84　巴音河上段无蓄集峡调洪 100 年一遇上下边界断面流量过程线

表 2-2-21　巴音河上段无蓄集峡调洪 100 年一遇洪水水量平衡分析表　(单位:万 m^3)

分项	一维模型入流水量	一维模型出流水量	水量差值	水量差值比例
	$Q_{1入流}$	$Q_{1出流}$	$Q_{1差值}$	%
数值	8 762.33	8 761.75	0.58	0.01

巴音河洪水风险图编制区下段河道内采用一维水动力学模型计算,河道外防洪保护

区内采用二维水动力学模型。

对于巴音河下段一维水动力学模型，模型水量交换的各部分为一维模型入流水量 $Q_{1入流}$、溃口分洪水量 $Q_{溃口}$、由二维模型退回一维模型水量 $Q_{21退水}$、一维模型出流水量 $Q_{1出流}$，其关系如式(2-2-1)所示；对于巴音河下段二维模型，其模型水量交换各部分为溃口水量 $Q_{溃口}$、洪水演进中由二维模型退回一维模型的水量 $Q_{21退水}$、二维模型下边界出流水量 $Q_{2出流}$ 和二维模型存水量 $Q_{2存水}$，其关系如式(2-2-2)所示。一维、二维模型水量关系详见图 2-2-85。

$$Q_{1入流} = Q_{溃口} - Q_{21退水} + Q_{1出流} \quad (2\text{-}2\text{-}1)$$

$$Q_{溃口} = Q_{21退水} + Q_{2出流} + Q_{2存水} \quad (2\text{-}2\text{-}2)$$

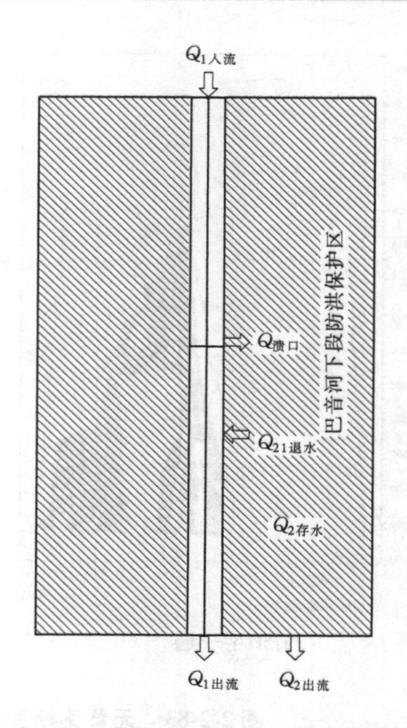

图 2-2-85　巴音河下段一维、二维模型水量关系概化图

依据一维、二维耦合模型计算结果，得到以上各断面流量过程[包括一维模型入流流量过程(见图 2-2-13)、溃口流量过程(见图 2-2-63)、由二维模型退回一维模型洪水流量过程(见图 2-2-64)、一维模型出流流量过程(见图 2-2-86)、二维模型下边界出流流量过程(见图 2-2-86)]，通过积分计算得出其对应水量，而二维模型存水量则是利用 ArcGIS 将一维、二维耦合模型计算结果进行处理后得到的。以无蓄集峡情况 100 年一遇为例，以上各计算结果详见表 2-2-22。

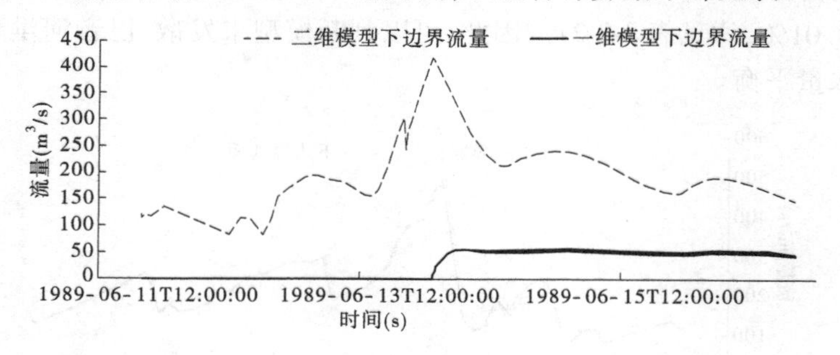

图 2-2-86　巴音河下段一、二维模型下边界出流流量过程(无蓄集峡 100 年一遇)

根据表 2-2-22，对于一维模型，洪水计算从 1989 年 6 月 11 日 20:00:00 开始至 1989 年 6 月 16 日 20:00:00 结束，一维模型入流水量为 0.901 亿 m^3，溃口处分洪量 0.168 亿 m^3，占该计算时段总洪量的 18.7%。溃决洪水自二维模型退入一维模型的水量为 0.108 亿 m^3，一维模型下边界出流量为 0.732 亿 m^3，一维模型水量差值 0.001 亿 m^3，水量差值比例为 0.13%。

表 2-2-22　巴音河下段无蓄集峡调洪 100 年一遇洪水水量平衡分析（单位：亿 m^3）

(a)一维模型水量平衡分析表

分项	一维模型入流水量	溃口分洪量	二维模型到一维模型退水量	一维模型出流水量	一维模型水量差值	水量差值比例
	$Q_{1入流}$	$Q_{溃口}$	$Q_{21退水}$	$Q_{1出流}$	ΔQ_1	%
序号	①	②	③	④	⑤	⑥
数值	0.901	0.168	0.108	0.732	0.001	0.13

注：⑤=②-③-⑦-⑧，⑥=⑤/①。

(b)二维模型水量平衡分析表

分项	溃口分洪量	二维模型到一维模型退水量	二维模型出流水量	二维模型存水量	二维模型水量差值	水量差值比例
	$Q_{溃口}$	$Q_{21退水}$	$Q_{2出流}$	$Q_{2存水}$	ΔQ_2	%
序号	②	③	⑦	⑧	⑨	⑩
数值	0.168	0.108	0.041	0.017	0.002	1.29

注：⑨=②-③-⑦-⑧，⑩=⑨/②。

根据表 2-2-22，对于二维模型，洪水计算从 1989 年 6 月 11 日 20:00:00 开始至 1989 年 6 月 16 日 20:00:00 结束，二维模型中入流量为溃口分洪量 0.168 亿 m^3，溃决洪水自二维模型退入一维模型的水量为 0.108 亿 m^3，二维模型出流水量 0.041 亿 m^3，二维模型存水量 0.017 m^3，水量差值比例为 1.29%。

根据上述分析，一维模型和二维模型水量误差在 10% 以内，模型未发散，水量基本平衡。

2.2.5　洪水风险要素综合分析

2.2.5.1　各方案洪水淹没包络图

将巴音河各方案计算结果综合对比分析，绘制不同洪水量级的淹没范围图，详见图 2-2-87 ~ 图 2-2-90。

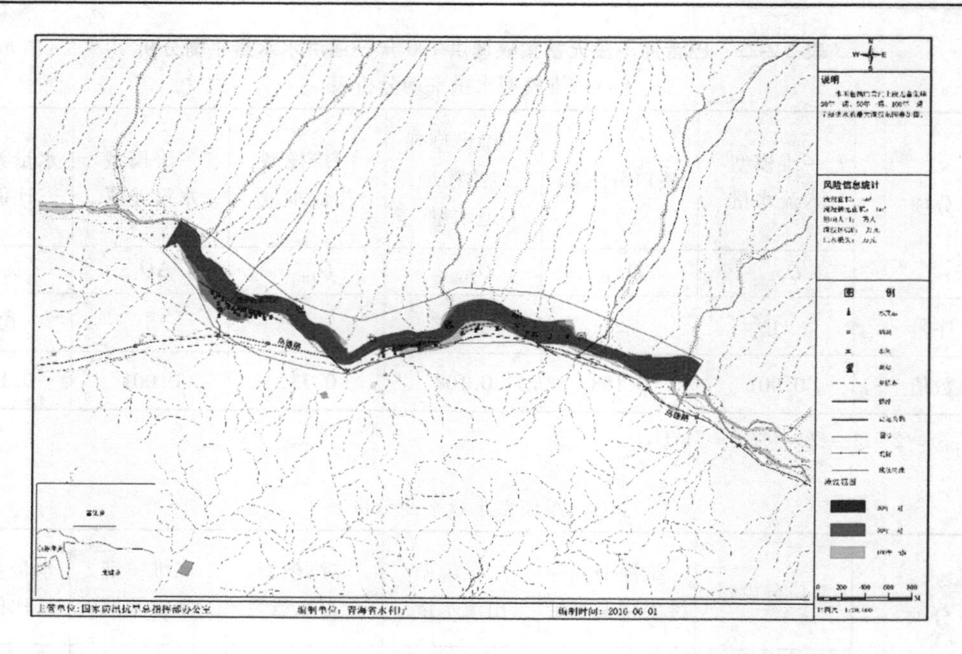

图 2-2-87　巴音河洪水风险编制区上段无蓄集峡情况不同量级洪水淹没范围图

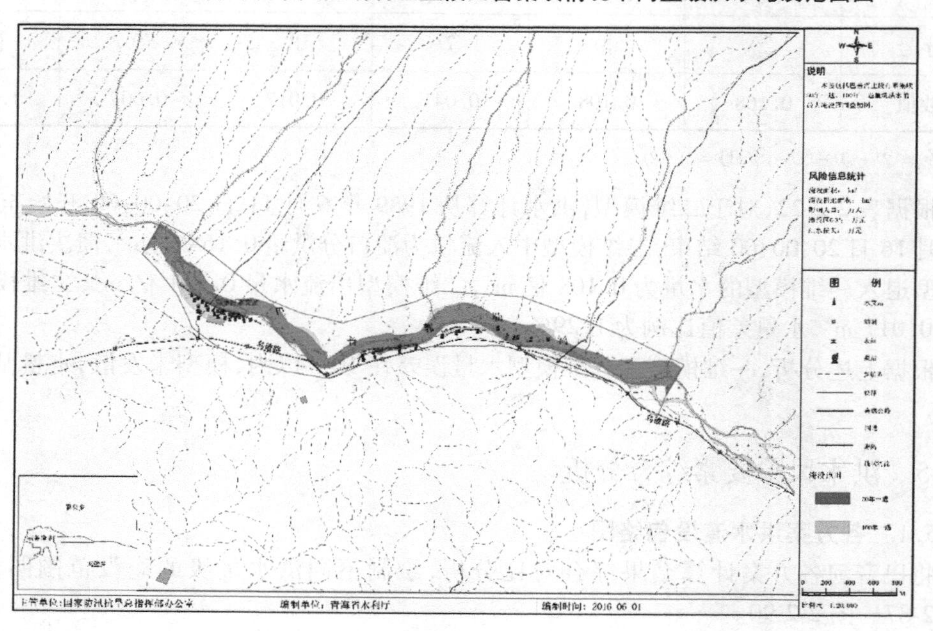

图 2-2-88　巴音河洪水风险编制区上段有蓄集峡情况不同量级洪水淹没范围图

2.2.5.2　洪水风险要素综合分析

根据巴音河洪水风险图编制区上段和下段各方案各量级洪水分析结果，统计得到各方案洪水风险要素信息，详见表 2-2-23。由表 2-2-23 分析可知，随着洪水量级的增加，淹没面积、淹没水深、平均历时均随之增加。这一趋势符合洪水演进规律。因此，各方案洪水分析结果正确。

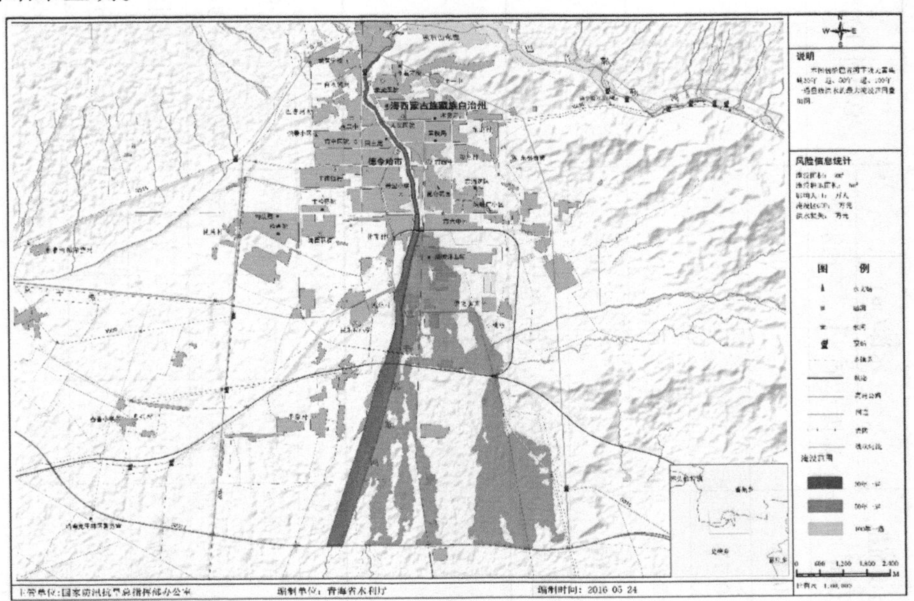

图 2-2-89　巴音河洪水风险编制区下段无蓄集峡情况不同量级洪水淹没范围图

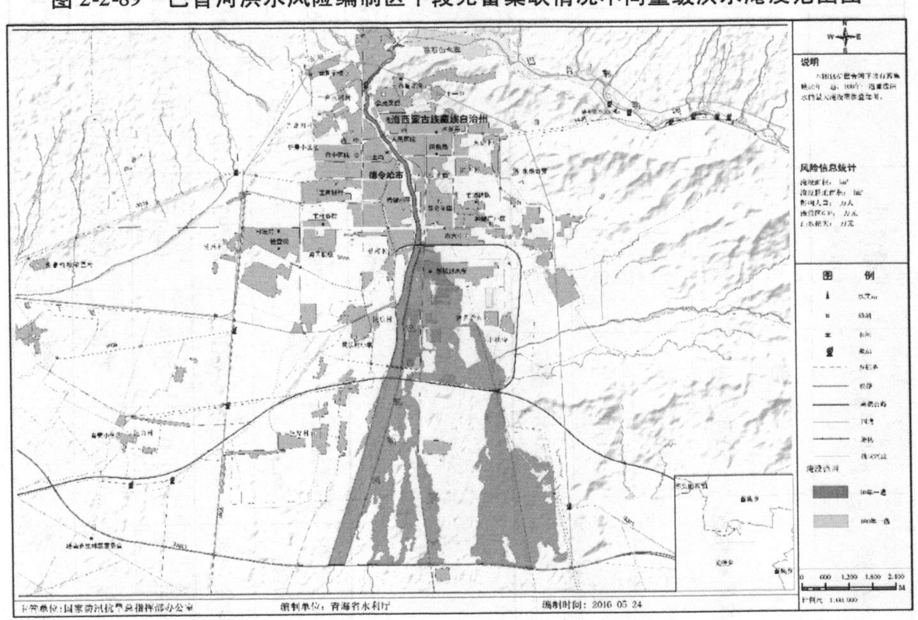

图 2-2-90　巴音河洪水风险编制区下段有蓄集峡情况不同量级洪水淹没范围图

表 2-2-23　不同方案洪水风险要素信息比较

(a)巴音河洪水风险图上段各方案洪水风险信息比较

地区	分类	洪水分析方案	洪峰流量 (m^3/s)	类型	淹没面积 (km^2)	水深(m)		总历时(h)
						最大水深	平均水深	
巴音河上段	无蓄集峡情况	30 年一遇	356.0	漫溢	0.45	2.61	0.98	120
		50 年一遇	416.0	漫溢	0.77	2.70	1.02	120
		100 年一遇	500.0	漫溢	0.91	2.90	1.06	120
	有蓄集峡情况	50 年一遇	324.1	漫溢	0.36	2.47	0.97	120
		100 年一遇	409.5	漫溢	0.64	2.68	1.01	120

(b)巴音河洪水风险图下段各方案洪水风险信息比较

地区	分类	洪水分析方案	洪峰流量 (m^3/s)	类型	淹没面积 (km^2)	总洪量 (亿 m^3)	溃决分洪量 (亿 m^3)	流速(m/s)		水深(m)		历时(h)	
								最大流速	平均流速	最大水深	平均水深	最大历时	平均历时
巴音河下段	无蓄集峡情况	50 年一遇	377	溃决	13.93	0.747	0.130	3.51	0.23	2.14	0.15	70.17	61.94
		100 年一遇	462.0	溃决	14.18	0.901	0.168	3.88	0.24	2.16	0.16	72.66	64.43
	有蓄集峡情况	50 年一遇	312.3	溃决	13.88	0.609	0.116	3.43	0.22	2.13	0.14	74.53	66.27
		100 年一遇	460.3	溃决	14.05	0.755	0.142	3.88	0.24	2.16	0.16	75.59	66.65

2.3　洪水影响与损失估算分析

2.3.1　洪水影响

2.3.1.1　数据准备与方案设置

评估模型对基础数据输入格式、编码进行了严格的规定。其中基础地理数据包括行政区界、居民地、耕地、公路、铁路、重点单位、水域面等七大要素；社会经济数据包括综合、人民生活、农业、第二产业、第三产业等五大要素；洪水淹没数据包括网格类型、最大水深、淹没历时等三大要素。

巴音河洪水风险图编制区分上下两段共9个洪水计算方案，其中巴音河上段5个方案、巴音河下段4个方案。洪水主要影响德令哈市区、蓄集乡等。方案设置和计算输出设置见图2-2-91～图2-2-93。

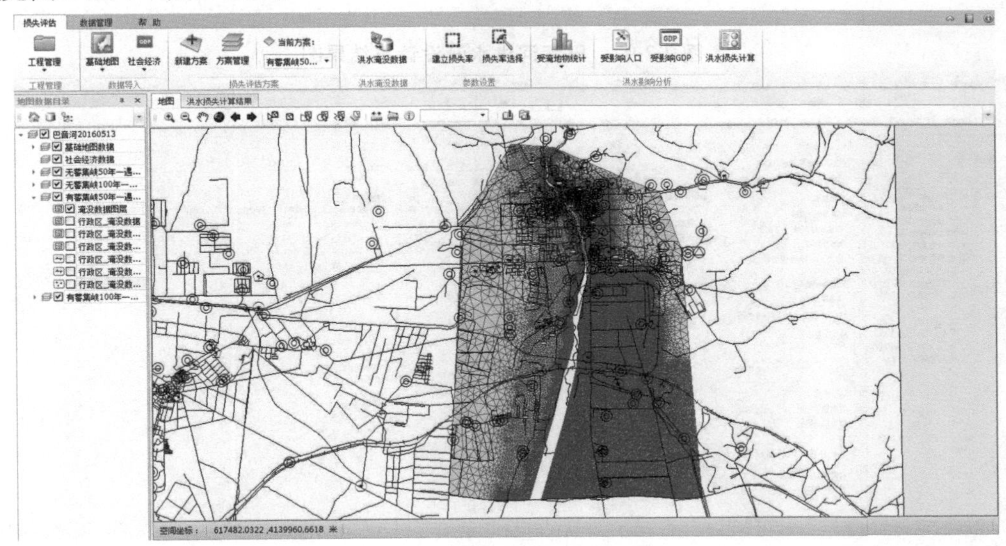

图2-2-91　巴音河洪水损失计算方案设置图

2.3.1.2　洪水影响统计分析

洪水影响分析指标主要统计各级淹没水深区域范围内的人口、房屋、受淹面积、受淹耕地面积、受淹交通干线（省级以上公路、铁路）里程，以及受影响GDP等社会经济指标。洪水影响分析以乡镇为统计单元进行。根据《青海省2015年洪水风险图技术大纲》洪水影响分析指标水平年为2014年。

1. 巴音河洪水风险图编制区上段

经计算，洪水影响统计如下：

巴音河上段无蓄集峡水利枢纽调洪情况下发生30年一遇洪水，巴音河上段干流两岸发生漫溢，淹没总面积0.45 km^2，淹没农田面积0.10 hm^2，淹没房屋面积0.18万 m^2，受影响公路长度3.26 km，受影响GDP 2 470.1万元。

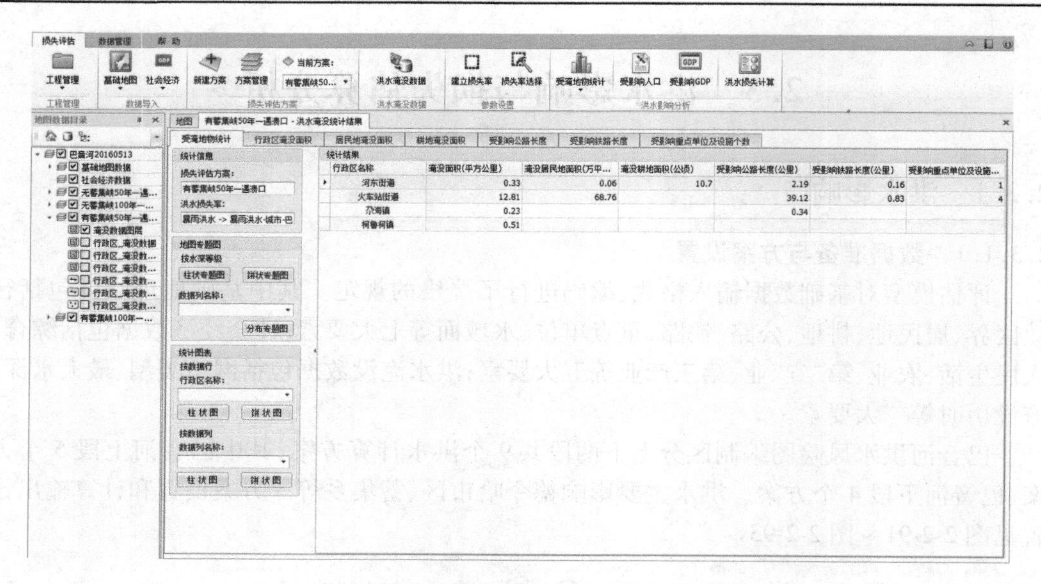

行政区名称	淹没面积(平方公里)	淹没居民地面积(万平...	淹没耕地面积(公顷)	受影响公路长度(公里)	受影响铁路长度(公里)	受影响重点单位及设施...
河东街道	0.33	0.06	10.7	2.19	0.16	1
火车站街道	12.81	68.76		39.12	0.83	4
尕海镇	0.23			0.34		
柯鲁柯镇	0.51					

图 2-2-92　巴音河洪水淹没计算结果图

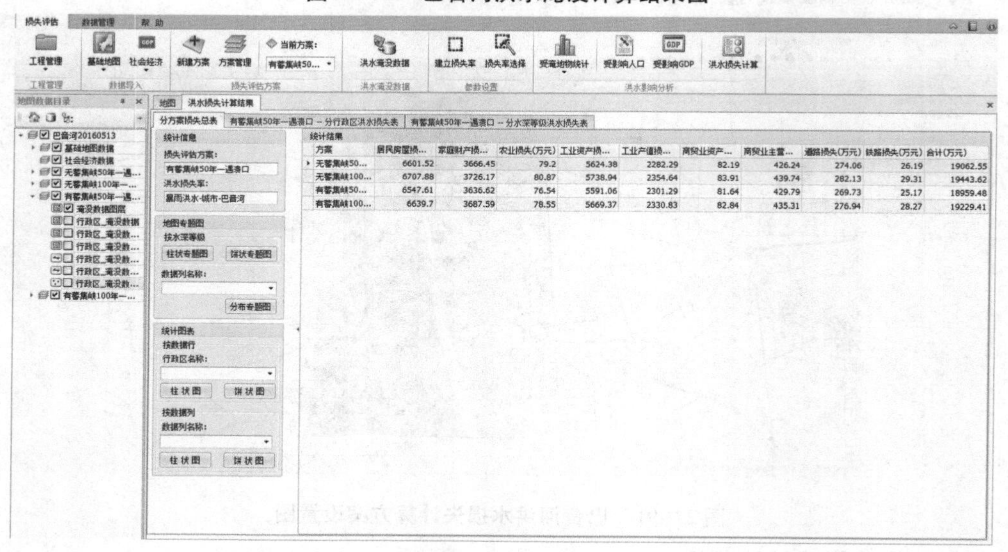

方案	居民房屋损...	家庭财产损...	农业损失(万元)	工业资产损...	工业产值损...	商贸业资产...	商贸业主营...	道路损失(万元)	铁路损失(万元)	合计(万元)
无蓄集峡50...	6601.52	3666.45	79.2	5624.38	2282.29	82.19	426.24	274.06	26.19	19062.55
无蓄集峡100...	6707.88	3726.17	80.87	5738.94	2354.64	83.91	439.74	282.13	29.31	19443.62
有蓄集峡50...	6547.61	3636.62	76.54	5591.06	2301.29	81.64	429.79	269.73	25.17	18959.48
有蓄集峡100...	6639.7	3687.59	78.55	5669.37	2330.83	82.84	435.31	276.94	28.27	19229.41

图 2-2-93　巴音河洪水损失计算结果图

巴音河上段无蓄集峡水利枢纽调洪情况下发生 50 年一遇洪水，巴音河上段干流两岸发生漫溢，淹没总面积 0.77 km^2，淹没农田面积 0.18 hm^2，淹没房屋面积 0.31 万 m^2，受影响公路长度 5.53 km，受影响 GDP 5 099.1 万元。

巴音河上段无蓄集峡水利枢纽调洪情况下发生 100 年一遇洪水，巴音河上段干流两岸发生漫溢，淹没总面积 0.92 km^2，淹没农田面积 0.20 hm^2，淹没房屋面积 0.36 万 m^2，受影响公路长度 6.52 km，受影响 GDP 6 040.1 万元。

巴音河上段有蓄集峡水利枢纽调洪情况下发生 50 年一遇洪水，巴音河上段干流两岸发生漫溢，淹没总面积 0.36 km^2，淹没农田面积 0.08 hm^2，淹没房屋面积 0.14 万 m^2，受影响公路长度 2.61 km，受影响 GDP 1 976.1 万元。

巴音河上段有蓄集峡水利枢纽调洪情况下发生100年一遇洪水，巴音河上段干流两岸发生漫溢，淹没总面积0.62 km²，淹没农田面积0.14 hm²，淹没房屋面积0.25万m²，受影响公路长度4.56 km，受影响GDP 4 258.1万元。

淹没主要涉及蓄集乡，巴音河洪水风险图编制区上段漫溢方案淹没地物情况详见表2-2-24和表2-2-25。

表2-2-24　巴音河洪水风险图编制区上段溃口方案淹没地物统计

计算方案	水深等级(m)	淹没面积(km²)	淹没农田面积(hm²)	淹没房屋面积(万m²)	受影响公路长度(km)	受影响企业(个)	受影响取水口(个)	受影响GDP(万元)
巴音河无蓄集峡30年一遇漫溢	0.05~0.5	0.10	0.05	0.04	0.53	1	0	2 395.2
	0.5~1.0	0.12	0.05	0.08	0.80	0	0	74.9
	1.0~1.5	0.12	0	0.06	1.20	0	0	0
	1.5~2.5	0.10	0	0	0.60	0	0	0
	2.5~5.0	0.01	0	0	0.12	0	0	0
	合计	0.45	0.10	0.18	3.26	1	0	2 470.1
巴音河无蓄集峡50年一遇漫溢	0.05~0.5	0.17	0.09	0.07	0.91	2	14	4 771.9
	0.5~1.0	0.21	0.09	0.13	1.36	0	2	327.2
	1.0~1.5	0.20	0	0.11	2.04	0	0	0
	1.5~2.5	0.18	0	0	1.02	0	0	0
	2.5~5.0	0.01	0	0	0.20	0	0	0
	合计	0.77	0.18	0.31	5.53	2	16	5 099.1
巴音河无蓄集峡100年一遇漫溢	0.05~0.5	0.21	0.1	0.08	1.07	3	14	5 490.4
	0.5~1.0	0.25	0.1	0.16	1.60	0	4	549.7
	1.0~1.5	0.23	0	0.12	2.41	0	0	0
	1.5~2.5	0.21	0	0	1.20	0	0	0
	2.5~5.0	0.02	0	0	0.24	0	0	0
	合计	0.92	0.20	0.36	6.52	3	18	6 040.1
巴音河有蓄集峡50年一遇漫溢	0.05~0.5	0.08	0.04	0.03	0.43	1	0	1 916.2
	0.5~1.0	0.10	0.04	0.06	0.64	0	0	59.9
	1.0~1.5	0.09	0	0.05	0.96	0	0	0
	1.5~2.5	0.08	0	0	0.48	0	0	0
	2.5~5.0	0.01	0	0	0.10	0	0	0
	合计	0.36	0.08	0.14	2.61	1	0	1 976.1
巴音河有蓄集峡100年一遇漫溢	0.05~0.5	0.14	0.07	0.05	0.75	2	12	3 953.3
	0.5~1.0	0.17	0.07	0.11	1.12	0	2	304.8
	1.0~1.5	0.16	0	0.09	1.68	0	0	0
	1.5~2.5	0.14	0	0	0.84	0	0	0
	2.5~5.0	0.01	0	0	0.17	0	0	0
	合计	0.62	0.14	0.25	4.56	2	14	4 258.1

表 2-2-25　分乡镇淹没地物统计

计算方案	行政区名称	淹没面积（km^2）	淹没农田面积（hm^2）	淹没房屋面积（万 m^2）	受影响公路长度（km）	受影响企业（个）	受影响取水口（个）	受影响GDP（万元）
巴音河无蓄集峡30年一遇溃口	蓄集乡	0.45	0.10	0.18	3.26	1	0	2 470.1
巴音河无蓄集峡50年一遇溃口	蓄集乡	0.77	0.17	0.31	5.53	2	16	5 099.1
巴音河无蓄集峡100年一遇溃口	蓄集乡	0.92	0.20	0.36	6.52	3	18	6 040.1
巴音河有蓄集峡50年一遇溃口	蓄集乡	0.36	0.08	0.14	2.61	1	0	1 976.1
巴音河有蓄集峡100年一遇溃口	蓄集乡	0.62	0.14	0.25	4.56	2	14	4 258.1

2. 巴音河洪水风险图编制区下段

经计算，洪水影响统计如下：

巴音河下段无蓄集峡水利枢纽调洪情况下，巴音河干流黑石山水库50年一遇下泄设计流量与白水河洪水同频洪水叠加，左岸老铁路桥下发生溃决，淹没总面积13.93 km^2，淹没农田面积11.08 hm^2，淹没房屋面积69.39万 m^2，受影响公路长度42.03 km，受影响铁路长度1.00 km，受影响GDP 140 633.6万元。

巴音河下段无蓄集峡水利枢纽调洪情况下，巴音河干流黑石山水库100年一遇下泄设计流量与白水河洪水同频洪水叠加，左岸老铁路桥下发生溃决，淹没总面积14.18 km^2，淹没农田面积11.31 hm^2，淹没房屋面积70.53万 m^2，受影响公路长度42.64 km，受影响铁路1.00 km，受影响GDP 143 296.9万元。

巴音河下段有蓄集峡水利枢纽调洪情况下，巴音河干流黑石山水库50年一遇下泄设计流量与白水河洪水同频洪水叠加，左岸老铁路桥下发生溃决，淹没总面积13.88 km^2，淹没农田面积10.70 hm^2，淹没房屋面积68.82万 m^2，受影响公路长度41.65 km，受影响铁路0.99 km，受影响GDP 140 001.2万元。

巴音河下段有蓄集峡水利枢纽调洪情况下，巴音河干流黑石山水库100年一遇下泄设计流量与白水河洪水同频洪水叠加，左岸老铁路桥下发生溃决，淹没总面积14.05 km^2，淹没农田面积10.99 hm^2，淹没房屋面积69.77万 m^2，受影响公路长度42.05 km，受影响铁路1.00 km，受影响GDP 141 688.2万元。

淹没主要涉及德令哈市区（河东街道、火车站街道）、尕海镇、柯鲁柯镇等。巴音河洪水风险图编制区下段溃口方案淹没地物情况详见表2-2-26和表2-2-27。

表 2-2-26　巴音河洪水风险图编制区下段溃口方案淹没地物统计

计算方案	水深等级(m)	淹没面积(km^2)	淹没农田面积(hm^2)	淹没房屋面积(万 m^2)	受影响公路长度(km)	受影响铁路长度(km)	受影响企业(个)	受影响人口总数(万人)	受影响GDP(万元)
巴音河无蓄集峡50年一遇溃口	0.05~0.5	13.82	11.04	69.08	41.29	0.88	5	2.32	139 429.7
	0.5~1.0	0.1	0.04	0.31	0.51	0.04	0	0.02	1 098.5
	1.0~1.5	0.01	0	0	0.23	0.07	0	0	105.4
	1.5~2.5	0	0	0	0	0.01	0	0	0
	2.5~5.0	0	0	0	0	0	0	0	0
	合计	13.93	11.08	69.39	42.03	1.00	5	2.34	140 633.6
巴音河无蓄集峡100年一遇溃口	0.05~0.5	14.06	11.27	70.21	41.74	0.88	7	2.37	141 987.5
	0.5~1.0	0.11	0.04	0.32	0.67	0.04	0	0.02	1 204.0
	1.0~1.5	0.01	0	0	0.19	0.03	0	0	105.4
	1.5~2.5	0	0	0	0.04	0.05	0	0	0
	2.5~5.0	0	0	0	0	0	0	0	0
	合计	14.18	11.31	70.53	42.64	1.00	7	2.39	143 296.9
巴音河有蓄集峡50年一遇溃口	0.05~0.5	13.78	10.66	68.51	40.97	0.9	5	2.31	138 902.7
	0.5~1.0	0.09	0.04	0.31	0.49	0.02	0	0.01	993.1
	1.0~1.5	0.01	0	0	0.19	0.06	0	0	105.4
	1.5~2.5	0	0	0	0	0.01	0	0	0
	2.5~5.0	0	0	0	0	0	0	0	0
	合计	13.88	10.70	68.82	41.65	0.99	5	2.32	140 001.2
巴音河有蓄集峡100年一遇溃口	0.05~0.5	13.94	10.95	69.45	41.31	0.88	5	2.34	140 484.3
	0.5~1.0	0.1	0.04	0.32	0.51	0.04	0	0.02	1 098.5
	1.0~1.5	0.01	0	0	0.19	0.04	0	0	105.4
	1.5~2.5	0	0	0	0.04	0.04	0	0	0
	2.5~5.0	0	0	0	0	0	0	0	0
	合计	14.05	10.99	69.77	42.05	1.00	5	2.36	141 688.2

2.3.1.3　洪水影响分析结论

由表 2-2-24~表 2-2-27 分析得出以下结论：

(1)从洪水影响来说，巴音河洪水风险图编制区上段处于山谷之中，河道呈自然形态，河道两岸无主要居民地分布，影响范围有限。以无蓄集峡情况 100 年一遇洪水为例，共淹没面积达到 0.92 km^2，影响 GDP 6 040.13 万元，占德令哈市 GDP 总量的 1.46%。巴音河洪水风险图编制区下段洪水主要影响德令哈市城区，巴音河城区段发生溃决时对该市影响巨大，溃口设定为老铁路桥下左岸，以无蓄集峡情况 100 年一遇洪水为例，洪水溃决后进入市区，淹没面积共 14.18 km^2，影响 GDP 14.3 亿元，占德令哈市 GDP 总量的 34.51%。

表 2-2-27 分乡镇淹没地物统计

计算方案	行政区名称	淹没面积（km^2）	淹没农田面积（hm^2）	淹没房屋面积（万 m^2）	受影响公路长度（km）	受影响铁路长度（km）	受影响企业（个）	受影响人口总数（万人）	受影响GDP（万元）
巴音河无蓄集峡50年一遇溃口	河东街道	0.33	11.08	0.06	2.2	0.16	1	0.08	4 940.13
	火车站街道	12.87	0	69.33	39.47	0.84	4	2.26	135 681.9
	尕海镇	0.22	0	0	0.36	0	0	0	4.2
	柯鲁柯镇	0.51	0	0	0	0	0	0	7.3
	合计	13.93	11.08	69.39	42.03	1.00	5	2.34	140 633.53
巴音河无蓄集峡100年一遇溃口	河东街道	0.36	11.31	0.06	2.2	0.16	1	0.09	5 389.2
	火车站街道	13.08	0	70.47	40.04	0.84	6	2.3	137 895.8
	尕海镇	0.23	0	0	0.4	0	0	0	4.4
	柯鲁柯镇	0.51	0	0	0	0	0	0	7.3
	合计	14.18	11.31	70.53	42.64	1.00	7	2.39	143 296.7
巴音河有蓄集峡50年一遇溃口	河东街道	0.33	10.7	0.06	2.19	0.16	1	0.08	4 940.1
	火车站街道	12.81	0	68.76	39.12	0.83	4	2.24	135 049.4
	尕海镇	0.23	0	0	0.34	0	0	0	4.4
	柯鲁柯镇	0.51	0	0	0	0	0	0	7.3
	合计	13.88	10.7	68.82	41.65	0.99	5	2.32	140 001.2
巴音河有蓄集峡100年一遇溃口	河东街道	0.33	10.99	0.06	2.2	0.16	1	0.08	4 940.1
	火车站街道	12.97	0	69.71	39.51	0.84	4	2.28	136 736.2
	尕海镇	0.24	0	0	0.34	0	0	0	4.6
	柯鲁柯镇	0.51	0	0	0	0	0	0	7.3
	合计	14.05	10.99	69.77	42.05	1.00	5	2.36	141 688.2

（2）从受淹地物分析，巴音河洪水风险图编制区上段洪水分析范围内无村落城镇，影响范围有限，洪水主要影响德令哈市水源地和碱业公司取水口，影响德令哈市城区人民生活用水和碱业公司的生产用水，淹没影响 14 ~ 18 处取水口。整体来讲，洪水对于巴音河上段淹没影响房屋面积、人口较小，受影响公路长度 2.61 ~ 6.52 km。巴音河洪水风险图编制区下段洪水自老铁路桥下左岸溃决后，洪水溃决后进入市区，主要淹没碱业公司厂区，并且对德令哈市火车站造成一定淹没，影响房屋面积 68.82 万 ~ 70.53 万 m^2，受影响公路长度 41.65 ~ 42.64 km，受影响铁路长度 0.99 ~ 1.00 km，受影响企业 5 ~ 7 个，受影响人口 2.32 万 ~ 2.39 万人。

（3）从水深等级分布上看，巴音河洪水风险图编制区上段淹没情况主要在河道两岸，淹没范围集中，水深分布主要集中在 0.05 ~ 2.5 m 水深范围内，2.5 m 水深范围内淹没地物占 98.3%，而淹没水深 2.5 m 以上占 1.7%。分等级来讲，以无蓄集峡情况 100 年一遇方案为例,0.05～0.5 m 水深范围内,淹没影响地物占总影响地物的22.5%;0.5～1.0 m 占27.3%;1.0～1.5 m 占25.7%;1.5～2.5 m 占22.8%;水深分布合理,符合洪灾影响的一般规律。巴音河洪水风险图编制区下段洪水溃决后在防洪保护区造成淹没,面积大,水深小,主要集中在0.05～1.5 m 水深范围内,分等级来讲,以无蓄集峡情况100年一遇方案为例,0.05～0.5 m 水深范围内,淹没影响地物占总影响地物的99.2%;0.5～1.0 m 占0.7%;1.0～1.5 m 占0.1%;水深分布合理,符合洪灾影响的一般规律。

2.3.2　洪水损失评估结果统计分析

洪水损失评估是指对各量级洪水导致的居民财产、农林牧渔、工商企业、交通运输等方面的直接损失进行估算分析。洪水损失评估采用洪灾损失率法进行估算,首先需要对灾前财产进行估值,然后分析确定不同量级不同淹没水深条件下的洪灾损失率,即可估算洪水损失。

2.3.2.1　洪水灾害损失率确定

巴音河洪水灾害损失率主要参考临近地区甘肃黑河、葫芦河防洪保护区的相关成果,并咨询相关专家,分析后确定。

巴音河洪水风险图编制区内洪水分析区域与甘肃黑河、葫芦河防洪保护区具有一定相似性,在家庭财产、家庭住房、商业资产、铁路、公路等方面的损失率可借鉴其成果。但巴音河洪水分析区域也具有其特殊性。在农业方面,由于项目区分布主要为砂砾石土,土壤层较薄,黏粒含量少,抗冲性较差,加之编制区比降较大,遭遇洪水后损失会较严重,即使淹没水深小于0.5 m,损失也可能达到50%,据此特性,需要将农业损失率适当提高。在工业方面,德令哈市是海西州重要碱业基地,碱业公司聚集,由于碱业公司生产的特殊性,洪水淹没会对防洪防护区内碱业公司厂区造成较大损失,工业资产损失率需要适当提高,高量级洪水对巴音河上段水源地取水口的淹没损失也较为显著,一旦洪水水位超过取水口建筑物高程,就会直接影响甚至中断取水,这也需要适当提高工业损失率。

综合上述分析,确定巴音河洪灾损失率详见表2-2-28。

表2-2-28　洪水灾害损失评估损失率统计

淹没水深(m)	家庭财产(%)	家庭住房(%)	农业(%)	工业资产(%)	商业资产(%)	铁路(%)	一级公路(%)	二级公路(%)
<0.5	10	20	50	18	8	2	3	3
0.5～1.0	20	30	80	32	23	10	10	10
1.0～1.5	35	40	90	50	38	16	15	15
1.5～2.5	45	50	95	70	43	28	27	25
2.5～5.0	60	60	100	80	60	35	34	32

2.3.2.2　分类资产价值

巴音河洪水风险图编制区主要涉及德令哈市城区河西街道、河东街道、火车站街道、尕海镇、柯鲁柯镇、蓄集乡等,涉及乡(镇)总面积15 643.9 km^2,2015年GDP 41.44亿元,常住人口 69 068 人，总耕地面积 7 963.62 hm^2。巴音河洪水风险分析涉及乡镇 2014 年社会经济指标详见表 2-2-29 ~ 表 2-2-31。

表 2-2-29　巴音河洪水风险分析涉及乡镇社会经济综合和农业指标统计

区域名称	区域面积(km^2)	GDP 总值(万元)	耕地面积(hm^2)	农业（万元）
河西街道	6.5	114 646.24	309.71	21 166.6
河东街道	6.7	100 299.71	117.07	18 517.86
尕海镇	2 000	38 551.43	1 056.33	7 117.57
柯鲁柯镇	6 125	88 173.26	3 466.67	16 279.01
火车站街道	5.7	60 092.22	213.39	11 094.54
蓄集乡	7 500	12 660.47	2 800.75	2 337.44

表 2-2-30　巴音河洪水风险分析涉及乡镇人民生活指标统计

区域名称	常住人口（人）	乡村居民人均住房（m^2）	乡村居民人均纯收入（元）	城镇居民人均住房（m^2）	城镇居民人均可支配收入（元）
河西街道	19 107	27.39	10 340.16	29.94	25 346.37
河东街道	16 716	27.39	10 340.16	29.94	25 346.37
尕海镇	6 425	27.39	10 340.16	29.94	25 346.37
柯鲁柯镇	14 695	27.39	10 340.16	29.94	25 346.37
火车站街道	10 015	27.39	10 340.16	29.94	25 346.37
蓄集乡	2 110	27.39	10 340.16	29.94	25 346.37

表 2-2-31　巴音河洪水风险分析涉及乡镇第二产业、第三产业基本情况统计

区域名称	第二产业（万元）			第三产业（万元）		
	固定资产	流动资产	工业产值	固定资产	流动资产	主营收入
河西街道	59 382.62	87 446.34	99 155.09	1 049.38	4 197.5	20 987.51
河东街道	51 951.63	76 503.54	86 747.08	918.06	3 672.24	18 361.18
尕海镇	19 968.25	29 405.07	33 342.31	352.87	1 411.47	7 057.35
柯鲁柯镇	45 670.57	67 254.09	76 259.17	807.06	3 228.26	16 141.28
火车站街道	31 125.6	45 835.3	51 972.48	550.03	2 200.14	11 000.67
蓄集乡	6 557.67	9 656.76	10 949.77	115.88	463.53	2 317.67

2.3.2.3　损失计算结果及分析统计

洪水经济损失分析主要指标包括房屋、家庭财产、农业、工业、商业、公路、铁路等损失指标。巴音河洪水风险图不同计算方案下洪水损失统计见表 2-2-32、表 2-2-33。

表 2-2-32　巴音河洪水风险图编制区上段各计算方案洪水损失统计　（单位：万元）

计算方案	居民房屋损失	家庭财产损失	农业损失	工业资产损失	工业产值损失	商贸业资产损失	商贸业主营收入损失	道路损失	合计
巴音河无蓄集峡30年一遇漫溢	26.83	12.42	0.81	61.24	23.55	0.84	1.10	6.41	133.20
巴音河无蓄集峡50年一遇漫溢	45.61	21.11	1.37	388.21	220.03	1.43	1.87	10.90	690.53
巴音河无蓄集峡100年一遇漫溢	53.66	24.84	1.62	464.96	267.09	1.68	2.20	12.82	828.87
巴音河有蓄集峡50年一遇漫溢	21.47	9.94	0.65	48.99	18.84	0.67	0.88	5.13	106.57
巴音河有蓄集峡100年一遇漫溢	37.56	17.39	1.13	331.47	192.96	1.17	1.54	8.98	592.20

表 2-2-33　巴音河洪水风险图编制区下段各计算方案洪水损失统计　（单位：万元）

计算方案	居民房屋损失	家庭财产损失	农业损失	工业资产损失	工业产值损失	商贸业资产损失	商贸业主营收入损失	道路损失	铁路损失	合计
巴音河无蓄集峡50年一遇溃口	6 601.52	3 666.45	79.2	5 624.38	2 282.29	82.19	426.24	274.06	26.19	19 062.52
巴音河无蓄集峡100年一遇溃口	6 707.88	3 726.17	80.87	5 738.94	2 354.64	83.91	439.74	282.13	29.31	19 443.59
巴音河有蓄集峡50年一遇溃口	6 547.61	3 636.62	76.54	5 591.06	2 301.29	81.64	429.79	269.73	25.17	18 959.45
巴音河有蓄集峡100年一遇溃口	6 639.7	3 687.59	78.55	5 669.37	2 330.83	82.84	435.31	276.94	28.27	19 229.40

由表 2-2-32、表 2-2-33 分析得出以下结论：

（1）巴音河洪水风险图编制区上段洪灾损失有限，而巴音河洪水风险图编制区下段洪灾损失显著，以无蓄集峡情况 100 年一遇为例，巴音河上段洪水漫溢造成洪灾损失 828.87 万元，巴音河下段洪水溃决造成洪灾损失 19 443.59 万元，分别占德令哈市 2014 年 GDP 总量的 1.46% 和 34.51%。

（2）从损失财产种类来说，对巴音河洪水风险图编制区上段而言，不同量级洪水情况下，以工业损失（工业资产损失、工业产值损失）为主，其次是以居民房屋损失、家庭财产损失、道路损失为主，各方案的工业损失占相应方案洪水损失总量的 64% ~88%，家庭财产损失占比 2% ~10%，道路损失占相应方案洪水损失总量的 1.5% ~5%；对巴音河洪水风险图编制区下段而言，洪水溃决主要造成德令哈市城区受灾，不同量级洪水情况下，以居民房屋损失、工业资产损失、家庭财产损失、工业产值损失、商贸业主营收入损失为主，各方案的淹没房屋损失占相应方案洪水损失总量的34.5%～34.6%，工业资产损失占比29.5%，家庭财产损失占比19.1%～19.3%，工业产值损失占比12.0%～12.1%，商贸业主营收入损失占比0.43%。

(3)从产业结构上看，巴音河洪水风险图编制区上段、下段均是第二产业损失相对严重，而第一、三产业损失较轻。以无蓄集峡情况100年一遇为例，巴音河上段与下段工业资产损失之和为6 203.9万元，占工业资产总值的2.9%；巴音河上段与下段农业损失之和为82.49万元，占农业总产值的0.1%；巴音河上段与下段商贸业资产损失之和为85.59万元，占商业资产的0.5%。德令哈市是海西州重要的碱业基地，工业分布集中，洪灾损失中工业损失较大符合现实情况。

(4)洪灾经济损失统计居民房屋、家庭财产、工农业产值等各项指标随着洪水重现期的增大而增加，以巴音河洪水风险图编制区下段洪水溃决为例，无蓄集峡调蓄情况50年一遇和100年一遇洪灾损失分别为19 062.52万元和19 443.59万元，100年比50年一遇洪水淹没损失增加381.07万元；50年一遇和100年一遇洪水居民房屋损失分别为6 601.52万元和6 707.88万元，增加1.61%。同一溃口洪灾经济损失随着洪水量级的增加而逐渐增加，符合一般规律，说明洪灾经济损失评估结果是合理的。

第三篇　洪水风险研究结论与应用

第一章　结　论

青海省内河流分布广泛，黄河、长江、澜沧江皆发源于此，该区域地势变化剧烈，气候复杂多变，易使中小河流发生突发性暴雨与洪水，洪水影响与灾害损失严重。近年来，防洪工程建设日益加强，但是，包括防洪非工程措施在内的防洪体系建设仍亟需加强与完善，以适应该地区经济社会的快速发展与高原水生态环境保护的需要。

通过西北高原地区中小河流洪水风险研究，分析了西北高原地区特别是青海省重点地区中小河流的洪水风险情况，得出了初步洪水风险研究结论及建设性意见，同时重点研究了我国西北内陆中小河流的洪水风险及洪灾预估，具有较强的地域河流研究代表性。该研究有力推进该区域洪水风险管理，增强全民水患意识，推动洪水风险管理制度的建立和洪水风险管理工作的全面开展，为青海省重点流域地区的产业规划、防汛抗洪、损失评估等防汛工作提供快速、科学的技术支持。

1.1　隆务河

(1)隆务河2#中桥至入城小桥河道逐渐收窄，河道最窄处只有10 m，并且入城小桥为石拱桥，桥长10 m，单跨，桥底距河底4 m左右，具有明显阻水作用。而两岸分布有大量民房，该段河道在遭遇较大水洪水时易形成壅水，淹没两岸民房。建议将该河段两岸居民进行搬迁，并加宽疏浚河道，修建符合防洪标准的河道工程。

(2)入城小桥至热贡桥河段河道两岸部分原为河滩谷地，但是目前布满民居，河岸高于河底仅2~3 m，河道宽40~50 m，当河道发生超标准洪水甚至是标准洪水时，都会发生河道漫溢情况，淹没两岸民房，严重威胁该处人民群众的生命财产完全。建议将该河段两岸居民进行部分搬迁，加宽并挖深疏浚河道，修建符合防洪标准的河道工程。

(3)隆务镇城区上游和下游河道尚未完成治理，在发生大洪水时，时常会发生河漫滩以及河道改道情况，建议加快主城区之外河道治理。

1.2　巴塘河

(1)巴塘河结古镇以下享直村附近河段河道未进行整治，主槽过流能力有限，50年一遇、100年一遇洪水淹没河道两岸耕地和村庄。另外，结古街道县城段扎西科河和巴塘河交汇口、格萨尔王广场上游在遭遇50年一遇、100年一遇洪水时均会发生漫溢，因此建议进一步提高此两段河道防洪能力。

(2)巴塘河东风村段洪水风险较大，现正在施工河道防洪工程，但是其防洪标准为20年一遇，需给洪水留够空间。此外对于巴塘河胜利村以下河段，已经过整治，过流能力较大，鉴于巴塘河流速较大，建议城市发展给河道两侧留有足够的空间，保证河道泄洪能力。

1.3　恰卜恰河

(1)恰卜恰河出山口后加拉村至恰藏河道未进行整治,主槽过流能力有限,50 年一遇、100 年一遇洪水淹没河道右侧耕地和村庄。另外,共和县城下段上塔买村和下塔买村沿河有一定淹没,虽然不淹没房屋,但影响当地居民生产生活。建议对此两段河道进行疏浚拓宽,增加河道行洪能力。

(2)对于共和县城河段,已经过整治,过流能力较大,鉴于恰卜恰河流速较大,建议城市发展给河道两侧留有足够的空间,保证河道泄洪能力。

1.4　麻匹寺河

(1)麻匹寺河道西海镇段和三角城镇段已按 20 年一遇标准进行治理,其中,西海镇段为护岸,三角城镇段为堤防,堤防高出草滩 1.5 m。由于麻匹寺河属于草原型河道,主槽蜿蜒,汊河很多,因此在遭遇 20 年一遇洪水时,洪水依然出槽,淹没面积较大。同时在铁路与乡村路交汇处会出现较深积水,并且洪水会漫溢过铁路,顺 S310 下行路演进,并通过 S310 涵洞沿麻匹寺河右岸堤防背水侧演进,威胁三角城镇安全。在遭遇 50 年一遇和 100 年一遇洪水时,淹没位置基本一致,淹没面积增大,淹没水深增加。因此,三角城镇段堤防工程有必要双岸向上游延续,特别是 315 国道公路桥处有必要加建堤防以防洪水从现有堤防背河侧积水。

(2)从淹没面积分布来说,主要是主槽两侧、跨河路桥的阻水侧。从编制区上游的环城东路桥、西海镇东跨河桥、铁路桥、S310 下行桥、和平路跨河桥、S310 与三角城镇左岸堤防相交处均有一定程度的阻水作用,积水较多,积水深度较大,特别是 S310 上行路与左岸堤防相交处,水深达到 1.5 m 以上。因此,跨河桥两侧要加强防护。

1.5　白沈沟河

(1)现场查勘发现平安渠渡槽横穿白沈沟河道,渡槽底面仅高于白沈沟河底 0.8 m,会严重阻碍洪水演进。遭遇 20 年一遇洪水时,该处会发生洪水漫溢。建议对平安渠穿白沈沟河渡槽进行改造,提升渡槽整体高程,保证该河道断面过流能力,或者以倒虹吸的形式替代渡槽。

(2)平安城区白沈沟河道内有大量灌木甚至种植有树木,会增大河道糙率,严重阻碍洪水演进,建议清除河道内木本植物。

1.6　浩门河

(1)因为区域发展空间受地理条件限制,仍有部分人口及产业分布在风险区内,进一步积极推进防洪建设的同时应加强河道管理及相关建设规划。

(2)本次洪水风险图编制对于山洪沟仅考虑了洪峰及洪量,但山洪沟更多引发的是泥石流等地质灾害,需加强该方面的研究和防范。

(3)浩门河主槽散乱,滩地肥沃,随着经济的快速发展,人水争地矛盾较为突出,建议结合本次洪水风险图编制项目,开展国土资源划界工作,做好河道管理工作。

1.7　格曲河

(1)格曲河大武镇段按20年一遇标准进行治理。因此,20年一遇洪水,双岸堤防段,洪水不出槽;单岸堤防段,由于受右岸堤防约束,在左岸略有淹没。建议进一步完善防洪体系。

(2)遭遇50年一遇设计洪水时,由于超过河道过流能力,在右岸发生漫溢,洪水进入大武县城;遭遇100年一遇洪水时,洪水淹没范围与50年一遇淹没位置一致,淹没面积稍有增加。

1.8　巴音河

(1)巴音河上段水源地河段防洪工程尚未系统修建,河道防洪能力严重不足,不能有效对水源地提供可靠保护,建议尽快完善该河段相关治理,同时加快巴音河新青藏铁路至一棵树寺院河段河道治理工程建设。

(2)目前巴音河(德令哈市区段)防洪工程已经取得了明显效益,经模型计算,巴音河洪水风险图编制区下段发生设防标准内大洪水时,德令哈市区河段没有发生漫溢,巴音河已建河道防洪工程对区域防洪安全起到了明显作用。但巴音河二级电站河段发生超标准洪水时,洪水水位高于二级电站坝后厂房挡水胸墙顶高程,造成电站被淹,二级电站拦河建筑物束窄河道行洪宽度,对洪水演进的阻碍作用明显,建议对巴音河二级电站进行改造或拆除。

(3)巴音河洪水风险图编制区下段所选溃口河段背河侧地势低洼,加之此处河道内设有拦河橡胶坝拦蓄河水抬高水位,易在此堤段造成渗透破坏,建议加大此堤段黏粒含量或加设截渗墙,若老铁路桥已无实际作用,可将其拆除,并将该处低洼地段填平。

(4)根据防汛预案,本次巴音河下段模型计算中,河道八级橡胶坝均为塌坝运行,则在发生超标准洪水时(不设溃口),河道防洪能力依然显著;经模型计算,八级橡胶坝未塌坝运行时,巴音河发生标准洪水即发生漫溢,造成河道两岸淹没。因此,防汛预案的严格执行尤为重要,建议继续加强河道防汛管理。

1.9　格尔木河

(1)格尔木机场、格尔木新区洪水风险较大。格尔木机场以南有防洪堤保护,以北由于格茫公路阻水,有将机场包围之势,因此建议加强机场防洪堤建设、提高格茫公路涵洞过水能力,提高机场防洪水平。

(2)对于格尔木新区,溃口洪水主要通过老河道退水入格尔木河,因此建议新区结合景观湖建设,加强格尔木老河道、景观湖退水河道整治,做好新区水系连通,进一步提高格尔木新区防洪能力。

(3)格茫公路阻水作用明显,建议在格茫公路积水较深的天桥风情园段、西村段、秀沟村段低洼地加大涵洞排洪能力,以减少格茫公路前积水。

1.10 湟水河

(1)目前湟水河防洪工程已经取得了明显效益,特别是湟源县城段河道防洪工程的修建对区域防洪安全起到了非常重要的作用。但湟水河上段的申中乡、多巴镇河段,以及湟水河下段的平安镇、碾伯镇、高庙镇、雨水镇等河段河道未完全进行整治,主槽过流能力有限,50 年一遇、100 年一遇洪水淹没河道两岸耕地和村庄。建议进一步提高此两段河道防洪能力。

(2)本次洪水风险图编制对于山洪沟的山洪灾害考虑了洪峰及洪量,但山洪沟更多引发的是泥石流等地质灾害,需加强该方面的研究。

(3)验证成果的合理性,为保障成果的可用性,建议在今后的工作中建立洪水风险图数据库,实时更新变化要素,对多个方案进行模拟,以便使用时及时提供。

(4)建议根据本次风险图成果,完善各地区防洪抢险预案,合理安排工程建设项目及规划产业布局。

1.11 技术创新

结合青海省洪水风险图洪水编制区域特点,洪水风险图编制过程中采用了以下技术创新:

(1)对于地形图精度不满足 1:10 000 要求的,采用河道带状图加补测的方法达到精度要求。

根据洪水风险图编制细则要求,中小河流洪水风险图编制底图要求为 1:10 000,但是青海省中小河流编制的部分地区无 1:10 000 的基础底图,只有 1:50 000 的基础底图,不能满足洪水风险图编制要求。为此,在进行现场查勘时,注意收集近年来完成的河道整治测量的地形图。由于部分河道带状图比较窄,不能覆盖全部风险区,因此在编制区内补测一系列高程点,使编制区基础底图满足要求。如浩门河洪水风险图编制区内 1:50 000 基础地理信息数据精度不能满足中小河流洪水风险图编制技术要求,项目组收集了浩门河青石嘴镇至东川镇河段 1:1 000 平面地形图,结合 1:50 000 地形图以及补测的系列高程点进行地理信息数据融合,使编制区内基础地理信息数据满足相关要求。

(2)在 1:10 000 图上结合城市最新规划图和河道带状图,提高基础底图精度,以便更真实地反映现状地物条件下洪水淹没情况。

如格尔木河洪水风险图编制区收集到青海省 1:10 000 基础地理信息数据 DLG 数字线划图和 DEM 数字高程模型,测量时间为 2013 年,坐标系统为 CGCS2000,高程系统为

1985国家高程系统，满足洪水风险图编制细则要求。由于近3年来，格尔木新区建设较快，现状地物改变较多，且沿河堤防工程体系逐步完善。因此，在现场查勘时，收集了新区城市规划图、新区路网纵断面设计图，以及2015年测量的河道带状图和堤防布局图，从而进一步提高底图精度，使洪水淹没更符合现状条件。

(3)以谷歌地图为基础底图动态展示洪水风险成果，增强成果展示的直观性和真实性，并满足脱密使用要求。

青海洪水风险图编制采用MIKE Flood一维、二维耦合水动力模型进行洪水模型研究计算，对于西北山区性城市河流的溃决、漫溢等洪灾情况进行系统分析。在一般风险图展示的基础上，将洪水风险图成果动态展示到谷歌地图上，将不同时间的淹没情况直观地反映，使成果展示更为直观和真实，同时满足洪水风险图成果脱密使用的要求。

(4)对模型下边界过水较宽的地方，根据试算流路，设置多个过水下边界。

针对防洪保护区二维模型下游出流边界范围较大的情况，对二维模型下边界分段进行设置，以准确反映不同地段的过流能力。例如，格尔木河与巴音河防洪保护区二维模型下游出流边界范围较大，长约20 km，根据模型试算结果中洪水演进流路，设置多处下边界，每处均采用水位流量关系，各出流边界的水位流量关系由实测断面根据地类率定糙率后，按照曼宁公式计算得出，从而使模型能够更加真实反映洪水实际演进情况。格尔木河防洪保护区二维模型出流边界设置详见图3-1-1。

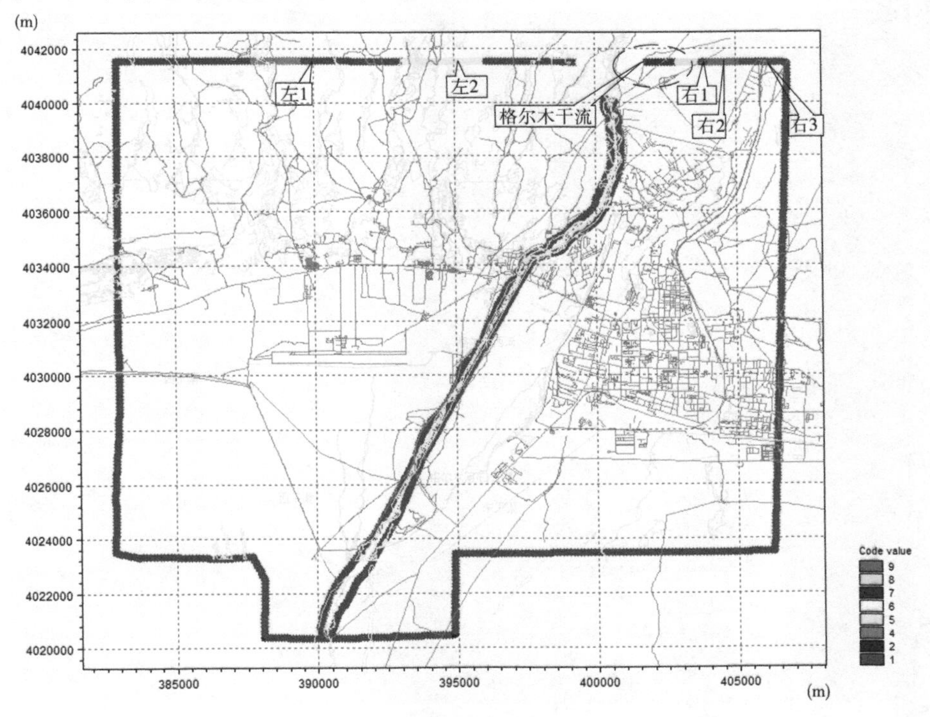

图3-1-1　格尔木河洪水风险图编制区下边界分布示意图

(5)连续密集拦河建筑物概化。

为真实反映河道建筑物对河道洪水演进影响，需对河道拦河建筑物进行合理有效概化，城区段河道连续密集拦河建筑对河道洪水影响更为显著，且概化难度更大。巴音河下段德令哈市城区段河道八级橡胶坝连续概化对河道一维模型构建与运行提出更高要求，根据巴音河八级拦河橡胶坝的设计资料与运用工况，将八级橡胶坝概化为河道可控建筑物中的溢流堰进行联合调试，经过反复模型搭建、试算与验证，满足汛期时塌坝运行情况下的实际河道设计水面线的验证标准，同时合理有效地反映出坝前壅水情况。

第二章　应　用

根据国内外的经验,洪水风险图可以广泛应用在国土洪水灾害风险公示、土地利用规划和城市建设、指导防洪预案及避险转移方案编制、指导防洪工程建设、洪水保险等工作中,是实施洪水管理、指导城市防洪排涝规划、蓄滞洪区安全建设及避险方案等工作的基础。

2.1　国土洪水灾害风险公示

国外:日本国洪灾频发,其公示历史洪水风险图指导政府及民众增强洪水风险意识。孟加拉国也是一个水患非常严重的国家,孟加拉国洪水风险图用于显示洪水灾害面积、淹没水深。孟加拉国洪水风险图见图 3-2-1。

国内:20 世纪 90 年代末编制的黄河下游洪水风险图等。

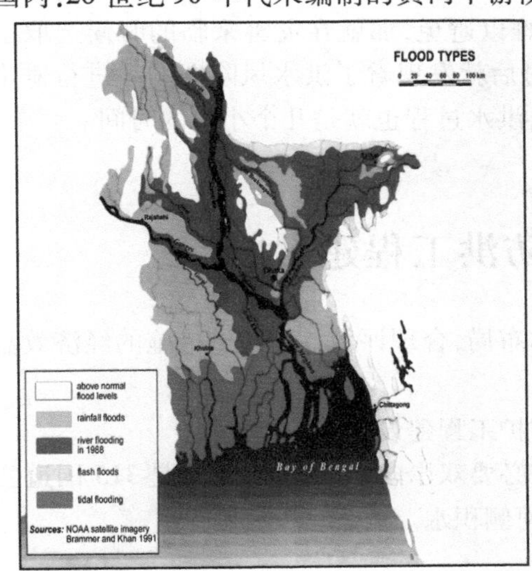

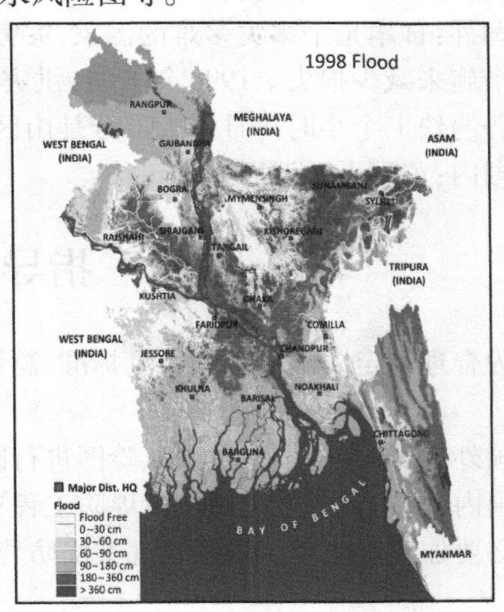

图 3-2-1　孟加拉国洪水风险图

2.2　土地利用规划和城市建设

合理制定洪泛区的土地利用规划,避免在风险大的区域出现人口与资产过度集中。

国外:澳大利亚根据洪水风险指导国土资源管理。奥地利采用洪水风险区划图方法指导土地利用和减轻洪灾损失。澳大利亚用洪水风险指导城市建设,见图 3-2-2。美国利用洪水风险图进行洪泛区管理。美国就规定淹没水深大于半米的房屋一楼就不要住人了。

国内:格尔木市新区城市建设。

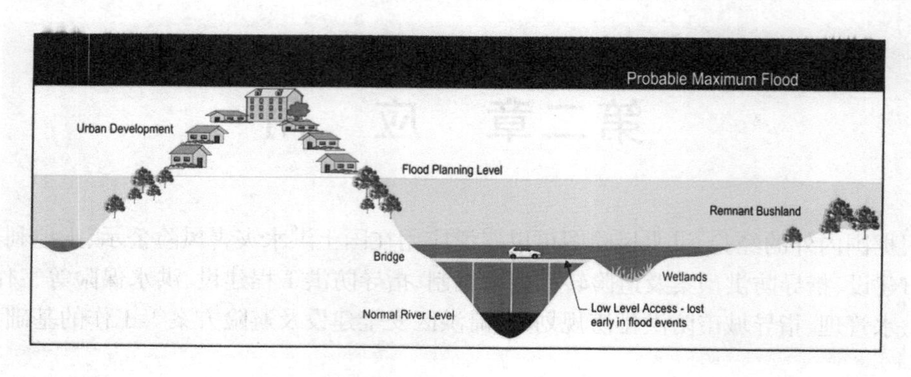

图 3-2-2　澳大利亚用洪水风险指导城市建设

2.3　指导防洪预案及避险转移方案编制

为合理制订防洪预案及指挥方案,避免临危出乱;合理确定避险转移对象,目的地及路线,为减小洪灾损失提供依据。

国外:日本是个多灾多难的国家,灾害难以避免,那就在灾害来临的时候选取适当的应对措施来减少损失。1998 年 8 月,洪灾过后就发现看了洪水风险图的人进行避难的速度要普遍快 1 个小时。日本大部分是山区,洪水过程也就是几个小时的时间。

国内:黄河下游滩区避洪转移。

2.4　指导防洪工程建设

为合理确定防洪工程的防洪标准、总体布局,合理评价各项防洪措施的经济效益提供依据。

国外:孟加拉国根据洪水风险图进行防护工程建设。

国内:麻匹寺河三角城镇段堤防工程有必要双岸向上游延续,特别是 315 国道公路桥处有必要加建堤防以防洪水从现有堤防背河侧积水。

2.5　洪水保险

合理估计洪灾损失,为防洪保险提供依据。

国外:以美国为代表。洪水保险用处很大,保险公司根据洪水风险的大小来设定保费,用市场的手段调整社会经济的配置范围,减少洪灾后的损失。效益也是很明显的,按照国家洪水保险计划的建筑标准建造的建筑物要比不遵守该标准的建筑物遭受的损失减少 77%。欧盟利用洪灾风险区划作为洪水保险的依据。德国保险协会完成了德国的洪水风险区划图以指导旗下的保险公司确定合理的洪水保险费率。

国内洪水保险事务开展较少,需加快研究洪水保险扶持政策,推进洪水风险区企业防洪保险制度,逐步实现洪水风险区全民洪水保险的普及。